地域環境マネジメント入門

LCAによる解析と対策

玄地　裕
稲葉　敦 編
井村秀文

東京大学出版会

Introduction to Community Environmental Management
Based on Life Cycle Thinking

Yutaka GENCHI, Atsushi INABA and Hidefumi IMURA, editors

University of Tokyo Press, 2010
ISBN 978-4-13-062829-7

はじめに

われわれは地域で働き，学び，衣食住の消費を行っている．こうした地域での活動は世界全体とつながっている．それは，グローバルな経済システムだけでなく，地球温暖化問題に代表されるような環境面についても同様である．そのため，地域においてさまざまなステークホルダーが，地域環境と地球環境のバランスを意識しながら活動を行っていくこと（地域環境マネジメント）が求められている．そして，その際に有効な枠組みが「ライフサイクル思考」である．

ライフサイクル思考とは，われわれの活動がどのような影響を与えるかを，さまざまな連鎖を考慮して空間的，時間的に大きな視野から考える枠組みである．そして，ライフサイクル思考に基づき，対象のライフサイクル全体（工業製品の場合，原材料採掘・製造・使用・廃棄にかかわるすべての工程）での資源の消費・排出物量を計量し，環境へのインパクトを評価する手法がライフサイクルアセスメント（LCA）である．1990年代以降，LCAの国際的標準づくりが強力に推進され，主に工業製品に適用されてきた．しかし，LCAの発想や分析方法は，工業製品だけでなく，より幅広い対象に適用することができる．

本書では，LCAを地域の経済活動やひとびとの生活を技術面から支えているさまざまなシステムに適用し，地域環境マネジメントを進める上で必要となる地域環境や地球環境への負荷やインパクトについての定量的な情報を得る手法について考える．具体的には，ある空間範囲（たとえば，ある県，市，特定の開発区域）において展開される経済活動・生活を支えるシステム（たとえば，廃棄物処理やまちづくり）に着目し，システム全体としての環境への負荷やインパクトの分析を行う．

本書は3部構成となっている．第Ⅰ部では，地域環境マネジメントや

LCA の基礎的な理念と手法について解説する．また，過去のシステムに対する LCA の適用事例についても紹介する．第 II 部では，地域の施策や活動を対象に LCA を実施するにあたっての考え方と手法，注意すべき事柄について，廃棄物処理システムを例題にしながら解説する．第 III 部では，第 II 部で行った LCA の結果を地域環境マネジメントに応用する試みについて紹介し，考慮すべき事柄についてまとめる．

　第 I 部では，LCA の細かい内容というよりも概要にとどめ，参考文献やデータ，資料について明記することで，より詳しく知りたい読者の勉学の助けになるように心がけた．また，第 II 部では，地域という枠を設けることによって生じる LCA 実施上の注意点やメリットを示し，現状で可能な環境へのインパクトの評価手法とその限界を明らかにした．第 III 部では，環境へのインパクトやコストを最小化するモデルの施設立地・配置問題への利用，従来の LCA で考慮されてこなかった局所的な環境へのインパクトの導入，地域の施策や活動に伴って生じる地域外への間接的・波及的インパクトの検討，地域の施策や活動のもたらす価値と環境負荷のバランスの考察，など，一部の施策への応用が期待されている最新研究事例を示して，LCA を地域環境マネジメントに適用する上での注意点と今後の課題を明らかにした．

　本書が，地域環境と地球環境のバランスを意識したマネジメントの現場において，ライフサイクル思考や LCA を実践する上での助けになれば幸いである．

　2010 年 9 月

編者を代表して
玄地　裕

目次

はじめに　i

第Ⅰ部　地域環境マネジメントとLCA　1

第1章　地域環境マネジメントとは　2

1.1　地域と環境　2
 1.1.1　地域と環境問題の関係性　2
1.2　地域環境マネジメントの概念　3
 1.2.1　地域環境マネジメントの環境側面　3
 1.2.2　地域環境マネジメントの検討する範囲　5
 1.2.3　地域環境マネジメントの主体　7
1.3　地域環境マネジメントを進めるための枠組み・手法　9
 1.3.1　ライフサイクル思考とライフサイクルアセスメント　9
 1.3.2　その他の枠組み・手法　12
 参考文献　15

第2章　LCA　16

2.1　ライフサイクルアセスメント（LCA）の考え方　16
2.2　LCAの基本的な手順　18
2.3　目的と調査範囲を決める（目的および調査範囲の設定）　20
 2.3.1　目的の設定　20
 2.3.2　調査範囲の設定　21
2.4　環境負荷を集計する（インベントリ分析）　22
 2.4.1　システム境界の設定　23
 2.4.2　インベントリデータの作成・収集　25
 2.4.3　インベントリの算出方法　30

2.5　環境へのインパクトを評価する（ライフサイクル影響評価）　31
　　2.5.1　インパクト評価の考え方と手順　31
　　2.5.2　異なる環境領域のインパクトの統合化　34
　　2.5.3　LIME　35

2.6　LCAの利用と今後の発展　39

　　参考文献　39

第3章　LCAの視点とコストの視点 …………………………………42

3.1　事業を対象としたLCC　42
　　3.1.1　LCCとは　42
　　3.1.2　目的およびシステム境界の設定　43
　　3.1.3　LCCの費目整理と算定　45
　　3.1.4　LCCのフレキシビリティ　47

3.2　LCCを適用する際の検討項目　49
　　3.2.1　事業計画段階，事前協議段階を考慮すべきか　49
　　3.2.2　現場以外で発生するコストをどう扱うか　49
　　3.2.3　民間への事業委託をどう捉えるか　50
　　3.2.4　施設の維持費，更新費をどう考えるか　50
　　3.2.5　施設の耐用年数，減価償却費をどう検討すべきか　51
　　3.2.6　過去に発生したコストをどう算定するか　56
　　3.2.7　将来発生するコストをどう推計するか　56

3.3　環境負荷を重視すべきか，コストを重視すべきか　58

　　参考文献　59

第4章　地域の施策や活動に対するLCAの適用例 …………………61

4.1　今までのLCAの適用例　61
　　4.1.1　廃棄物処理システム　61
　　4.1.2　交通システム　62
　　4.1.3　農業・畜産システム　63
　　4.1.4　建築　64
　　4.1.5　バイオマス利用システム　65
　　4.1.6　上下水道システム　65
　　4.1.7　分散エネルギーシステム　66
　　4.1.8　まちづくり・都市　67

4.2　地域間相互依存と影響の地域依存　67

4.3　地域環境マネジメントにおけるLCAの利用を目指して　69

4.4 各分野における LCA 研究の文献リスト　71

第Ⅱ部　LCAを地域の施策や活動に適用する　87

第5章　目的および調査範囲の設定 …………………93

5.1　目的および調査範囲の設定での作業概要　93
5.2　目的の設定　94
5.3　機能単位の設定　95
5.4　環境負荷および環境へのインパクトの評価範囲の設定　96
　　5.4.1　インベントリデータ項目の設定　97
　　5.4.2　環境へのインパクトの評価手法の設定　97
　　5.4.3　詳細に評価する地域の設定　97
　　5.4.4　詳細に評価する期間の設定　99
5.5　システム境界の設定　102
5.6　地域環境データベース（REDB）　108
　　5.6.1　REDB の考え方　108
　　5.6.2　REDB の構成　110
　　5.6.3　REDB のデータの収集　111
　　5.6.4　REDB の整備　112
　　参考文献　119

第6章　環境負荷の集計 ……………………………120

6.1　インベントリ分析での作業概要　120
6.2　プロセスデータの収集　121
6.3　プロセスインベントリの整備　125
6.4　ライフサイクルインベントリの作成　132
　　6.4.1　各プロセスでの物質投入・産出量や環境負荷排出量などの計算　132
　　6.4.2　機能単位に基づいたデータの集計　133
6.5　解釈　137
　　6.5.1　インベントリ分析結果の解釈　137
　　6.5.2　感度分析　143
　　6.5.3　完全性点検　151

参考文献 153

第7章 インパクトの評価 …………………………………………………154

7.1 インパクト評価での作業概要 154
7.2 環境へのインパクトの特性化 155

7.2.1 特性化モデルの選択 155
7.2.2 地域性の考慮 155
7.2.3 特性化 156

7.3 環境へのインパクトの統合化 161

7.3.1 地域性の考慮 161

参考文献 166

第8章 他の地域の環境負荷および環境へのインパクト…………167

8.1 間接的な環境負荷や環境へのインパクトのメカニズム 167

8.1.1 間接的な環境負荷 168
8.1.2 間接的な環境へのインパクト 168

8.2 物質フロー解析 170
8.3 間接的な環境負荷の集計 175

8.3.1 生産誘発段階の環境負荷 175
8.3.2 輸送段階の環境負荷 175
8.3.3 地域性を考慮した間接的な環境負荷の集計 175

8.4 間接的な環境へのインパクトの評価 179

参考文献 181

第III部 LCAから地域環境マネジメントへ 183

第9章 広域の廃棄物処理を考える──立地・配置問題への対応……184

9.1 一般廃棄物処理の広域化 184
9.2 LCAを用いた廃棄物処理システムの設計 184

9.2.1 LCAによるシステムの設計手順 184
9.2.2 最適化の手法 185

9.3　設計するシステムの仕様および調査範囲の設定　188
　　9.3.1　目的と調査範囲　188
　　9.3.2　評価方法　190
9.4　データベースの整備　190
　　9.4.1　プロセスインベントリ・コストデータベース　190
　　9.4.2　地域環境データベース　192
9.5　評価結果　192
　　9.5.1　一般廃棄物処理システム案の設計　192
9.6　一般廃棄物処理が抱える諸問題の評価　196
9.7　LCAを用いた地域施策の設計手法の有用性と限界　197
　　参考文献　198

第10章　地域での畜産廃棄物処理を考える
　　——局所的な環境へのインパクトの考慮 …………………………199

10.1　家畜ふん尿処理・利用に関する環境問題　199
10.2　局所的な環境へのインパクトの取り扱い　200
10.3　目的および調査範囲の設定　200
　　10.3.1　目的と調査範囲　200
　　10.3.2　評価方法　202
　　10.3.3　農地における窒素の浸透許容量の設定　203
10.4　データベースの整備　203
　　10.4.1　プロセスインベントリ　203
　　10.4.2　地域環境データベース　204
10.5　現状シナリオおよび代替シナリオのLCA評価　206
　　10.5.1　乳牛ふん尿の収集と堆肥・消化液の輸送　206
　　10.5.2　LIMEによる統合化の結果　207
10.6　農地の窒素需給バランスと地下水汚染のポテンシャル評価　208
10.7　地域の環境問題への対応　209
　　参考文献　210

第11章　産業誘致を考える——間接的・波及的インパクトの考え方…211

11.1　産業誘致と環境問題　211

11.2　間接的・波及的な環境へのインパクトの考え方　212
11.3　目的および調査範囲の設定　213
　　11.3.1　評価対象と調査範囲　213
　　11.3.2　分析方法とデータ　213
11.4　地域間の相互依存を考慮した場合　216
　　11.4.1　産業誘致における需要額　216
　　11.4.2　産業誘致における生産誘発　217
　　11.4.3　産業誘致における環境へのインパクト　218
　　11.4.4　産業誘致における影響の地域間比較　220
11.5　まとめと今後の展開　221
　　参考文献　223

第12章　まちづくりを考える──価値と環境負荷の効率　224

12.1　まちづくりの評価とその視点　224
　　12.1.1　まちづくりの課題　224
　　12.1.2　価値と環境負荷の効率　224
12.2　まちづくりの価値と環境負荷の効率　225
12.3　目的および調査範囲の設定　227
　　12.3.1　目的と調査範囲　227
　　12.3.2　評価方法　228
12.4　施設誘致のLCA評価　229
12.5　コンジョイント分析による施策の便宜の測定　230
　　12.5.1　便宜の測定方法　230
　　12.5.2　コンジョイント分析による便宜の測定　231
12.6　環境効率による計画案の比較　233
12.7　地域施策の環境効率に関する課題　235
　　参考文献　236

おわりに　237
索引　239
編者・執筆者・執筆分担一覧　243

コラム一覧

- 1-1 地域における環境問題への取り組みの経緯　4
- 1-2 「地域環境管理」と「地域環境マネジメント」　6
- 1-3 環境ガバナンス　9
- 2-1 LCA に関する ISO 規格　18
- 2-2 産業連関表とインベントリデータ　28
- 5-1 複数の製品が生産される場合のシステム境界の設定方法　103
- 5-2 リサイクルを含むシステムのシステム境界の設定方法　105
- 5-3 GIS と地理空間データ　109
- 5-4 標準地域メッシュ　115
- 8-1 地域間の物質フロー解析　171
- 8-2 地域間物質フローマトリックスの作成例　173
- 9-1 施設配置問題　186
- 11-1 全国モデルと地域モデル　215
- 12-1 環境効率　226

第I部
地域環境マネジメントとLCA

第1章 地域環境マネジメントとは

1.1 地域と環境

1.1.1 地域と環境問題の関係性

　人間活動と環境の関係を考えるには，地域から発想することが本質的に重要である．なぜなら，われわれは地域で働き，学び，衣食住の消費を行っているからである．このことを端的に表すのが「地球規模で考え，地域で行動する（think globally, act locally）」という言葉である．

　国の第二次環境基本計画[1]（2000年12月閣議決定）では，「環境問題もその原因をたどれば，いずれも地域における人間活動に還元」されるとし，「地球全体の持続可能な発展を目指す取組は，地域の持続的発展を目指す取組によって，はじめて成り立つ」と，環境問題における「地域」の重要性について述べられている（環境省編，2001）．

　ここでいう地域とは，先に述べたようにひとびとの生活の場所であるが，その範囲はあらかじめ設定されているわけではない．人間は単独では生きられないので，社会をつくり，共同して生きている．そうした社会が自律的に維持されるためには，さまざまなシステムが必要である．道路，鉄道，通信などのネットワーク，電力，ガス，上下水道，ごみ処理，さらには医療や教育などの多種多様なシステムが相互に連携して，社会におけるひとびとの生活を支えている．

　このようなシステムは，ある種のルールに基づいて動いている．ここでいうルールとは，法律や制度といった明文化されているもののほか，社会の慣

習や暗黙の了解，思想や倫理などを指す．システムとルールは表裏一体の関係にある．われわれのライフスタイル，たとえば，通勤に自動車と鉄道のどちらを使うか，ごみを分別して出すかどうかといったことも，システムとルールによって規定されている．

そして，社会を支えるシステムとルールは，ある一定の空間的広がりの上に多層的に形成されている．そうしたシステムとルールのまとまり（統一性・結節性）によって規定される一定の空間範囲が「地域」である．加えて重要なことは，このシステムやルールはかつて地域内でほぼ閉じていたものの，現在では地域外に開いているということである．すなわち，地域を支えるエネルギー・資源・情報などの多くは地域外からやってきており，地域から生み出される便益・費用・環境負荷も地域内のみにとどまらず地域外・地球全体へと波及している．

このように考えると，地域においてさまざまなステークホルダーが，こうしたシステムやルールを，地域と地球の環境面でのバランスを意識しながら運用していくことが必要となっており，本書ではこれを「地域環境マネジメント」と呼ぶ．

1.2 地域環境マネジメントの概念

本書では，地域レベルの環境への取り組み（コラム 1-1 参照）を，先に定義した地域環境マネジメントという枠組みで捉える．地域環境マネジメントとは，文字通り，「地域における環境マネジメント」であるが，その理解がより深まるようにいくつかの視点から検討してみよう．

1.2.1 地域環境マネジメントの環境側面

産業界にすでに定着した概念である「環境マネジメント」は，自らの環境

---

[1] 環境基本計画は，1993 年に制定された環境基本法の第 15 条に基づき，政府全体の環境保全に対する総合的・長期的な施策の大綱と，環境保全に関する計画を推進するために必要な事項を定めたもの．第一次計画が 1994 年 12 月，第二次計画が 2000 年 12 月，第三次計画が 2006 年 4 月に策定されている．

コラム 1-1
地域における環境問題への取り組みの経緯

　わが国の地域は，さまざまな環境問題を経験し，これに取り組んできた．とりわけ，戦後の経済復興と高度経済成長の中で発生した公害問題への対処において地域が果たした役割は大きかった．こうした地域独自の環境への対応は，その後の地域環境管理計画や自治体アセスへとつながってきた．
　1970年代後半以降，各種公害関連法規の制定と公害対策技術の発展によって，局所的な産業公害は収束していく一方で，都市部を中心として，ごみ問題や自動車の排気ガスによる大気汚染などの生活起因の都市・生活型公害が顕在化した．従来の加害者対被害者という構図は変化し，自らが加害者であると同時に被害者となった．その中で琵琶湖周辺の粉石けん運動などのように，地域住民が，自らの与えている環境負荷を見直す動きも見られた．
　1980年代以降，都市型のライフスタイルが全国的に拡大し，生活型公害が拡大するとともに，地球温暖化などの地球環境問題にも大きな関心が集まっている．こうした生活型公害や地球環境問題に対処するには，産業界・企業による取り組みと同時に，地域に根差した取り組みが必要であるとの認識が国際的にも国内的にも高まっている．国際的には，1992年の地球サミットで採択されたアジェンダ21を受けて，ローカルアジェンダ21を策定する自治体が増えている．
　日本国内でも第三次環境基本計画（2006年4月閣議決定）において「持続可能な地域」が重点分野政策プログラムとなり（環境省編，2006），地球温暖化対策推進法（1998年成立）において地域推進協議会の設置や地域推進計画の策定が，循環型社会形成基本法（2000年成立）では循環型の地域づくりがそれぞれ求められており，それに応えるための取り組みがいくつかの地方自治体で始まっている．さらに，「バイオマス・ニッポン総合戦略」では，地域の条件にあったバイオマス利用やバイオマスタウンの構築が提案されているほか，地域の新エネルギービジョンやエコタウン事業など地域を基盤としたさまざまな計画や事業がある．

方針，目的・目標等を設定し，その達成に向けた取り組みを行うことを指す．そのための組織の計画・体制・プロセスなどは，「環境マネジメントシステム（Environmental Management System; EMS）」と呼ばれ，多くの企業や地

方自治体が認証を取得している ISO[2] 14001 は，EMS の代表的な規格である．

その ISO 14001 には，「環境側面（environmental aspect）」という用語がある．「環境側面」とは，有益か否かを問わず，組織の活動によって環境に影響を与える要素と定義され，これがマネジメントの対象となる．この用語を用いるならば，地域環境マネジメントは，特定地域で営まれるさまざまな主体の活動（本業）の「環境側面」を対象とするものと定義できる．

本書における地域環境マネジメントは，地域における施策や活動に対して（あるいはそうした活動を支えるシステムやルールに対して）環境マネジメントを行おうとするものである（地域環境管理との違いについては，コラム1-2 参照）．全地球的に影響を及ぼす地球環境問題が深刻化し，その原因も地域におけるわれわれの生産・消費活動にある現実を考えると，マネジメントの対象となる「環境側面」は，地球全体や他の地域，次世代の環境への影響をも含んだものでなければならない．

1.2.2 地域環境マネジメントの検討する範囲

(1)「管理」か「経営」か

マネジメントには，「管理」「経営」という訳が与えられる．ただし，「管理」と「経営」では，その意味するニュアンスが少し異なる．辞書（大辞林第二版）によれば，「管理」とは，「管轄・運営し，また処理や保守をすること．取り仕切ったり，よい状態を維持したりすること」であり，「経営」とは，「方針を定め，組織を整えて，目的を達成するよう持続的に事を行うこと」とある．前者が，現状を維持する＝「保全」的な概念であるのに対して，後者は，目的達成のためにより大きな自由度を持った運営＝「保全＋利用」的な概念であるといえよう．

これを環境という文脈で考えるならば，「環境管理」は環境保全とも読み換えられ，これまでの環境問題への対応に見られるような行政（企業）の環境管理組織による規制的なイメージとなる．一方，「環境経営」は環境の合

---

[2] 国際標準化機構（International Organization for Standardization）の略．工業分野の国際的な標準規格を策定するための民間の非営利団体である．

> ### コラム 1-2
> ### 「地域環境管理」と「地域環境マネジメント」
>
> 　「地域環境マネジメント」を直訳すれば，「地域環境管理」ないしは「地域環境経営」となる．本書を手にされている人，特に自治体関係者の中には，「地域環境管理」という語をご存じの方もいると思われる．ただし，すでに環境行政における用語として定着している「地域環境管理」と本書の「地域環境マネジメント」は，対象となる「環境側面」において異なっている．
> 　地域環境管理は，高度経済成長で経験した地域の公害問題や自然環境の悪化の記憶がまだ強く残る一方で，地球温暖化や資源循環などの問題が今日ほどには強く認識されていなかった時代に生まれたものである．その理念は，環境白書（平成6年度版）によれば，「地域において自然的社会的条件，地域住民の意向等を踏まえた地域環境の望ましいあり方を明らかにした上，その実現のために，諸施策を総合的，計画的に実施する」と定義されている．すなわち，「地域環境（local environment）」の管理である．したがって，その対象となる「環境側面」は，地域環境に影響するさまざまな要素，たとえば大気汚染物質や水質汚濁物質など，ということになる．
> 　一方，本書における地域環境マネジメントは，地域において（あるいは特定地域で営まれる各種の活動に対して）環境マネジメントを行おうとするものである．本文中で指摘しているように，マネジメントの対象となる「環境側面」は，地球全体や他の地域，次世代の環境への影響をも含んでいる．この「環境側面」の違いが，両者の大きな違いである．

理的な利用とも読み換えられ，よりよい環境を創造する積極的なイメージも加わる．近年では，企業でも「環境経営」という言葉が広がりつつある．同じように環境に配慮するにしても，より多くの選択の柔軟性を持ちたいという企業の意識の反映であろう．

　本書では，地域環境マネジメントをそうした「経営」的な視点から捉えている．ごみ施策を例にとれば，従来は，排出されたごみをいかに適正（衛生的，地域環境的）に処理するかが中心であったが，現在では，ごみ施策を「排出—中間処理（リサイクル）—最終処分」というシステムとして捉え，ごみ減量化やリサイクル率の向上など，ごみ処理システム全体をより柔軟に

設計していく流れとなっている．

(2) 社会的・経済的側面をどう考えるか

　あらゆる環境問題は，社会・経済の活動や構造と密接に関わっており，相互に影響し合っている．たとえば，物質的・経済的に豊かな生活が地球温暖化問題を，貧困が森林破壊や砂漠化を引き起こしている．これらの環境問題のために劣化した環境からは，十分な資源や食料を得ることは難しくなり，これがさらに貧困を推し進めるだけでなく，わが国のような資源・食料の大部分を輸入に頼っている国は大きな影響を受ける．したがって，「環境側面」だけを活動（本業）の目的と切り離して，議論するわけにはいかない．

　地方自治体は地域経済の活性化による住民の福祉向上，消費者は消費によって得られる満足の充足，企業は経済的利潤を目指してそれぞれ行動しており，環境のことだけを考えて行動しているわけではない．このことは，地域環境マネジメントにおいて十分に考慮しなければならない．

　また，環境改善活動を行う上では，さまざまな費用や便益の変化が伴う．ここでいう費用・便益とは，経済的にコストに計上される（内部化）費用・便益だけを指すのではなく，内部化されない外部費用・便益，すなわち社会的な費用や便益も含まれる．たとえば，環境改善につながるとされるバイオエタノールの増産を1つの要因とする世界的な食料価格の高騰は，わが国の社会・経済だけでなく，貧困国の食糧確保を困難なものにしている．したがって，環境の変化だけでなく，こうした費用・便益の変化も考慮する必要がある．

　地域環境マネジメントで検討される範囲は，あくまで地域における生産・消費活動の「環境側面」を中心としつつも，活動の目的や関連する経済的・社会的費用・便益なども含まれる．

1.2.3　地域環境マネジメントの主体

　ここでもごみ行政を例に考えてみよう．地方自治体がいかに分別や有料化などのごみ減量化施策やリサイクル施策を提案したとしても，地域住民や自治会・町内会などの近隣組織，事業者にごみ問題に対する危機意識や施策に

対する理解・協力がなければ，達成することは難しい．そのため，施策立案の段階から地域住民や近隣組織，事業者を議論に巻き込み，地域全体としてごみ問題を考える自治体も増えている．また，施策実施の段階でも，事業者やNPOが指定管理者[3]としてリサイクル施設の管理・運営を行うなど施策の実施に携わる事例もある．

環境ガバナンス（コラム1-3参照）の先駆ともいえるアジェンダ21においても，さまざまな主体が各々に持続可能な社会に向けた役割を担いつつ，相互に連携していくこと，そして地方自治体を中心にローカルアジェンダ21を策定することを求めている．

地域環境マネジメントの主体は，地域のシステムやルールの上で活動を営む個人，家庭，近隣，企業，地方自治体，NPOなどである．これらの多様な主体が，相互に連携しながら社会全体を環境創造の方向へと変化させていくのである．したがって，地域環境マネジメントは，地方自治体だけでなく，地域住民や企業，NPOなどのステークホルダー（利害関係者）の連携（協働）を念頭に置く必要がある．そして，こうしたステークホルダーの連携を前提とするならば，地域環境マネジメントにおいて最も重要な局面は，ステークホルダー間の合意形成とそれを受けた意思決定ということになる．

残念ながら本書は，合意形成や意思決定の具体的な方法について直接的に回答できるものではない．ただし，合意形成や意思決定には，適切な「環境側面」を同定し，その環境負荷や環境へのインパクトを具体的かつ定量的に示すことが必要となる．本書は，合意形成と意思決定の材料となる環境面での定量的なデータをいかに測定・推計するか，その方法について解説するものである．

---

[3] 地方自治法（2003年）の第244条により，これまで地方自治体や自治体の出資する法人などに限られていた「公の施設」の管理・運営を，指定した民間事業者やNPO法人などが包括的に代行できる制度．

> **コラム 1-3**
>
> **環境ガバナンス**
>
> 　近年，環境ガバナンス（environmental governance）という言葉が注目されている．ガバナンスとは，もともと「統治」を意味する言葉であったが，近年では主として，イギリスの行政学者ローズの分類するような，多様な主体が協働して，公共的な課題を自律的に解決するネットワーク型のガバナンスを指すことが多く（武者，2007），環境ガバナンスもその1つである．「課題を自律的に解決する」ことは，本文で「経営」の意味として引用した「目的を達成するよう持続的に事を行うこと」と同義といえる．つまり，「経営」の仕組みとして，一部の管理者だけでなく，これに関わるステークホルダーの協働や相互作用を考えるのが，ネットワーク型のガバナンスである．こうしたネットワーク型のガバナンスの考え方が，環境分野に取り入れられたのは，環境問題が複雑化・多様化してきたことによる．
>
> 　産業型公害が中心だった時代を経て，地球温暖化やごみ問題などの生活起源の環境問題が深刻化しており，その解決のためには，これまでの地方自治体による規制的な手法や，企業における生産活動内の環境対応だけでは十分でない．地域の個人，家庭，近隣，企業，地方自治体，NPOなど多様な主体がこれに取り組み，相互に連携しながら環境創造の方向へと変化させていく，地域における環境ガバナンスが必要である．

1.3　地域環境マネジメントを進めるための枠組み・手法

1.3.1　ライフサイクル思考とライフサイクルアセスメント

　ライフサイクルとは，生まれてから死ぬまでのことだが，製品・サービス，あるいは地域におけるさまざまな活動にもライフサイクルがある．工業製品について見れば，それが誕生するまでに，原料となる鉱物の採取，精錬・冶金，部品の製造・組立があり，生まれた後の製品はある年数使用された後は廃棄物となって処理される．たとえば，環境的にも経済的にもやさしいといわれるハイブリッド自動車は，確かに走行時のガソリン消費量は少なく二酸

化炭素排出やガソリン代は同クラスのガソリン車より少ない．しかし，図1-1に示すように，資源採掘から輸送，素材製造，組立，走行，解体，廃棄という自動車のライフサイクルの視点から考えていくと，製造時の二酸化炭素排出や購入時の価格は同クラスのガソリン自動車のそれを上回っており，走行時のみを切り出して単純にハイブリッド車を「環境的・経済的によい車」と結論づけることはできない．

　以上のようにライフサイクルは，もともとは時間的な概念である．しかし，グローバル化した経済と地球規模の環境影響を考えると，空間的な広がりのことも忘れてはならない．

　たとえば，電気自動車の利用そのものからは二酸化炭素は排出されない．しかし，エネルギー源となる電力の発電時には火力発電所で大量の石油，石炭，天然ガスが燃焼され，二酸化炭素が排出されている．そして，地球温暖化の影響は，われわれが住んでいる地域だけでなく，世界の各地で発生し，しかも，将来世代に重いつけを残すことが科学的に予測されている．個々には小さな影響しか持たないため，地域的には問題ないと思われた活動が，他の地域における同じような活動の影響と相乗しあって地球環境に大きな影響を持つことがあるし，短期的には問題ないと思ったことが，長期的な眼で見ると重大な影響を持つこともある．

　われわれの活動が環境に対してどのような影響を持つかを，空間的，時間的に大きな視野から認識することを「ライフサイクル思考」と呼ぶ．そして，ライフサイクル思考に基づいて二酸化炭素排出などの環境面での負荷・インパクトを定量的に評価する手法をライフサイクルアセスメント（Life Cycle Assessment; LCA）と呼ぶ．

　LCAなどライフサイクル思考による分析のメリットとしては，まず製品・サービスのライフサイクル全体の環境負荷やコストが把握できることに加えて，どの段階で環境負荷やコストが発生しているかを客観的に認識できることがある．すなわち，生産者にとっては，効率的に改善につなげることが可能となり，より環境負荷やコストの少ない製品・サービスの設計・生産につながる．一方，消費者にとっては，こうした客観的で定量的な情報を得ることで，トータルでの環境負荷・コストが少ない製品・サービス選択が可能と

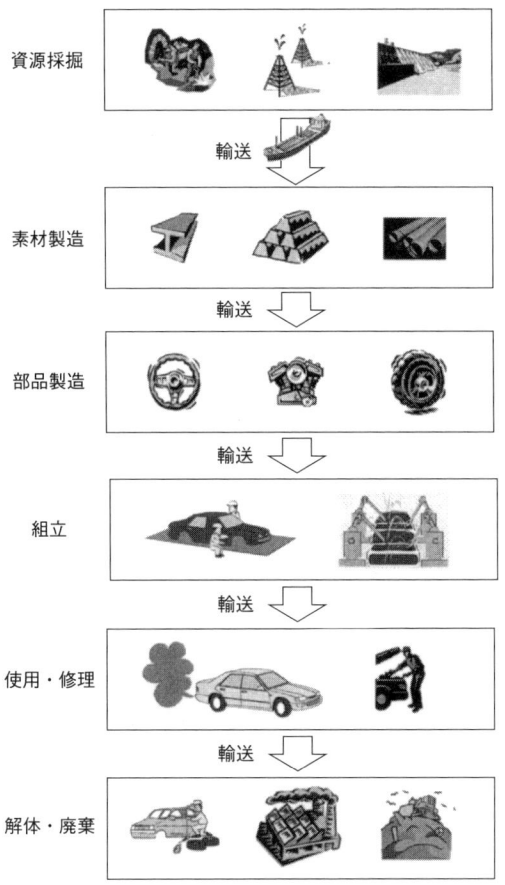

図1-1　自動車のライフサイクルの例
自動車にもさまざまなライフサイクルの段階があり，各段階で二酸化炭素が排出され，コストがかかる．ライフサイクル全体で考えることが必要である．

なる．さらに，こうした消費行動が広がれば，生産者側もそれに配慮せざるをえず，さらなる環境負荷・コストの削減につながる可能性もある．こうしたことから現在，ライフサイクル思考やLCAは，環境マネジメントや持続可能な社会の実現に有効な手法として広まりつつある．2002年のヨハネスブルクサミット（World Summit on Sustainable Development; WSSD）で採択された実施計画では，持続可能な生産と消費の実現に向けて，ライフサイクル思考を基盤とした手法を用いることが有効である，という結論に達し

ている.

　地域環境マネジメントの文脈で考えるならば，地域におけるさまざまな生産・消費活動にLCAの考え方を適用し，環境負荷や環境へのインパクトについての定量的なデータをもとに議論を行うことは有効である．具体的には，活動に利用される資源・エネルギーを採掘するところから，活動によって環境負荷や廃棄物を生じるまでのライフサイクルで考え，トータルの環境負荷・影響を定量的に把握することができれば，より具体的な地域の環境目標や具体的な計画の検討につながる．また，そうした目標や計画のもとでのさまざまな環境配慮活動の有効性についてもLCAで総合的に評価することが可能となる．つまり，全体的な環境負荷・環境インパクトの少ない地域の形成を目指す地域環境マネジメントにおけるさまざまな場面で，ライフサイクル思考やLCAは有効であるといえよう．

　なお，LCAの具体的な解説や地域環境マネジメントにおけるLCAのアプローチ方法については，第2章以降を参照していただきたい．

1.3.2　その他の枠組み・手法

　本書は，タイトルにあるように地域環境マネジメントにおけるLCAからのアプローチを示すものである．一方，地域環境マネジメントを進めるための枠組み・手法は，ライフサイクル思考やLCAのみではない．以下では，その他の枠組み・手法について簡単に触れる．

(1) 環境アセスメント

　環境アセスメント（Environmental Impact Assessment; EIA）とは，環境に大きな影響を及ぼすおそれのある行為について，事前にその行為の環境への影響を調査，予測，評価し，その結果を公表してステークホルダーの意見を聞き，環境配慮を行う枠組みである．わが国においては，環境影響評価法（1997年成立，1999年施行）によって，地方自治体の長は，方法書・準備書・意見・評価書の送付対象であり，事業者に対して地域の環境管理者として意見を述べることになっているほか，方法書や準備書の公表時には地域住民や専門家などが自由に意見を出すことができる．また，環境アセスメント

対象事業以外に対しても，独自の環境アセスメント制度を設けて，アセスメント（自治体アセス）を実施する地方自治体もある．しかしながら，これまでのわが国の EIA の多くは，事業実施段階におけるもの（事業アセスメント）であり，上位計画などですでに事業の枠組みが決定されているため，環境配慮の検討の幅が限られている．そこで，個別の事業実施に先立つ「戦略的な意思決定段階」からの環境アセスメントの必要性が指摘されている．

ここでいう「戦略的な意思決定段階」とは，政策（policy），計画（plan），プログラム（program）の「3つのP」を指す．そして，これらを対象とする環境アセスメントを，「戦略的環境アセスメント（Strategic Environmental Assessment; SEA）」と呼ぶ．2007年の時点で，アメリカ，カナダのほか，ヨーロッパでは，EU 加盟 27 カ国中 25 カ国が SEA 制度を導入している．国内では，すでに埼玉県や東京都，三重県などの都道府県レベル，川崎市や京都市などの市レベルで導入が進められている．SEA の詳細については，いくつかの関連文献があるので，そちらを参考にしていただきたい（環境アセスメント研究会編，2000 など）．

より早い意思決定段階から環境面についての評価を行うことで，従来は所与のものであった位置や規模などを含めた複数案の検討など，環境へ配慮した対応が可能となる．また，SEA 導入ガイドラインでは，地域のさまざまな主体[4]が SEA に参画・協働することを求めている（戦略的環境アセスメント総合研究会，2007）．このように，SEA は，地域環境マネジメントにおける重要な枠組みの1つである．

(2) 環境マネジメントシステム

先述のように環境マネジメントを進めるための体制や手続き等を「環境マネジメントシステム（EMS）」と呼ぶが，いくつかの地方自治体で EMS を導入する動きが見られる．

1998 年に千葉県印旛郡白井町（現・白井市）と新潟県上越市が，EMS の代表的な規格である ISO 14001 の認証を取得して以降，地方自治体の認証取

---

[4] ガイドラインでは「公衆」という表現となっている．

得数は増加してきた．しかしながら，ISO 14001 は，元来，企業活動のマネジメントツールとして開発されたものであり，地域の EMS として利用するには限界がある．認証取得が役所内の事務事業にとどまる例が多いのもそうした背景からである．そのため，近年では，ISO 14001 の自己適合宣言[5]を行い，飯田市のように独自の EMS に発展させたり，環境自治体会議が開発を進める EMS の LAS-E（Local Authority's Standard in Environment）に移行したりする地方自治体も出てきた（環境自治体会議，2005）．LAS-E は，庁舎のみを対象とせず，地域（行政域）全体を対象としている．こうした地域を対象とした EMS の仕組みは，地域環境マネジメントの有力なツールの1つになると思われる．

(3) その他の枠組み・手法

その他にも地域環境マネジメントに有効な枠組みや手法が存在する．

物質フロー解析（Material Flow Analysis; MFA）は，「空間的・時間的に定義されたあるシステムにおける物質の流れ（flow）と蓄積されるもの（stock）について，系統的に評価する」手法である（Brunner and Rechberger, 2004）．環境負荷や環境へのインパクトは，システムが活動する際に，物質・エネルギーがインプット，アウトプットされることに伴って生じる．すなわち，システムへのインプット・アウトプットを把握することは，環境負荷や環境へのインパクトを把握する上で最も基本的なことであり，先述の LCA を行う際にも，MFA の結果は LCA にとって不可欠な基礎情報となる．これまでも国や地域，都市，企業，工業団地，工場などを対象システムとして，その物質フローを分析する試みがなされており，地域環境マネジメントにおいても，きわめて重要な手法であるといえる．

リスクアセスメント（Risk Assessment; RA）も，地域環境マネジメント

---

[5] 組織自らが ISO 14001 に準拠していることを宣言すること．ISO 14001 規格序文には「環境マネジメントシステムの審査登録，および／または自己宣言のための要求事項を示す仕様」と記載されている．審査登録機関の外部認証を受けないため，客観性に欠けるという意見もあるが，地方自治体の場合，内部監査に地域住民や企業などを加えて客観性を担保している．

における重要な手法の1つである．ここで，リスクとは，よくないこと（ハザード）の大きさとその生起確率を掛け合わせたものである．われわれが地域において生産・消費活動を行うにあたっては，何らかの環境リスクが必ず伴い，そうしたリスクはゼロになることはない．そのため，環境対策を検討する際には，どういったリスクをどこまで減らすか，そしてどこまでを受容するのか，を決めていく必要がある．合理的で透明性のある意思決定には，リスクを定量的に求める手法，すなわちRAが重要となる．RAについては，中西（1995）などに詳しい．一方，リスクについては，専門家の判断と一般の認識とが大きく異なる場合が多いため，地域環境マネジメントにおいては，ステークホルダー間のリスクに関する積極的な情報交換や議論（リスクコミュニケーション）が必要である．

参考文献

Brunner, P. H., Rechberger, H. (2004): Practical Handbook of MATERIAL FLOW ANALYSIS, Lewis Publishers.
環境アセスメント研究会編（2000）:『わかりやすい戦略的環境アセスメント―戦略的環境アセスメント総合研究会報告書』, 中央法規出版.
環境自治体会議（2005）:『環境自治体白書2005年版』, 生活社.
環境省編（2001）:『環境基本計画―環境の世紀への道しるべ』, ぎょうせい.
環境省編（2006）:『環境基本計画 環境から拓く新たなゆたかさへの道―平成18年4月閣議決定第3次計画』, ぎょうせい.
戦略的環境アセスメント総合研究会（2007）:『戦略的環境アセスメント総合研究会報告書』.
中西準子（1995）:『環境リスク論―技術論からみた政策提言』, 岩波書店.
武者忠彦（2007）:「平成の大合併」をめぐるガバナンスの問題―長野県木曽町の地域協議会を事例に―, 栗島英明編『「平成の大合併」に伴う市町村行財政の変化と対応に関する地理学的研究（平成18年度国土地理協会助成）報告書』.

第2章 LCA

2.1 ライフサイクルアセスメント（LCA）の考え方

　LCA は，ライフサイクル思考を用いて対象の環境負荷や環境へのインパクトを評価する手法である．

　LCA の歴史を簡単にたどると，まず 1969 年にアメリカのコカコーラ社がミッドウェスト研究所（現フランクリン研究所）に依頼して行ったリターナルびんと飲料缶の環境負荷の比較が最初であるとされる．その後，70 年代にはライフサイクルを通じたエネルギー消費量の分析が世界各地で行われるようになり，80 年代のヨーロッパにおける包装材料の研究，90 年代の LCA のマニュアル化という流れになっている．1993 年からは国際標準化機構（ISO）において，LCA に関する国際規格化の作業が開始され，97 年に LCA の原則および枠組みを定めた ISO 14040 が発行された（コラム 2-1 参照）．

　ISO 14040 では，LCA を「製品およびサービスにおける資源の採取から製品の製造・使用・リサイクル・廃棄・物流などに関するライフサイクル全般にわたっての，総合的な環境負荷を客観的に評価する環境問題の考察手段の一つ」であり，「製品システムのライフサイクルを通した資源消費と環境負荷の定量化，および潜在的な環境影響のまとめおよび評価」と定義している（ISO, 2006a）．LCA は，ある製品を1つつくるということが，製造だけでなく，資源採掘から使用，廃棄までを考慮したときに，具体的にどれだけの物質が使用され，潜在的にどのくらいの物質を環境に排出する可能性を持ち，その環境へのインパクトはどの程度であるかを定量的に示す方法である．この考え方の特徴は，製品のライフサイクルに関わる環境面のすべての連鎖を

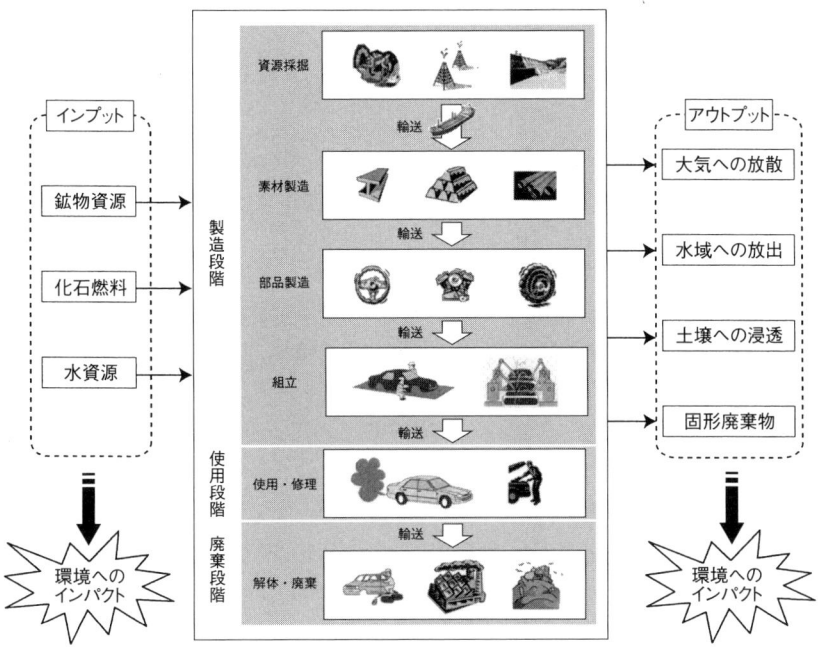

図 2-1 LCA の考え方

考慮する点である．

　自動車を例に，LCA の考え方を見てみよう（図 2-1）．製造段階では，鉄，アルミ，プラスチック，ゴム，布，ガラスなどあらゆる材料の採掘や製造に伴う資源消費と環境負荷を，車 1 台あたりで計上する．使用段階では，直接自動車から排出される環境負荷だけではなく，燃料製造やその前の採掘時の資源消費と環境負荷も使用した燃料の量に応じて計上する．このほか，修理やメンテナンスで使用されるオイル，交換部品についても同様に考える．そして，自動車の使用が終了して廃棄されるときにも，その廃棄による埋立の環境負荷だけではなく埋立てるのに必要なトラック輸送や解体作業によって生じる資源消費と環境負荷も計上する．これらの製造段階，使用段階，廃棄段階の自動車のライフサイクル全体での資源消費と環境負荷を足し合わせることで，1 台の自動車という製品からの資源消費と環境負荷が明らかとなる．さらには，この環境負荷によって引き起こされる可能性のある環境へのインパクトを計算する．

第 2 章　LCA——17

> **コラム 2-1**
> **LCA に関する ISO 規格**
>
> 　LCA に関する ISO 規格は，1997 年 6 月に LCA の原則と枠組みを定めた ISO 14040 が発効し，その後各要素の要求事項を定めた ISO 14041〜43 が順次発効した．これらは，JIS 規格の JIS Q 14040〜43 となっていた．
> 　その後，曖昧な表現や誤記，矛盾点などに対する見直しが行われ，2006 年 7 月に新たな ISO 14040 と ISO 14041〜43 の要求事項を再編集（これにより，ISO 14041〜43 は廃止）した ISO 14044 が発効した（Finkbeiner *et al.*, 2006）．

　LCA によって，製品・サービスの環境負荷や環境へのインパクトが，ライフサイクルの段階（これをライフステージという）ごとに定量化され，ライフサイクル全体に占める各ライフステージの環境負荷の割合などが目に見える形となる．このことによって，生産者はどの段階での改善が必要で，どういった対応が環境負荷削減に効率的かを把握することができるようになり，製品・サービスの環境配慮設計（Design for Environment; DfE）などの内部管理に利用することが可能となる．また，従来製品との比較などを通じて環境負荷や環境へのインパクトに関する定量的な情報が LCA によって提供されれば，製品・サービスを購入する消費者は，環境に配慮した購買行動が可能となる．

2.2　LCA の基本的な手順

　図 2-2 の LCA の基本的な手順は，ISO 14040 に定められている（ISO, 2006a, b）．LCA は，(1) 目的および調査範囲の設定（goal and scope definition），(2) ライフサイクルインベントリ分析（life cycle inventory analysis），(3) ライフサイクル影響評価（life cycle impact assessment; LCIA），(4) ライフサイクル解釈（life cycle interpretation），の 4 つの要素で構成される．本書では，(2) から (4) の要素を簡略化して，(2) インベントリ

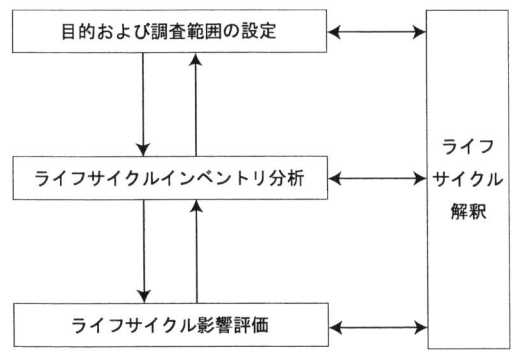

図 2-2　ISO 14040 による LCA の構成要素と実施手順

分析，(3) インパクト評価，(4) 解釈，と慣用的な呼び方で表す．

「目的および調査範囲の設定」では，まず調査の目的として，実施の背景，報告対象者，結果の用途を記述する．つまり，なぜ LCA を実施するのか，誰に報告するのか，結果を何に使うのかを明確にする．調査範囲の設定では，どのような対象の，どのような機能について，どのような環境負荷や環境へのインパクトについて評価するのか，など調査の前提条件を明らかにする．詳細については，2.3 節で説明を行う．

「インベントリ分析」は，目的および調査範囲の設定に基づいて，対象とした調査範囲内の各段階について，ライフサイクル全体の資源消費量と環境負荷量を算出・推定する段階である．インベントリ分析は，対象に関するデータが蓄積され，より多くのことが明らかになるにつれて，何度も反復的に実施する必要がある．詳細については，2.4 節で説明を行う．

「インパクト評価」は，インベントリ分析の結果を用いて，算出された環境負荷によって引き起こされる環境へのインパクトを評価するものである．詳細は 2.5 節で説明を行う．

そして，最後に「解釈」で，LCA の構成要素ごとに，重要な項目の特定や評価の要素との整合性のチェック，入力する値を変更した際に結果の値にどれほどの影響を与えるのかを検証する感度分析等を行う．この段階の最終目的は，どのような結論が導き出されるかを明確にし，環境負荷や環境へのインパクトの削減に向けた提言を作成することである．

2.3　目的と調査範囲を決める（目的および調査範囲の設定）

2.3.1　目的の設定

　LCA を実施する際は，実施の背景や動機，実施者，報告対象者，結果の用途を最初に決めておくことが重要である．実施する目的によって，何を対象にどのような手続きで LCA を実施するのか，が変わりうるからである．当然ながら，目的が異なれば，LCA の結果も異なってくる．

　実施の背景とは，なぜその LCA を実施するのか，である．実施者は LCA を実施する主体，報告対象者は LCA の結果を説明する相手である．結果の用途とは，LCA の結果をどのように用いるか，であり，実施の背景と対になる．

(1) 実施の背景

　まず，「なぜ LCA を実施するのか」を明記する．たとえば，「地域の温暖化対策を実施する上で，現状の地域における温室効果ガス排出量を把握する必要があるため」であるとか，「一般廃棄物処理に伴う環境負荷に関する情報公開が望まれているため」などと記す．

(2) 報告対象者

　「LCA の結果を誰に伝えるのか」を明確にする．LCA の実施を環境コンサルタントなどに委託する場合には，実施者は環境コンサルタントであり，報告対象者は地方自治体となる．実施された LCA の結果を一般に公開してパブリックコメントを求める場合には，報告対象者は一般住民である．

(3) 結果の用途

　「結果をどのように利用するのか」を具体的に示す．これは，使用するデータの項目や精度，信頼性，分析方法などに影響する．たとえば，廃棄物の処理技術による環境負荷の相違について議論するためには，環境負荷の計算に使われるデータの精度について検討する必要がある．

2.3.2 調査範囲の設定

LCA を始める前に，(1) 何を調査対象にするか，(2) どのような手法を使うか，を決めておく必要がある．

(1) 何を調査対象にするか

まず「どのような対象を評価するのか」を明記する．対象については，LCA の対象をより特定できるように記述することが望ましい．つまり，単に「自動車」ではなく「A 社製乗用車"○○"」，「廃棄物処理」ではなく「B 市の廃棄物処理」とする．

次に「どのような機能を評価するのか」を明記する．LCA における機能とは，対象の持つ機能・目的・効果を指す．「A 社製乗用車"○○"」であれば「人を運ぶ」，「B 市の廃棄物処理」であれば「B 市内の廃棄物を処理する」ことを指す．

機能単位は，LCA を実施する対象が持つ機能の基準である．「A 社製乗用車"○○"」の「人を運ぶ」という機能であれば，「人 1 人を 1 km 運ぶ」を機能単位として設定する．同様に，「B 市の廃棄物処理」であれば，「B 市のごみ 1 トンを処理する」や「B 市のごみ 1 年分を処理する」などが機能単位として設定される．

ISO で規定された LCA では，複数の対象を比較評価する場合，同じ機能単位で比較することとされている．機能が違えば環境負荷は自ずと異なるからである．

注意が必要なのは，対象の有する機能は 1 つとは限らないことである．たとえば，今や携帯電話は，単なる「通話」機能のみならず，「インターネット」や「デジタルカメラ」，「音楽プレーヤー」，「ワンセグテレビ」などの複数の機能を持つ．企業誘致施策の場合，その機能は，「税収の上昇」や「雇用の拡大」，「地域の活性化」など多岐にわたっている．どの機能に着目して LCA を実施するのか，注意深く考える必要がある．

(2) どのような手法を使うか

さらに,「どのようなインパクトについて評価するのか,そのためにどのような環境負荷を調査しなければならないのか」を検討する.たとえば,地球温暖化という環境へのインパクトを評価するのであれば,二酸化炭素(CO_2)や,メタン(CH_4),亜酸化窒素(N_2O)などの温室効果ガスを環境負荷として取り上げることになる.

地球温暖化というインパクトを評価する場合,CH_4 や N_2O,フロン類など,CO_2 以外の温室効果ガスも,インベントリ分析における環境負荷である.しかし,CO_2 以外の温室効果ガスの排出の影響が対象のライフサイクル全体から見て大きくないことがあらかじめわかっているならば,これを取り上げなくてもよい(カットオフ[1]).しかし,たとえば酪農の LCA などでは,牛の反すうや排せつ物から多く発生する CH_4 や圃場から揮散する N_2O の影響が大きく,これらを無視することは地球温暖化を対象としたインパクト評価を行う上では不十分である.

(3) クリティカルレビュー

クリティカルレビューとは,実施者や専門家あるいは利害関係者などによって LCA の結果を客観的に評価することである.調査範囲の設定では,クリティカルレビューをどのように行うかを決める必要がある.

2.4 環境負荷を集計する(インベントリ分析)

インベントリ分析では,設定された目的と調査範囲に従い,評価対象のライフサイクル全体での資源消費量と環境負荷量を収集・整理・分析する.以下では,インベントリ分析の手順に沿って説明をする[2].

---

[1] カットオフのルールについては,5.5 節で詳しく述べる.
[2] なお,本書の説明を読んだ上で,とりあえずインベントリ分析を体験したい場合は,足立ほか(2004)のインベントリ分析に関する演習問題に取り組むとよい.

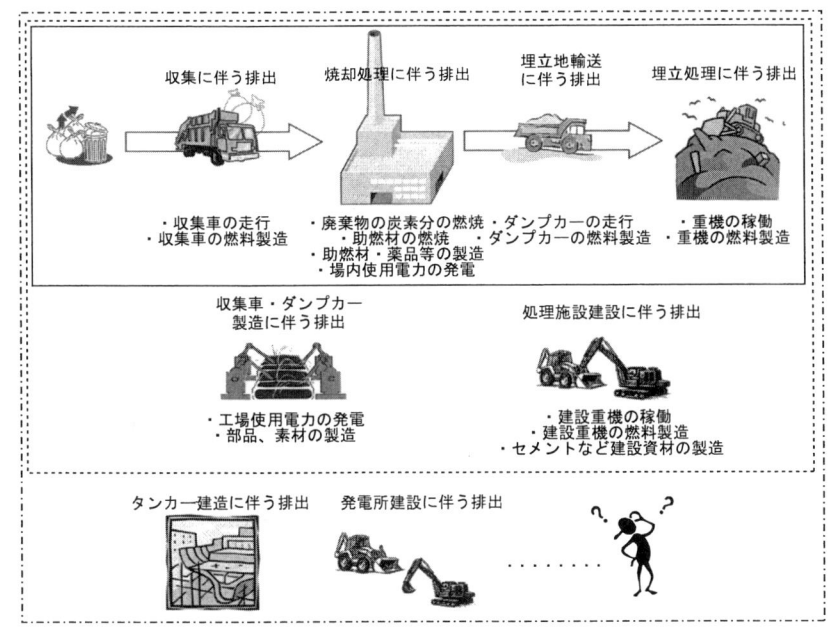

図2-3　廃棄物処理のライフサイクルに関わるもの

2.4.1　システム境界の設定

　システム境界の設定とは，LCAの対象のライフサイクルに関連するどの過程（プロセス）までを検討するのかを決定することである．たとえば，ある地域の廃棄物処理について，CO_2を環境負荷としてインベントリ分析を実施する場合は，図2-3のように，廃棄物の「収集に伴う排出」，「焼却処理に伴う排出」，「埋立地輸送に伴う排出」，「埋立処理に伴う排出」は当然調査の対象となる（実線囲み部分）．焼却施設などの「処理施設建設に伴う排出」，「収集車・ダンプカー製造に伴う排出」も廃棄物処理のライフサイクルに関連している（点線囲み部分）．さらに，廃棄物処理で使用する電力を発電する「発電所建設に伴う排出」や燃料を輸送する「タンカー建造に伴う排出」も関連しているといえる（一点鎖線囲み部分）．それでは，タンカー建造の材料となる鉄鉱石を採掘する機械の製造に伴う排出はどうだろうか…と考え始めると限度がない．

それでは，どこまでを対象にするのか考えてみよう．

　まず目的と対象を考慮した場合に，環境負荷がライフサイクル全体で見ると相対的に小さいプロセスは無視できる．たとえば，先の例におけるCO_2排出量を取り上げると，「発電所で使われる化石燃料からの排出」は「廃棄物の炭素分の燃焼に伴う排出」の5％に満たない（第6章参照）．そして，「タンカー建造に伴う排出」や「発電所建設に伴う排出」は，「発電所で使われる化石燃料からの排出」の，さらに10％未満であり[3,4]，廃棄物処理全体から見れば1％にも満たず，相対的に小さい．つまり，「タンカー建造に伴う排出」や「発電所建設に伴う排出」はシステム境界に含める必要はないということになる．

　ISO 14040でも，この点を考慮し，目的に応じて，対象とするライフサイクルの範囲を調査者自ら決めることができるとされている[5]．重要なことは，「どの範囲をシステム境界に含めるのか」を明確にするということである．

　図2-4に廃棄物処理のシステム境界を示す．このとき，システム境界の外側を「環境」と呼ぶ．そして，システム全体と環境との物質のやり取りを基本フローと呼ぶ．

　次に，設定したシステム境界内にあるデータ収集の基本となるプロセス（単位プロセス）を決定する．たとえば，前掲の図2-3で示した廃棄物処理のシステム境界の中の焼却処理は，焼却炉に投入される助燃材，各薬品，系統電力の製造，助燃材の燃焼，ごみの燃焼からなる．このとき，図2-5のように関連するプロセスをツリー状にすることで，あるいは，より詳細なフロ

---

[3] 1 ℓ の原油を燃焼すると2.6 kgのCO_2を排出する（環境省・経済産業省，2010）．これに対し，原油タンカーの輸送に伴うCO_2排出は0.00423 kg/t-kmである（プラスチック処理促進協会，1993）．日本が中東から1万2000 km程度離れていることを考えれば，1 ℓ の原油（比重0.8～0.95程度）を輸送しても0.04 kgしかCO_2を排出しない計算となる．燃焼に比較すると2％に満たない．

[4] 火力発電所の建設に伴うCO_2排出は，燃料の燃焼に伴う排出と比較して0～3％に過ぎない（本藤ほか，1999；田原ほか，1997）．石炭火力・石油火力の場合，建設に加えて運用に伴う排出まで含めても，燃料燃焼に伴う排出の5～11％である（LNG火力は21％）．

[5] 評価者が「自分に有利な結果が出るようにシステム境界を設定する」可能性があるのではないか，という批判がある．ISOはそのために，システム境界を明確に報告することを要求している．あまりに勝手なシステム境界の設定は当然批判される．

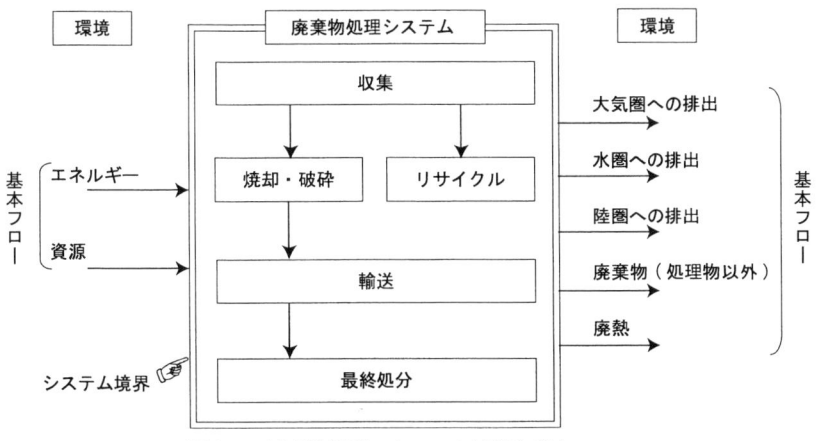

図2-4 廃棄物処理のシステム境界と基本フロー

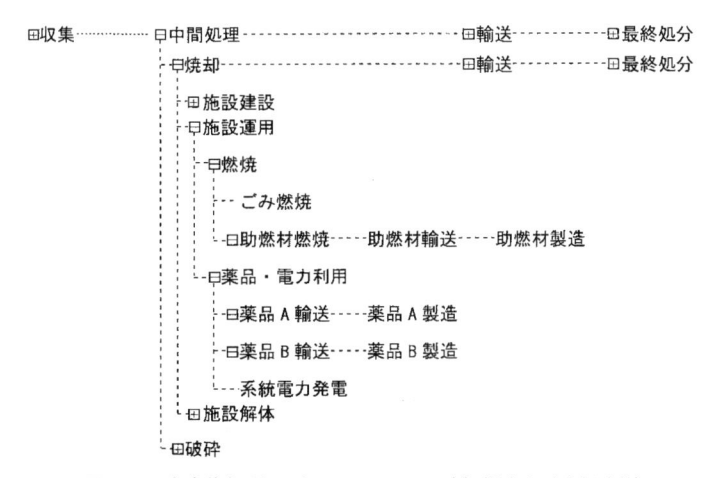

図2-5 廃棄物処理のプロセスツリーの例（焼却部分を細分化）

一図を描くことで，システム境界内に含まれ，インベントリ分析の対象とするプロセスを明確にすることができる．

2.4.2 インベントリデータの作成・収集

続いて，システム境界内に含まれる単位プロセスごとのインベントリデータの作成・収集について説明する．

表2-1 インベントリデータの調査項目の例

基本情報	プロセス名 属するライフステージ プロセスの説明（図） データ収集日 データ収集方法 データ収集者 参考資料・文献 データ品質に関する項目
物質収支 環境負荷	入出力項目名 入出力項目の数量 入出力項目関連情報（前後の接続プロセスなど）
その他	後段プロセス関連項目（輸送手段など）

(1) データの種類

LCAで収集するデータには，フォアグラウンドデータとバックグラウンドデータがある．評価対象に直接関わるプロセスは評価結果を左右するため，LCA実施者が調査（アンケートやインタビュー，現地調査など）を通して収集すべきであり，実施者自ら収集したデータをフォアグラウンドデータと呼ぶ．一方，評価対象で消費される各種の資材やエネルギーの製造プロセスや輸送プロセスは自ら調査するのは困難であり，また結果を大きくは左右しないと考えられる．これらは既存のデータベースや関連文献を参考に整理する．これをバックグラウンドデータと呼ぶ（伊坪ほか，2007）．

(2) インベントリデータの項目

フォアグラウンドデータを実際に調査するにあたっては，データとして必要な調査項目を決め，データ収集の前に一定のデータ書式を用意しておくと便利である．表2-1には調査項目の例を示した．

(3) インベントリデータの形式

バックグラウンドデータについては，一般に既存のインベントリデータベースを引用することが多い．ここでは特に既存のデータベースのデータ形式について説明する．データ形式には，「単位プロセス型」，「プロセス合算型」，

a) 単位プロセス型

b) プロセス合算型

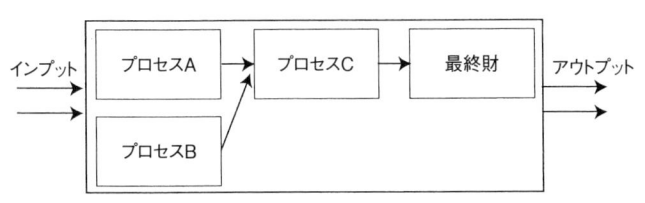

c) 産業連関型

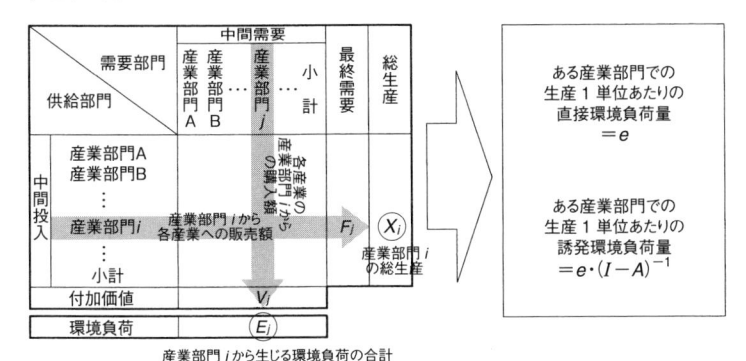

図2-6 インベントリデータの形式

「産業連関型」がある（図2-6）．

　単位プロセスごとにインプット・アウトプットがまとめられたデータ形式を「単位プロセス型」という．

　これに対し，複数のプロセスのインプット・アウトプットがまとめられたデータを「プロセス合算型」という．たとえば，一般的に1kWhあたりの系統電力のインベントリデータは，発電用の原材料（石油，石炭，天然ガス，ウラン等）の採掘プロセスから，それらの輸送プロセス，精製プロセス，発電プロセスまでが含まれている．このように，プロセス合算型のデータは資源の採掘まで遡及して，いわゆる「原単位データ」として作成されることが多い．

コラム 2-2
産業連関表とインベントリデータ

産業連関表とは，特定期間における産業と産業および産業と家計の間のすべてのモノやサービスの取引状況を1つの表で描き出した経済統計である．下表に総務省（2000）が公表する2000年産業連関表を見やすく集計したものを示す．この表の数値は，2000年の1年間で日本の中のすべての経済取引を表している．まず，横方向で数値を見ると，たとえば，製造業は自製品を農林水産業・鉱業に3兆円（表内の網塗り部分）販売していることがわかる．つまり，横方向は販路を示している．一方，タテ方向にそって数値を読むと，たとえば，製造業は自製品の製造のために電力・ガス・水道を6兆円（表内の網塗り部分）購入していることがわかる．つまり，縦方向は費用を示している．さらに全体を見ると，産業間の取引（中間投入・需要），家計の消費（最終需要），家計の労働提供（付加価値），の3つのパートによって，一国経済内のモノとサービスの取引を一括でかつ定量的に記述している．産業連関表は，今回9産業で集計したが，実際には400～500産業を取り扱っており，十分であると言えないものの，それなりに産業の違いを見ることはできる．

産業連関表の「産業」を「製品を製造するプロセス」と読み解くと，産業連関表で得られる数値データは，LCAのインベントリデータと同じ構造であることに気付く．このとき，産業連関表では日本の全産業を対象としてい

表　わが国の2000年産業連関表

単位：兆円

		中間需要									最終需要			国内生産
		1	2	3	4	5	6	7	8	9	家計	輸出	輸入	
中間投入	1 農林水産業・鉱業	2	16	1	2	0	0	0	1	0	26	0	-11	16
	2 製造業	3	123	22	2	3	1	7	31	0	296	47	-34	308
	3 建設	0	1	0	1	1	3	1	2	0	77	0	0	77
	4 電力・ガス・水道	0	6	1	2	1	0	1	7	0	27	0	0	27
	5 商業	1	16	5	0	1	0	2	9	0	93	4	-1	97
	6 金融・保険・不動産	1	5	1	1	8	7	5	9	1	104	0	0	104
	7 運輸・通信・放送	1	9	5	1	7	2	9	11	0	69	4	-3	70
	8 公務・サービス	0	23	6	3	6	7	10	22	1	259	2	-5	255
	9 分類不明	0	2	0	0	1	0	1	0	0	4	0	0	4
付加価値		9	107	36	15	69	83	36	164	1				
国内生産		16	308	77	27	97	104	70	255	4				

るため，システム境界はすでに与えられた状況となる．このようなことから，産業連関表はインベントリデータの中でのシステム境界の設定が難しいバックグランドデータとしてよく活用されている．

バックグラウンドデータとして産業連関表を用いる際には，引用データのデータ形式に注意する必要がある．たとえば，プロセス合算型や産業連関型でつくられた系統電力のインベントリデータを発電プロセスのみの単位プロセス型と考え，発電のための化石燃料の採掘プロセスや輸送プロセス等を別に計上すると，環境負荷をダブルカウントすることになるからである．

一方，わが国では，産業連関表の逆行列係数表と各産業の入出力原単位を用いて，各産業部門の環境負荷量が推計されている（南齋ほか，2002）．産業連関表を用いて作成されたデータは，最終生産物を生産する産業部門に関わるすべての産業部門の環境負荷を背負っていることになる．このようなデータ形式を「産業連関型」という（コラム2-2参照）．

(4) 主要なインベントリデータベース

先述のように，バックグラウンドデータとして既存のインベントリデータベースを利用することが多い．表2-2にバックグラウンドデータとして利用されている主要なインベントリデータベースを示す．

いわゆる汎用的なデータベースとしては，LCA日本フォーラム（2010）が公表するJLCA-LCAデータベース，国立環境研究所（南齋・森口，2006）が公表する産業連関表による環境負荷原単位データブック（Embodied Energy and Emission Intensity Data for Japan Using Input-Output Tables; 3EID），産業環境管理協会（2006）のJEMAI-LCA Proデータベース，スイスのエコインベントセンターが公表するecoinvent（2003）などがある．中でもJLCA-LCAデータベースは，第1期LCAプロジェクト[6]の中でさまざまな工業会によってつくられたデータベースである．単位プロセス型または

---

[6] 第1期LCAプロジェクトとは，平成10年度から5カ年，（独）新エネルギー・産業技術総合開発機構（NEDO）が実施した国家プロジェクト「製品等ライフサイクル環境影響評価技術開発」を指す．詳しくはLCA日本フォーラムのホームページ（http://www.jemai.or.jp/lcaforum/project/03_01.cfm）を参照．

表2-2 主要なインベントリデータベース

データベース名	JLCA-LCA データベース	産業連関表による環境負荷原単位データブック(3EID)	JEMAI-LCA Pro データベース	ecoinvent
公表機関	LCA日本フォーラム	(独)国立環境研究所	(社)産業環境管理協会	エコインベントセンター(スイス)
公表年	2004〜	2002〜	2006〜	2003〜
データ形式	単位プロセス型 プロセス合算型	産業連関型	単位プロセス型	単位プロセス型 プロセス合算型
産業連関表の年次	—	2000	—	—
備考	日本のナショナルデータベース 約550データセット	全産業	LCAソフトウェア「JEMAI-LCA Pro」に搭載	約2700データセット

データベース名	建物のLCA指針	「環境影響評価のためのライフサイクルアセスメント手法」研究成果報告書	都市ごみ処理システムの分析・計画・評価
公表機関	(社)日本建築学会	(独)農業環境技術研究所	松藤敏彦(北海道大)
公表年	2003〜	2003	2005
データ形式	産業連関型	単位プロセス型 プロセス合算型	単位プロセス型 プロセス合算型
産業連関表の年次	1995	—	—
備考	建築物・資材	農業生産物	廃棄物処理技術

プロセス合算型のデータをwebで提供している．また，3EIDは，産業連関型のデータベースであり，こちらもwebでデータ公開を行っている．

日本建築学会（2006）や農業環境技術研究所（2003），松藤（2005）などは，建築・農業・廃棄物処理などの特定の分野に特化したデータベースである．これらは地域環境マネジメントの場面で参考になろう．

2.4.3 インベントリの算出方法

インベントリ分析はフォアグラウンドデータを収集した後に，バックグラウンドデータと合算し，インベントリ分析の結果を算出する．この際，単位ユニット型やプロセス合算型のインベントリデータを産業連関型のインベントリデータで補完するハイブリッド法が多く試みられている．

また，インベントリ分析を支援する専用ソフトウェアも国内外で販売されており，システム境界の設定や結果の算出を簡便に行える．また，ソフトウ

ェアに付属しているデータベースをバックグラウンドデータとして利用できる（船崎, 2005）.

2.5 環境へのインパクトを評価する（ライフサイクル影響評価）

前節で述べたインベントリ分析により得られた環境負荷排出量および資源消費量に基づいて，環境へのインパクトを算出するためのインパクト評価（ライフサイクル影響評価）を実施する．以下にその考え方・手順，および代表的な手法として LIME を取り上げ，その概要について述べる．

2.5.1 インパクト評価の考え方と手順

環境へのインパクトを算出する意義は，異なる複数の物質が排出または消費された場合の影響を総合的に評価することにある．

たとえば，地球温暖化に関わるインパクト評価を目的とした際に，温室効果ガスである CO_2, CH_4, N_2O, フルオロカーボン 11（CFC-11）の排出量が，それぞれ，1000 kg, 10 kg, 1 kg, 0.5 kg であったと仮定する（インベントリ分析結果）．各温室効果ガスの地球温暖化に対する潜在的な影響力を示す地球温暖化係数（Global Warming Potential; GWP）は，それぞれ 1, 23, 296, 4600（IPCC, 2001）であり，これらの値は気候変動に関する政府間パネル（IPCC）や国連気候変動枠組条約（UNFCCC）において広く用いられている．GWP は温室効果ガス 1 kg あたりの地球温暖化へのインパクトについて CO_2 を基準として示す係数であり，これに排出量を乗じることによって CO_2 排出量に相当するインパクト（CO_2 eq. kg）を計算することができる．想定したケースでは以下のように計算結果が得られる．

CO_2 ： 1000 kg × 1 = 1000 （CO_2 eq. kg）
CH_4 ： 10 kg × 23 = 230 （CO_2 eq. kg）
N_2O ： 1 kg × 296 = 296 （CO_2 eq. kg）
CFC-11 ： 0.5 kg × 4600 = 2300 （CO_2 eq. kg）

この場合は排出量が最も少ない CFC-11 が最も地球温暖化に寄与することが

表2-3 考慮すべき環境へのインパクトの例

	環境インパクト	スケール
インプット	枯渇性資源 生物資源 土地の使用	地球 地球 局所
アウトプット	地球温暖化 オゾン層破壊 人間への毒性影響 生態系への毒性 光化学オキシダント生成 酸性雨 富栄養化 臭気 騒音 放射線 事故	地球 地球 地球/大陸/地域/局所 地球/大陸/地域/局所 大陸/地域/局所 大陸/地域/局所 大陸/地域/局所 局所 局所 地域/局所 局所

出典：Udo de Haes, 1996

わかる．環境へのインパクトを評価するためには，インベントリ分析によって得られる環境負荷量に基づいて，対象となる環境影響領域に対する影響の大きさを評価することが重要であり，排出量のみによる評価では環境へのインパクトを正確に評価するには不十分である．表2-3に，ヨーロッパ環境毒物化学学会 (Society of Environmental Toxicology And Chemistry; SETAC) により提案されている，インパクト評価で考慮すべき環境へのインパクトを示す (Udo de Haes, 1996)．

ISO 14044ではインパクト評価の手順を以下のように規定している (図2-7)．
①影響領域，影響領域の指標および特性化モデルの選択（必須要素）

評価する環境影響領域（インパクトカテゴリ）への影響を定量化するためのモデル・手法を決定する．
②分類化（必須要素）

インベントリ分析で計算された環境負荷物質を，環境影響領域に振り分ける．
③特性化（必須要素）

環境影響領域ごとに①で選択したモデル・手法により設定された影響評価のための係数（特性化係数と呼ぶ）を利用し，インベントリ分析から得られた各環境負荷物質の物量に影響評価係数を乗じて各環境影響領域に対する影

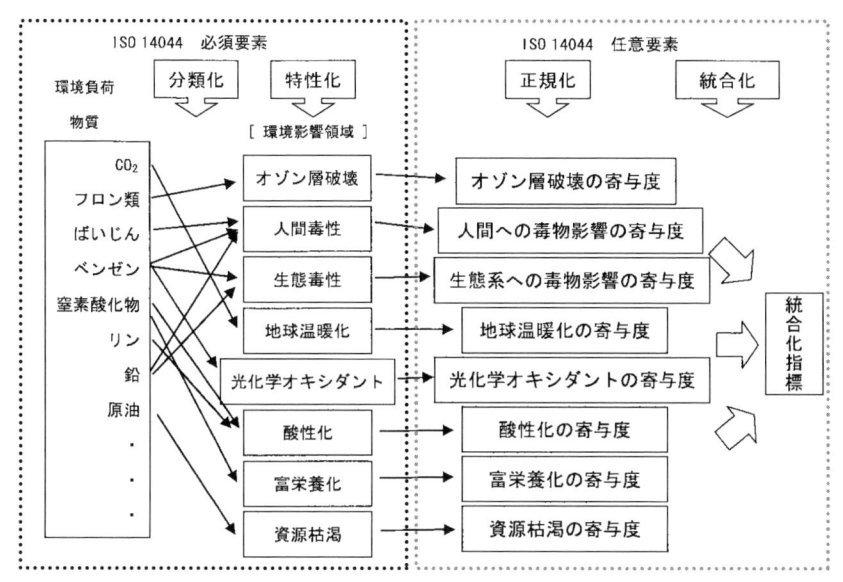

図 2-7　ISO 14044 における LCIA の手順

響を計算する．

④正規化（任意要素）

　評価対象に関わる環境影響量が，特定の範囲の中でどの程度の寄与を与えるのかについて環境影響領域ごとに検討する．たとえば，特性化結果を日本における年間の影響量で除することにより，評価対象が及ぼす影響量が日本全体の年間の影響量に対してどの程度の影響であるかを理解するために実施する．

⑤統合化（任意要素）

　それぞれの環境影響領域で正規化された結果を重み付けし，単一指標を得て異なる環境影響領域に対する影響を総合的に評価する．

　ISO 14044 では上記手順のうち，特性化までを必須要素としており，LCA を行う際は特性化までは必ず行わなければならないが，正規化と統合化は任意要素とされている．後述するように，環境影響を統合化するためには主観的判断を避けることができない．そのため，ISO 14044 では一般に開示することを意図する場合に製品の比較主張には統合化された指標を使うことを禁止している．

2.5.2 異なる環境領域のインパクトの統合化

　特性化による評価結果は，各環境影響領域への潜在的影響力を意味している．たとえば，GWPを利用した地球温暖化に対する評価は，放射強制力としての各排出物質の温室効果に対する寄与を計算している．したがって，実際に地球温暖化によってどの程度の被害（たとえば，熱ストレスやマラリアの増加による健康被害など）が起こるのかを評価しているわけではない．また，温室効果ガスによる放射強制力の増加とオゾン層破壊物質によるオゾン層破壊能など，異なる複数の環境影響領域に対する潜在的影響力（特性化結果）を直接比較評価することはできない．

　こうした問題を解決するために，異なる種類の影響・被害に対する重み付けを行う手法が統合化である．従来のLCAでは，特性化結果に各環境問題の重み付け係数を乗じることによって統合化を試みる問題比較型と呼ばれる統合化手法が主に実施されてきた．代表的な重み付けの決定方法は，環境負荷物質の排出抑制目標を基準としてその達成度を指標として利用するDistance-to-Target法（DtT法），専門家や一般の人がパネリストとして重み付けの決定を行うパネル法などが挙げられる．しかし，問題比較型の統合化手法は，多くの環境問題（一般には10以上）について比較することが困難であること，重み付けの根拠が評価者の思考に隠れてしまい議論が非常に難しいこと，などが指摘されている．

　そこで，近年ではヨーロッパを初めとして，各環境問題を通じて人間健康や生物多様性の損失がどの程度生じるのかを評価する被害算定型のインパクト評価手法の開発が盛んになってきている．被害評価では，各環境影響領域と被害の現象（カテゴリエンドポイント）を関連付け，それに伴って保護対象（人間の健康や生物多様性など被害の種類に応じた被害の集約対象）が受ける被害量を最新の自然科学や疫学の知見を基に評価する（図2-8）．たとえば，ハイドロクロロフルオロカーボン（HCFCs）の排出によってオゾン層破壊（環境影響領域）への潜在的影響が増加し，それに伴って皮膚がんや白内障の罹患率（カテゴリエンドポイント）がどの程度上昇するかをUV-B量との相関モデル等により予測し，皮膚がんや白内障の増加による死亡者数

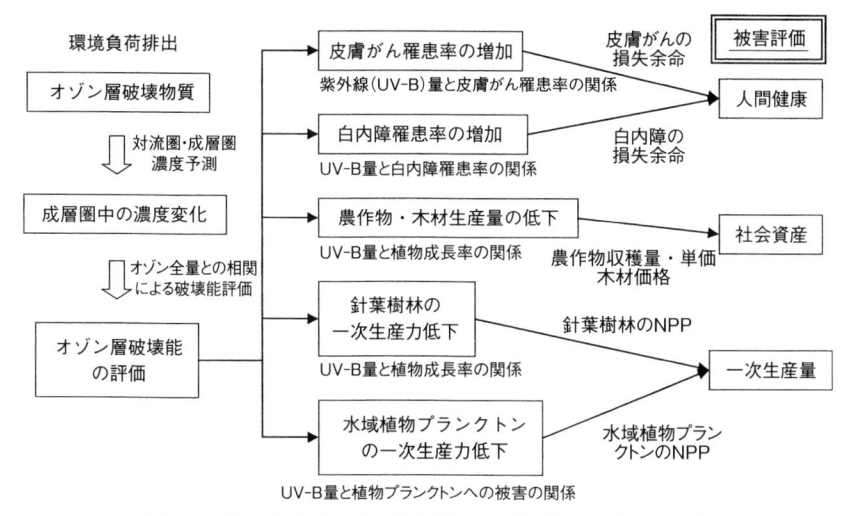

図 2-8　被害評価（オゾン層破壊）の一例（伊坪・稲葉, 2005）

の増加（保護対象）を算定する．こうした被害評価を行うことにより，多数の環境影響領域に対するインパクトを理論的に評価・集約することができ，評価結果の解釈が容易になるだけでなく，異なる環境問題の深刻度を合理的に比較評価することができる．

　被害算定型のインパクト評価手法においても，異なる環境影響領域に対するインパクトをそれぞれの保護対象で集約した後，最終的に単一の指標に統合化するために何らかの価値判断に基づいた重み付けが必要となる．ただし，問題比較型に比べて，比較項目も少なく，比較項目に対する情報量の差も小さいという利点がある．

　こうした被害算定型の統合化手法は欧州を中心とした開発が進んでいる．表 2-4 に代表的な統合化手法の特徴を簡単にまとめて示す．環境へのインパクトの中には地域性の影響が大きく関係するものもあり（光化学オキシダント，大気汚染や有害化学物質など），地域の評価を行う上では評価対象地域に合わせた手法を選択することが重要である．

2.5.3　LIME

　ヨーロッパを中心に環境条件等を考慮したインパクト評価手法が開発され

表 2-4　代表的な統合化手法とその特徴

手法名	EPS [*1]	Eco-indicator '99 [*2]	Extern E [*3]	LIME [*4]
開発国	スウェーデン	オランダ	EC	日本
最新版公表年	2000 年	2000 年	2005 年	2006 年
対象環境負荷物質	250 物質 5 土地利用形態	550 物質 10 土地利用形態	13 物質	1000 物質 80 土地利用形態
地域性のある影響領域の評価対象地域	スウェーデン	ヨーロッパ	ヨーロッパ	日本
評価対象環境影響領域	保護対象をインパクトカテゴリとして定義	・資源 ・地球温暖化 ・オゾン層破壊 ・発がん性物質 ・呼吸器系疾患 ・生態毒性 ・酸性化/富栄養化 ・土地利用 ・放射線	・地球温暖化 ・大気汚染 （健康，建築・ビル材料，生態系） （・事故） （・エネルギーセキュリティ）	・地球温暖化 ・オゾン層破壊 ・都市域大気汚染 ・有害化学物質 ・生態毒性 ・酸性化 ・富栄養化 ・光化学オキシダント ・資源消費 ・廃棄物 ・土地利用 ・室内空気質 ・騒音
保護対象	・人間健康 ・資源 ・生物多様性 ・生産能力 ・審美性	・人間健康 ・生態系の質 ・資源	・人間健康 ・生態系 ・材料	・人間健康 ・社会資産 ・生物多様性 ・一次生産
対応した評価ステップ	統合化	・被害評価 ・正規化 ・統合化	統合化	・特性化 ・被害評価 ・統合化
統合化方法	・支払い意思額（CVM）	・パネル法	・市場価格 ・限界削減費用 ・支払い意思額（CVM）	・支払い意思額（コンジョイント分析）

[*1] Steen, 1999. 　[*2] Goedkoop & Spriensma, 1999. 　[*3] EC, 2005. 　[*4] 伊坪・稲葉，2005.

る中，日本においても国内の環境・社会条件などを反映させたモデルを利用して被害算定を行う影響評価手法「日本版被害算定型影響評価手法（Life cycle Impact assessment Method based on Endpoint modeling; LIME）」が開発された．同手法は第 1 期 LCA プロジェクトにおいて，30 名を超える環境科学の専門家で構成される委員会での検討を通じて構築された手法であり，現状では日本国内の環境条件等を考慮した被害算定型のインパクト評価手法としては唯一の手法である．

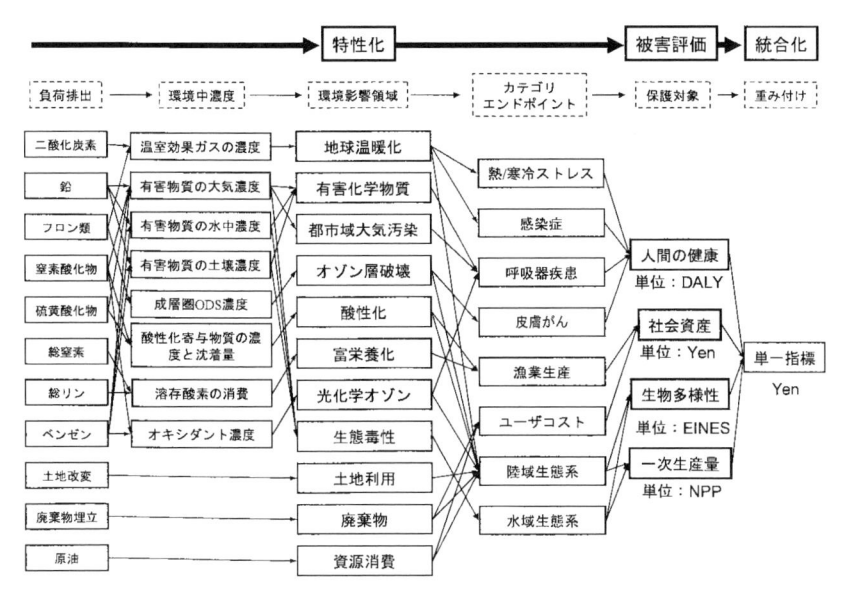

図2-9 LIMEの概念図(伊坪・稲葉, 2005)

　LIMEの概念図を図2-9に示す(評価対象物質,カテゴリエンドポイントは一部のみの表示).LIMEでは,単位量の環境負荷物質の排出または資源消費量に応じて,環境中での動態解析を行い,各環境影響領域に対する影響量を定量化する(特性化).さらに,各環境影響領域に対する影響量に基づいて,毒性学・疫学などの自然科学的知見や人口・生態系分布・資源存在量等の環境情報を利用し,カテゴリエンドポイントと呼ばれる具体的な影響項目について被害を定量化する.その上で,各カテゴリエンドポイントに対する被害を4つの保護対象(人間健康,社会資産,生物多様性,一次生産量)に分類・集約する(被害評価).LIMEは現状では11の環境影響領域に対応した被害評価モデルを構築している.各影響領域における被害評価モデルの詳細については興味のある読者は,LIMEの解説書(伊坪・稲葉,2005)を参照されたい.

　4つの保護対象に対する被害量は,環境経済評価において広く利用されているコンジョイント分析を利用して,日本国民に対するアンケート調査から得た支払意思額(WTP; Willingness To Pay)により経済価値として単一指

表2-5 保護対象別の経済換算係数（LIME）（伊坪・稲葉，2005）

保護対象	経済換算係数	単位
人間健康	9.70×10^{6}	[円/DALY]
社会資産	1.00×10^{4}	[円/円]
生物多様性	4.80×10^{12}	[円/種]
一次生産	2.02×10^{4}	[円/トン]

標化される（表2-5）．

　以上のような特徴を有するLIMEでは，特性化，被害評価，統合化の3つのステップに対応した係数リストで構成され，各環境影響領域に対応したインパクト評価係数を物質ごとに提示している．各係数（特性化係数，被害係数，統合化係数）はすべて単位量の資源消費・環境負荷排出（土地利用については単位面積と維持年数）に伴う影響量として求められており，LIMEを利用して環境へのインパクトを計算する際には，各ステップ（特性化，被害評価，統合化）いずれにおいてもインベントリ分析結果としての環境負荷量にLIMEのインパクト評価係数を乗じることによって計算結果を簡単に得ることができる．

　本書の目的である地域の評価における環境へのインパクトを評価する上で，どこで発生するインパクトであるかを明らかにすることは実施者にとって関心の高い問題であると考えられる．LIMEによるインパクト評価結果は，必ずしも評価対象地域において生じる環境へのインパクトとは限らない．地球温暖化，オゾン層破壊などは全球レベルでのインパクトを合計したものであり，有害化学物質や生態毒性などでは国内における排出から暴露による日本全体でのインパクトを求め，さらに都市域大気汚染などでは地域レベルまたは都道府県レベルでのインパクトを算出している．各環境影響領域の対象としているスケールがどの程度であるかは解説書（伊坪・稲葉，2005）を参照されたいが，このようにLIMEによって定量化することのできるインパクトは必ずしも排出地域において生じる環境へのインパクトに限定されていないことに注意した上で結果を解釈する必要がある．

2.6　LCAの利用と今後の発展

　先に述べたようにLCAは，その始まりから製品やサービスの環境評価手法として発展し，ISO 14040という国際規格の発行によって，世界的にも国内的にもLCAの関心が高まり，多くの企業に製品評価手法として導入された．わが国においても，自社製品についてのLCAの結果を，多くの企業が環境報告書に載せているほか，最近ではCMや広告で取り上げることも増えてきた．また，LCAにより得られた製品のライフサイクルの温室効果ガス排出量をラベルに示すカーボンフットプリントも広まりつつある（稲葉監修，2009）．

　さらに，今やLCAは工業分野だけでなく，農業分野や情報サービス分野，土木・建築分野などさまざまな場面に利用され，国や地方自治体といった行政分野への適用も期待されている．これらの分野では，必ずしもISOに準拠してはいないが，ライフサイクル思考に基づく取り組みも行われている．これらの取り組みについても本章では広い意味でLCAと呼ぶことにする．LCAによって地域内の活動によるライフサイクル全体の環境負荷や環境へのインパクトの定量化がなされれば，より具体的な環境目標や計画，より環境に配慮した施策の立案・実施，より合理的な事業の可否判断・改善などの意思決定につながることが期待される．また，一部では統合指標による比較も行われている．しかし，SEAや地域環境マネジメントという場面で，LCAを導入している地方自治体はほとんどない．第II部第5章から第7章では，今後の地域環境マネジメントへのLCAの適用を念頭に置きながら，LCAの手順を説明する．

参考文献

ecoinvent（2003）: http://www.ecoinvent.ch/，2010年7月2日確認．
European Comission（EC）(2005): Extern E Externalityies of Energy—Methodology 2005 Update.
Finkbeiner M, 稲葉 敦, Tan RBH, Christiansen K, Klüpel HJ（2006）：ライフサイクルアセスメントの新規格：ISO 14040および14044について，LCA日本フォーラムニュース,

No. 41, pp.10-16.
Goedkoop M, Spriensma R (1999): The Eco-indicator' 99. A damage-oriented method for life cycle impact assessment. PRe Consultants, Amersfort, The Netherlands.
Intergovernmental Panel on Climate Change (IPCC) (2001): Climate change 2001, The Scientific Basis, Contribution of Working Group I to the Third Assessment, Report of the Intergovernmental Panel on Climate Change.
ISO (2006a): ISO 14040: 2006 Environmental management—Life cycle assessment—Principles and framework.
ISO (2006b): ISO 14044: 2006 Environmental management—Life cycle assessment—Requirements and guidelines.
LCA 日本フォーラム (2010)：JLCA-LCA データベース 2010 年度 1 版, http://www.jemai.or.jp/lcaforum/index.cfm
Udo de Haes HA (1996): Towards a Methodology for Life Cycle Impact Assessment, Society of Environmental Toxicology And Chemistry.
Steen B (1999): A systematic approach to environmental priority strategies in product development (EPS) Version 2000 —General system characteristics, CPM Report 1994: 4, CPM, Chalmers University of Technology.
足立芳寛, 松野泰也, 醍醐市朗, 瀧口博明 (2004)：『環境システム工学—循環型社会のためのライフサイクルアセスメント』, 東京大学出版会.
伊坪徳宏, 稲葉 敦 (2005)：『ライフサイクル環境影響評価手法—LIME-LCA, 環境会計, 環境効率のための評価手法・データベース』, 産業環境管理協会.
伊坪徳宏, 田原聖隆, 成田暢彦著, 稲葉 敦, 青木良輔監修 (2007)：『LCA 概論』, 産業環境管理協会.
稲葉 敦監修 (2005)：『LCA の実務』, 産業環境管理協会.
稲葉 敦監修 (2009)：『カーボンフットプリント—LCA 評価手法でつくる, 製品別「CO_2 排出量見える化」のしくみ』, 工業調査会.
環境省・経済産業省 (2010)：算定・報告・公表制度における算定方法・排出係数一覧 (改正後), http://www.env.go.jp/earth/ghg-santeikohyo/material/
産業環境管理協会 (2006)：JEMAI-LCA Pro.
総務省 (2000)：平成 12 年 (2000 年) 産業連関表 (確報), http://www.stat.go.jp/data/io/io00.htm, 2010 年 7 月 2 日確認.
田原聖隆・小島俊徳・稲葉 敦 (1997)：LCA 手法による発電プラントの評価—CO_2 ペイバックタイムの算出, 化学工学論文集, Vol. 23, No. 1, pp. 88-94.
南齋規介・森口祐一・東野 達 (2002)：『産業連関表による環境負荷原単位データブック (3EID) —LCA のインベントリデータとして』, 国立環境研究所.
南齋啓介・森口祐一 (2006)：産業連関表による環境負荷原単位データブック (3EID), Web edition, 国立環境研究所, http://www.cger.nies.go.jp/publication/D031/index-j.html, 2010 年 7 月 2 日確認.
日本建築学会 (2006)：『建物の LCA 指針—温暖化・資源消費・廃棄物対策のための評価ツール』, 日本建築学会.
農業環境技術研究所 (2003)：『環境影響評価のためのライフサイクルアセスメント手法研究成果報告書』, 農業環境技術研究所.

船崎 敦 (2005)：LCA の支援ソフト.
プラスチック処理促進協会 (1993)：『プラスチック製品の使用量増加が地球環境に及ぼす影響評価報告書』.
本藤祐樹, 内山洋司, 森泉由恵 (1999)：『ライフサイクル CO_2 排出量による発電技術の評価―最新データによる再推計と前提条件の違いによる影響』, 電力中央研究所報告, Y99099.
松藤敏彦 (2005)：『都市ごみ処理システムの分析・計画・評価―マテリアルフロー・LCA 評価プログラム』, 技報堂出版.

第3章 LCAの視点とコストの視点

　自治体や企業が事業を計画する際，多くの場面でコストが最優先されるのはいうまでもない．コストは，事業の企画・立案，処理施設や設備の導入，運営，住民への普及・啓発等，さまざまな段階で発生する．加えて，自治体や企業は，いかにインパクトを抑制しつつ，かつコストミニマムな方法で事業を実施すべきかが命題となっている．このような課題に対し，環境面からアプローチを行うのがLCAであり，コスト面からアプローチを行うのがライフサイクルコスト（Life Cycle Cost; LCC）である．

　本章では，事業実施におけるコスト分析手法としてLCCについて述べるとともに，LCCを事業に適用する際に検討すべき点や，LCCとLCAをどのように組み合わせて事業を検討していくかを論じる．なお，本章では，LCCに関する説明は最小限に留めるが，LCCは参考書が多数存在する[1]．LCCについて深く知識を得たい読者は，これらを読まれることをお薦めする．

3.1 事業を対象としたLCC

3.1.1 LCCとは

　LCCとは，製品や建物の企画設計，生産・建造，運用，維持・管理，廃棄に関わるライフサイクルの各段階におけるコストの総額を算出するとともに，製品や建物の導入時の意思決定に利用する方法である．LCCは，1930年代に，アメリカ政府が製品調達の際の意思決定として用いたのが最初である（Delli'sola and Kirk, 1986）．その後，LCCの適用範囲は，製品，建物，社

会資本へと広がっている.

　LCC は，LCA よりも早い時期に登場した概念であるが，ライフサイクル全体で発生するコストを対象とするという点では，基本的な考え方は LCA と同じである．ゆえに LCC を適用する際は，LCA と同様に，目的の設定，システム境界の設定，費目別コストの整理，LCC の算定の手順で作業を実施すると，LCA と整合性が取りやすい．LCC のそれぞれの手順について，次節で説明する．

3.1.2　目的およびシステム境界の設定

　目的は，なぜ LCC を実施するかを明確にすることである．たとえば，複数の事業計画案について，その実施に関わるコストを算定し，計画案の比較やその妥当性を検討するといったものが一般的である．

　システム境界の設定では，LCC を実施する空間の範囲および LCC の対象となる時間範囲を設定する．前者は，たとえば，市町村などのように，事業が実施されその効果が及ぶ範囲が対象となる．後者は，事業のライフタイムとして，事業の企画・立案から，実施，見直しまでが対象となる．しかし，後述するように，事業の一断面のみ取り上げても差し支えない．

　ここで，事業の一連の流れを「ライフタイム」という言葉で表現しているが，通常，LCA や LCC では，製品や建物の「一生」は「ライフサイクル」として表されている．これに対し，事業を対象とした LCA や LCC は，事業が存続している「期間」を対象とするため，ライフサイクルという言葉はそぐわない．そのため，本章では「ライフタイム」を用いることとする．

　図 3-1 は，一般廃棄物処理事業を対象とした場合の，事業の計画から運用までの流れをまとめたものである．ここでは，ライフタイムを，①事業計画段階，②事前協議段階，③導入段階，④運用段階，⑤廃棄段階（建物の利用

---

[1] たとえば，建設大臣官房官庁営繕部「建築物のライフサイクルコスト」経済調査会（1993年），日本プラントエンジニアリング協会ライフ・サイクルコスト委員会『ライフ・サイクル・コスティング―手法と実例』日本能率協会（1981年），A. J. Delli'sola, S. J. Kirk（千住鎮雄訳）『建物のライフサイクル・コスト分析』鹿島出版会（1986年），國部克彦編『環境管理会計入門―理論と実践』産業環境管理協会（2004年）．

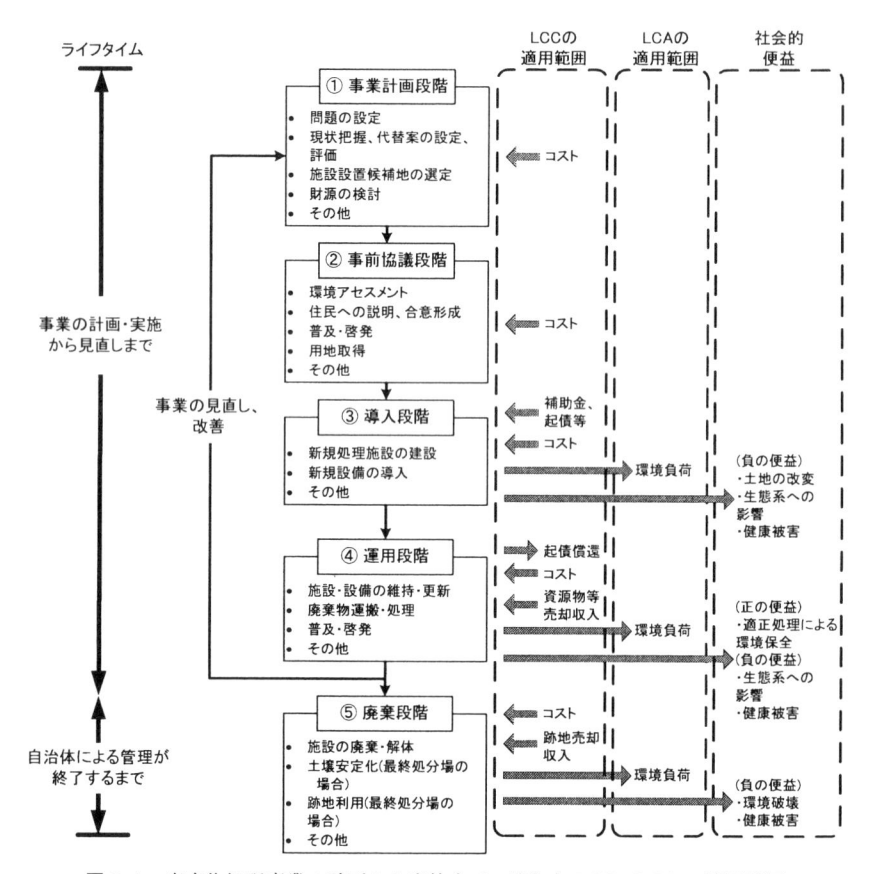

図3-1 廃棄物処理事業の計画から実施までの流れとLCC・LCAの適用範囲

を伴う場合）の各段階で区切っている．各段階の箇条書きの項目は，その段階で検討・実施されるものを指す．ただし，事業に伴い導入された社会資本は，廃棄までの期間が長く，事業終了後も引き続き使用されることがある．また，最終処分場は，廃止後も土壌安定化処理を続ける必要があり，跡地利用が可能となる段階まで多くの年月を要する．そのため，たとえば，事業が10年のスパンで実施されたとしても，その期間中に導入された社会資本がその役割を完全に終えるまで，さらに15-20年要する場合もある．そのため，事業のライフタイムを厳密に考える場合，事業実施中に導入された社会資本が，その活動を終え，自治体による管理が完全に終了するまでの期間を考慮

すべきである．

　図3-1の各段階においてコストや環境負荷が発生するが，LCCとLCAの適用範囲は，図中のようになる．このうち，LCAは，①事業計画段階と②事前協議段階を適用範囲に入れないことが多い．これらは，厳密には異なるが，財の生産・使用を伴わない活動であるため，環境負荷は発生しないものとして考えているためである．また，LCCでは，③導入段階では補助金と起債，④運用段階では起債償還を対象としている．これらは処理施設建設に関わる資金の調達や返済に関するものであり，これをLCCに計上することは議論を要するところである．しかし，資金調達に関わるコストをLCCに計上しておくことで，事業の費用対効果から見た資金調達手段の検討も可能になることから，これら費目も目に見える形で計上されることが望ましい．

　上記以外にも，最終処分場の跡地利用等に絡む収入のほか，適正処理に伴う環境保全という社会的便益，土地の改変や生態系の破壊等に伴う社会的費用（コスト）が発生する．通常，環境保全に伴う便益は外部経済として，環境破壊に伴うコストは外部不経済として取り扱われる．事業のフルコスト評価をする際には，これらを可能な限り内部化する必要がある．

3.1.3　LCCの費目整理と算定

　LCCは，どのような手順で算定すればよいか．Dahlén & Bolmsjö（1996）の説明をふまえると，次のような手順となる．
　(1) ライフタイムの各段階を，費目ごとに細分化する．
　(2) 費目ごとの単位コストを算出する．
　(3) 各費目の実施期間を推計し，実施期間内での総コストを算出する．
　(4) 各費目で算出した総コストを合計する．

　田崎ほか（2006）の研究事例をもとに，LCCの具体例を見てみよう．図3-2は，廃棄物処理施設において発生する経費を示したものである．経費は，施設建設費や施設運営・維持管理費の費目に分類され，その下には，さらに詳細な費目に分かれている．これらの費目について，建設から運営に関わる毎年度のコストを算定したのが，図3-3である．これからさらに，実施期間の終了までコスト算定し，ライフタイム全体のコストを合計したものが，

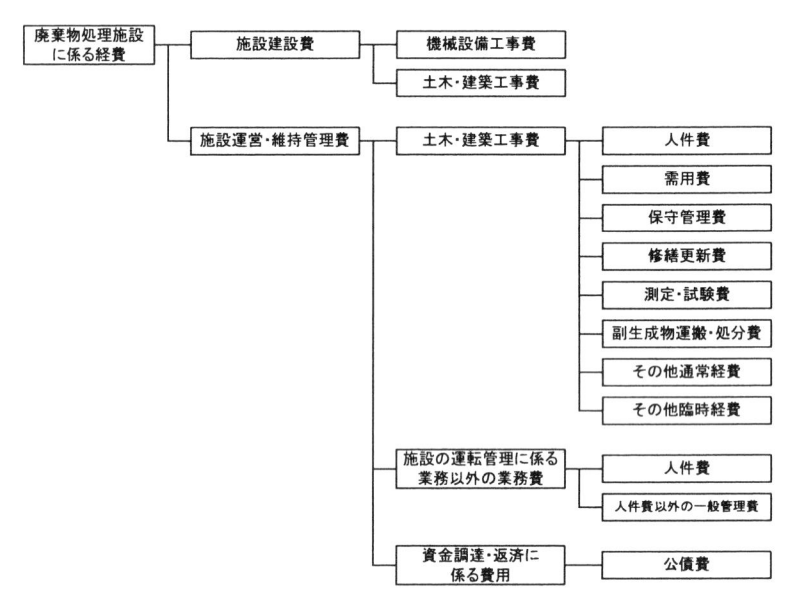

図3-2　施設建設費，施設運営・維持管理費の費目（田崎ほか，2006）

LCCとなる．

　LCCを算出せずとも，コストの時系列変化を分析することでわかることも多い．たとえば，図3-3では，建設期間中の正味支出は，起債や国庫補助金が入るため，1年度あたり約2-3億円程度で済む．しかし，運用期間に入ると，人件費や修繕費に加え，起債償還金や償還利子が発生するため，正味支出は1年度あたり約6-15億円と負担が大きくなることがわかる．また，運営14年目と15年目で施設建設費が入っているが，これは，施設は定期的に補修や設備の追加，老朽化した施設・設備の更新をする必要があるためである．このような分析を行うことで，毎年度どれだけのコストが発生する可能性があるのか，どのくらいの時期に施設の更新が必要となるのかを，あらかじめ予測することが可能となる．

　実際にLCCを行う場合，詳細な費目まで押さえるのが難しい場合がある．どの段階までの費目を押さえるかは，目的設定に応じてケースバイケースである．まずは，入手が容易な段階の費目までを押さえておけばよい．

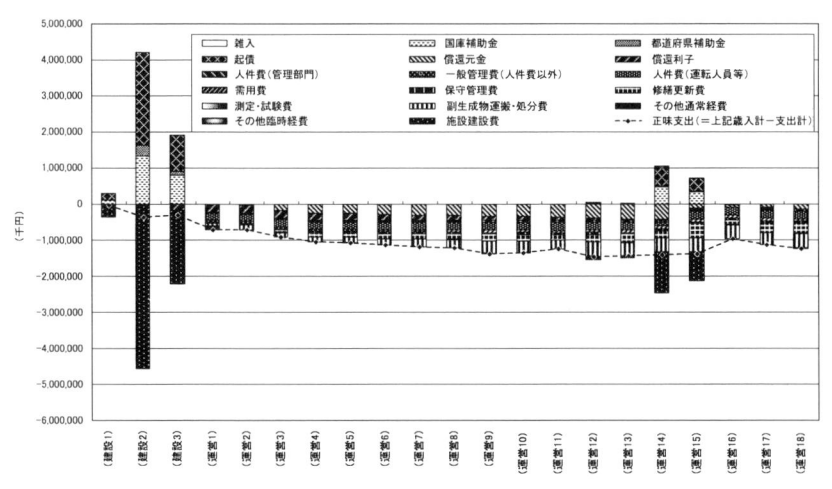

図 3-3　施設建設費，施設運営・維持管理費の費目

田崎ほか（2006）のデータにデフレータ調整（3.2.6 参照）を行ったもの．グラフ縦軸のプラスの金額は歳入，マイナスの金額は歳出を指す．歳入から歳出を引いた分が，正味の支出である．横軸は，建設期間，運用期間．

3.1.4　LCC のフレキシビリティ

以上が LCC の手順である．ただし，先述しているように，システム境界の設定やライフタイムのどの部分を対象とするかは，LCA と同様に，フレキシビリティが確保されている．そのため，現在実施している事業について，運用段階の一断面のみを取り出して評価することも可能である．

たとえば，単年度におけるガス化溶融炉の稼働にかかるコストを評価する場合は，図 3-4 の範囲を対象とすればよい．本図は，ごみを処理するために，どれだけのコストが発生するかを費目別に示したものである．なお，自治体が主体となって行う処理をシステム境界としているため，自治体が関与しない外部事業者が行う業務は，分析の対象外としている．ここで，ある年度において，ごみ処理に必要なコストは，その年度に発生した固定費（減価償却費，起債償還等）と変動費（ごみ処理費，施設運営・維持管理費，資源売却益等）を合算したものとなる．ごみ1単位処理するのに必要なコスト（ごみ処理原価）は，総コストをその年度のごみ処理量で割れば算出できる．

変動費は，光熱水費，資材・薬剤購入費，飛灰の運搬費等が該当する．ま

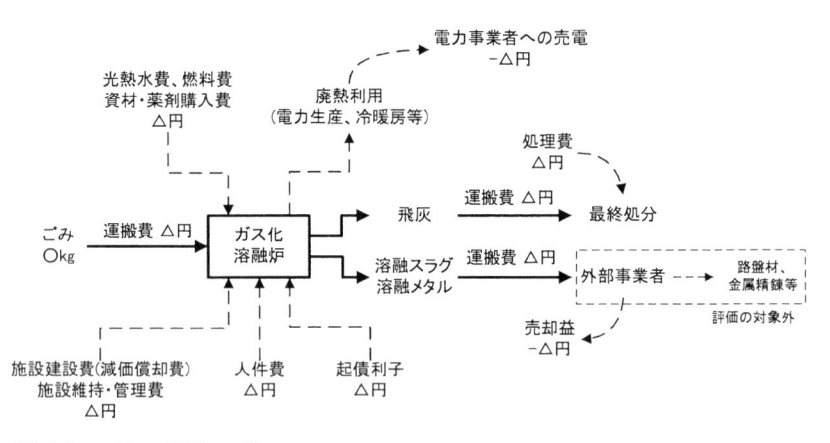

図 3-4 ごみの溶融処理に関わるコスト

た，処理に伴い発生する副産物として，排熱，溶融スラグ，溶融メタル等がある．このうち，排熱を用いて発電した場合，電力は電力事業者に売却可能である．また，溶融メタルは山元還元による有用金属の回収，溶融スラグは路盤材等への利用が可能である．以上により得られた利益は，コストにマイナス計上する．

　固定費は，電気，水道の基本料金，人件費，維持管理費，処理施設の建設費や設備導入費，改良費，起債償還等が該当する．処理を行うには，それに見合う分の処理施設の建設，排ガス処理，排水処理設備の導入が必要である．そのため，これらもごみ処理にかかるコストとして計上する必要がある．ただし，施設の建設費は，建設された年度のみ発生するため，運用段階の時点で建設費を計上することができない．これを解決する手段として，減価償却費（depreciation expense）を用いるのが便利である．固定資産は，それが使用されることにより価値が目減りしていく．この毎年度の目減り分をコストとして表したのが，減価償却費である．これを考慮すると，処理施設の減価償却費は，毎年度のごみを処理するために，それに見合うだけの分の施設を見かけ上消費していると考えることができよう．

　また，施設の建設費等に，起債を行った場合は，起債償還に関わる利子も固定費として計上することが必要である．田崎ほか（2006）によるごみ焼却

施設のLCCについて調査した結果では，起債利子は施設建設費の約11～14%を占めており，無視できる金額ではない．このことからも，LCCの算出においては，起債利子も考慮されなければならない．

3.2 LCCを適用する際の検討項目

実際に，LCCを事業計画に適用する場合，検討すべき項目がいくつか存在する．そのうち，主な項目を，以下に示す．
(1) 事業計画段階，事前協議段階を考慮すべきか
(2) 現場以外で発生するコストをどう扱うか
(3) 民間への事業委託をどう考えるか
(4) 施設の維持費，更新費をどう考えるか
(5) 施設の耐用年数，減価償却費をどう検討すべきか
(6) 過去に発生したコストをどう算定するか
(7) 将来発生するコストをどう推計するか

次節以降で，上述の検討項目について説明する．

3.2.1 事業計画段階，事前協議段階を考慮すべきか

LCCでは，企画・立案時も評価の対象としている．これは，図3-1では，事業計画段階や事前協議段階が該当する．しかし，LCCに関する事例を見ると，算定が難しい費目が多いためか，これらは考慮されていないことが多い．

しかし，最終処分場の建設計画を例に挙げると，環境アセスメントや住民説明会，地権者との用地取得交渉等に多くの時間が割かれ，実際に建設が開始されるまでに十数年かかるといわれている．当然，これらの諸活動でもコストが発生することから，長期間になるほど，無視できないコストが多く発生する．そのため，事業計画段階や事前協議段階で発生するコストはできる限り押さえ，LCCに反映させることが必要である．

3.2.2 現場以外で発生するコストをどう扱うか

事業の実質的な運用は，現場で行われる．しかし，事業の企画や事務作業

等は，自治体や民間企業の総務課等，現場以外で行われている．LCC においても，現場以外で発生する企画費や人件費等を，コストとして計上すべきである．しかし，本庁等のように現場以外で働く職員は，1人で複数の事業に関わっていることが多いため，対象となる事業のみに関わる人件費がどのぐらいかを割り出すのは困難である．そのため，職員1人が，1カ月の作業時間中，該当する事業にどれだけ関わったかを割合として算出し，これを人件費に按分するといった方法がとられることが多い．

3.2.3 民間への事業委託をどう捉えるか

近年，行政コストの削減や事業効率の向上をめざして，PFI（Private Finance Initiative）方式[2]により民間活力を公共事業に導入したり，事業の運営自体を民間事業者に委託するケースが多くなっている．後者の場合，自治体は委託費のみを民間事業者に支払って，事業の運営や施設維持等を任せることになる．この場合，自治体は毎年度一定の委託費を支払えばよいので，管理が楽になる．しかし，委託費のうち，どれだけが人件費や施設運営費，維持管理費にあたるのかといった情報は，自治体はほとんど有していない．

ライフタイムに関わる総コストのみを算出する場合は，とくに費目を検討する必要はない．しかし，コストの発生構造を分析した場合は，費目別でコストが計上されることが望ましい．そのため，委託費の内訳がどのようになっているか，可能な限り委託事業者から聞き取りを行うことが必要であろう．

3.2.4 施設の維持費，更新費をどう考えるか

事業の実施において施設の利用を伴う場合，少なからず維持費が発生する．また，事業の実施期間中に施設の更新を予定している場合は，更新費も考慮する必要がある．現在実施されている事業の評価を行う場合，過去に発生し

---

[2] 社会資本の整備，運営等を実施する際に，民間の資金や技術を活用して実施する制度であり，事業にかかるコストの削減，効率的な公共サービスの提供を目指すものである．わが国では，「民間資金等の活用による公共施設等の整備等の促進に関する法律」（PFI 法）が 1999 年 7 月に制定されており，廃棄物処理施設や病院等，多くの事業で PFI が実施されている．

たコストを積み上げればよい．しかし，将来発生するであろうコストは，推計により求めるしかない．

将来の人口減少や行政コストの増大に対する懸念から，自治体にとって，現在有している社会資本を，いかに維持・更新していくかは大きなテーマである．そのため，社会資本の将来投資額の予測についての検討が，いくつかの国や自治体で行われている．一例として，内閣府（旧経済企画庁）の維持費の推計方法を示す（国土交通政策研究所，2002）．

$$\mathrm{Log} M_t = a \mathrm{Log} K_t + b \tag{3.1}$$

ただし，M_t: t 年次の維持費，K_t: t 年次のストック額，a, b: パラメータ．

維持費，更新費の推計方法は，事例ごとに異なるが，大まかには，過去の社会資本のストック量（投資蓄積量），年間の投資額や維持費から回帰式を作成し，将来の投資蓄積量の見込みから，将来の維持費を推計するというものである．更新費の推計方法は，過去の実績から回帰式を作成して推計する方法や，過去に建設した施設の建設費を，再び更新費として用いる方法等がある．

いずれの場合においても，将来更新する社会資本の技術水準が，現在と比べて変化がないということが前提条件となる．どのような推計方法を用いるかは，その自治体の都合により決定すればよい．また，この際，将来のどの時期に施設の更新がなされるか，その耐用年数をどのように設定するかも検討が望ましい．耐用年数については，次の項目で説明する．

3.2.5 施設の耐用年数，減価償却費をどう検討すべきか

耐用年数（service lifetime）は，資産が利用可能と推定される年数であり，事業実施期間中に建設された施設が，いつ更新，廃止の時期を迎えるかを検討する際に必要となる．耐用年数をどのように設定するかについては，さまざまな考え方があるが，代表的なものは，法定耐用年数，経済的耐用年数，物理的耐用年数である．以下に，それぞれについて述べる．

(1) 法定耐用年数

大蔵省令第15号「減価償却資産の耐用年数等に関する省令」[3]により定め

られた耐用年数であり，建物，機械の種類別の耐用年数が記載されている．また，特許権等の無形固定資産の耐用年数も記載されている．

　財務省（2006）による 2007 年度の税制改正では，産業の国際競争力の向上を目的として，IT 産業における設備の法定耐用年数短縮の見直しが行われている．

(2) 経済的耐用年数

　補修・改修を繰り返しながら施設を維持し続けるよりも，施設更新をしたほうが，経済的に見合う年数を指す．

(3) 物理的耐用年数

　施設が老朽化し，補修・改修を繰り返したとしても，使用に耐えなくなるまでの年数を指す．

(4) 実使用年数

　施設が建設，運用されてから，終了するまでの期間を耐用年数とするものである．たとえば，最終処分場で設置されるコンクリート槽や堰堤等は，埋立て終了後，地盤が安定化するまで長期間維持され続ける．特殊なケースではあるが，このような施設の場合は，実際の稼働状況を考慮して，処分場の使用予定年数が耐用年数として置き換えるように定められている（環境省環整134号通達）．

　法定耐用年数は多くの企業で用いられており，経済的耐用年数や物理的耐用年数を算出できない場合の一種の目安となる．しかし，法定耐用年数は，多くの種類の建物や機械が記載されているものの，画一的に設定されている．そのため，機械の使用条件が反映されていない等，使用実態に即していないとの問題点が指摘されている．たとえば，焼却施設を見てみると，焼却炉の

---

[3]「電子政府の総合窓口 e-Gov（http://www.e-gov.go.jp）」の Web サイトより，法令の閲覧が可能である．

表 3-1　廃棄物処理施設の実稼働年数

処理施設	処理方式	サンプル数	実稼働年数(平均)	稼働年数 中間値	稼働年数 最大値	稼働年数 最小値	標準偏差
焼却施設	全体	198	19.9	21.5	51	3	8.4
	ストーカー式(全連続式)	17	25.5	27.0	34	13	6.2
	ストーカー式(バッチ式)	87	21.2	23.0	34	3	6.7
最終処分場	全体	1118	21.1	21.0	60	1	8.6
	山間に設置	791	21.6	22.0	57	1	8.2
	平地に設置	307	19.6	19.0	60	1	9.3
粗大ごみ処理施設		32	21.4	20.0	33	7	5.4
資源化施設		34	15.8	15.0	28	2	6.9

出典：環境省「一般廃棄物処理事業実態調査」より，著者が作成．1998 年度～2004 年度にかけて，廃止された施設を対象としている．

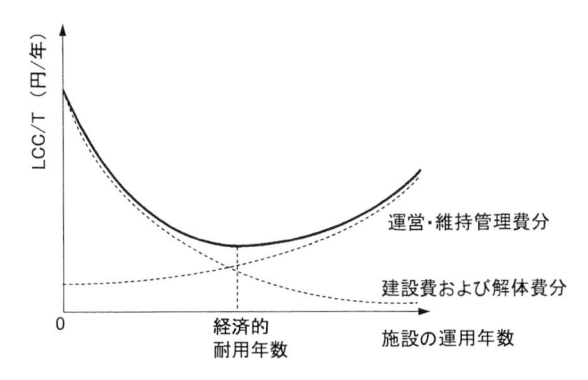

図 3-5　経済的耐用年数の考え方（田崎，2007）

法定耐用年数は35年とされているが，一般的に，焼却施設の耐用年数は20年といわれている．これについて廃棄物処理施設の実稼働年数を調べたのが，表3-1である．その中で，焼却施設の実稼働年数は19.9～25.5年と算出されている．施設の処理方式や処理規模，廃棄物処理に絡むさまざまな制度等，廃止に絡むさまざまな要因があるので一概にはいえないものの，実耐用年数と法定耐用年数は，大きく乖離していることがわかる．

経済的耐用年数に関して，田崎（2007）は，廃棄物処理施設を対象として，LCCの考え方の整理をしている．これを図示したものが，図3-5である．グラフの横軸は，施設の運用年数，縦軸は，施設のLCCを，運用年数（T）で割ったものである．図中より，建設費および解体費分，運営・維持管理費分に対して，運用年あたりのLCCが最小になる運用年数が，経済的耐用年

数である．実際に，経済的耐用年数を算出するのは煩雑であるが，これを算定している自治体も複数あるので，それらの事例を参考にするとよい．

減価償却費の算出方法としては，定額法，定率法，生産高比例法がある．各方法について，以下で説明する．

(1) 定額法

減価償却費の算出方法の中で，最も用いられるのは定額法である．定額法とは，償却期間が終了するまでの減価償却費を毎年定額として計上する方法であり，次式により算出する．

$$C_d^t = \frac{C_h - C_r}{n} \tag{3.2}$$

ただし，C_d^t: t 年度の減価償却費，C_h: 取得原価，C_r: 残存価額，n: 耐用年数．

通常，固定資産は，償却期間が過ぎても価値がなくなるわけではなく，少なからず価値は残っている．これを残存価額（residual value）といい，実際は，残存価額を考慮して減価償却費が公表されている．残存価額は，前述の大蔵省令により，取得原価の 10% と設定されている．

財務省（2006）による 2007 年度の税制改正では，2007 年 4 月 1 日以後に取得した資産について，残存価額が廃止され，耐用年数経過時に 1 円（備忘価額）まで償却できるようになった．また，2007 年 3 月 31 日に取得した資産でも，償却可能限度額まで償却した後に，5 年間で 1 円まで均等償却できるようになった．

(2) 定率法

定率法とは，次式のように，取得原価から当期までの減価償却累計額を引いた未償却残高に，償却率を掛け合わせて算出する方法である．

$$C_d^t = \left(C_h - \sum_{t=1}^{t} C_d^t\right) \times \alpha \tag{3.3}$$

$$\alpha = 1 - \sqrt[n]{\frac{C_r}{C_h}} \tag{3.4}$$

ただし，α：償却率．

本法を用いると，償却初期は減価償却費が高くなるものの，償却末期になるにつれて減価償却費は低減していくこととなる．会計上，定額法に比べて資産の償却が早く行われることになるため，IT産業などのように国際競争が激しく，継続的な設備投資が必要な企業では，本法は有利となる．

　定額法と同様に，財務省（2006）の税制改正で，2007年4月1日以後に取得した資産の償却率の算定方法として，250％定率法が導入された．250％定率法では，償却率は，次式のように，定額法の償却率を2.5倍した率として算出される．これにより算出した償却率から，定率法により減価償却費を算出していくが，減価償却費が一定の金額（残存年数による均等償却の償却費）を下回る事業年度の時点で，減価償却方法が残存年数による均等償却に切り換えられる．これにより，耐用年数経過時に，1円まで償却されるようになる．

$$\alpha = \frac{1}{n} \times 2.5 \tag{3.5}$$

(3) 生産高比例法

　生産高比例法とは，資産の利用可能総量があらかじめ決まっている場合に，毎年度の利用量から減価償却費を算出し計上する方法であり，次式により算出する．

$$C_d^t = (C_h - C_r) \frac{r^t}{R} \tag{3.6}$$

ただし，r^t: t年度における資産利用量，R: 資産の利用可能総量．

　生産高比例法の使用範囲は，飛行機や鉱業用機械のように，総利用時間が決まっている場合などに限られる．しかしながら，本法は，地域の事業へも適用が可能である．その例として，廃棄物最終処分場を挙げる．最終処分場は，埋立て可能容量があらかじめ決まっている．また，前述のように，実使用年数が耐用年数とされているが，近年はリサイクル促進に伴い埋立て量の減少幅が年々大きくなっており，処分場の稼働年数は増加傾向にある．このように，稼働年数が定かでない場合には，定額法や定率法で耐用年数を割り当てて減価償却費を算出するよりも，埋立て可能容量と毎年の埋立て実績から算

出するのが合理的である.

3.2.6 過去に発生したコストをどう算定するか

現在実施されている事業を評価する際,過去に発生したコストも計上する必要がある.しかし,過去と現在では,物価が異なる.すなわち,現在の1円と過去の1円では,その価値が異なるため,過去に発生したコストを,現在のコストと単純に足し合わせることはできない.そこで,過去に発生したコストを,物価変動の影響を取り除いて,現在価値に換算してやる必要がある.

現在価値は,ある年度を基準年とする指数を用い,過去のコストを基準年の価値に割り戻すことで算出する.指数としてよく用いられるのは,GDPデフレータ[4]である.これは,名目GDP[5]を実質GDP[6]で割ることで算出し,物価指数として用いられている.GDPデフレータは,家計最終消費支出,政府最終消費支出,総固定資本形成等に関するものが,公的機関によりそれぞれ公表されているので,目的や用途に応じて,使用するデフレータを検討するのがよい.

3.2.7 将来発生するコストをどう推計するか

事業実施に伴い将来発生するコストは,どのように算定すればよいだろうか.将来発生するコストは,将来の金利変動などの種々の不確実性に左右されるため,過去の場合と同様に,現在の1円と将来の1円は価値が異なる.そこで,便宜的ではあるが,市場利子率を参考にして社会的割引率が設定されており,これを用いて,将来の価値を現在価値に換算することが一般的に行われている.たとえば,t年度におけるコストは,次式より現在価値に換算する.

$$C'_d = \frac{C_t}{(1+i)^{t-1}} \tag{3.7}$$

---

[4] 内閣府 (http://www.esri.cao.go.jp) のWebサイトに,国民経済計算に関する統計が記載されているページがあり,データをダウンロードすることが可能である.

[5] 物価の変動を考慮せず,現在の市場価格で表されたもの.

[6] ある年度から現在まで,財・サービスの価値が一定であると仮定し,物価変動分を控除して計算したもの.

ただし，C'_t: 現在価値に換算したコスト，C_t: t 年度におけるコスト，i: 社会的割引率，t: 年数（基準年を1とする）．

社会的割引率は，海外では3-12%と国によってまちまちであるが，日本では，国債等の実質利回りを参考にして，4%が用いられている（国土交通省, 2004）．ただし，これはあくまで公共事業の整備を対象とした場合の割引率であり，環境保全の立場からは，再生可能資源の成長率よりも低い割引率を設定すべきとの意見もある（Turner *et al.*, 2001）．

現時点から終了年度までの事業の総コストは，次式より算出する．

$$PC = \sum_{t=1}^{n} C'_t = \sum_{t=1}^{n} \frac{C_t}{(1+i)^{t-1}} \tag{3.8}$$

ただし，PC: 現在価値に換算した総コスト，n: 事業終了年数．

式（3.8）のように，将来発生するコストの総額を，現在価値に換算して評価する方法を，現価法という．また，現価法で算出した総コストから，事業実施期間中の1年あたり平均コストを算出する方法を年価法といい，次式で表す．

$$AC = PC \frac{i}{1-(1+i)^{-n}} \tag{3.9}$$

ただし，AC: 1年あたり平均コスト．

コストの推計で注意を要することは，将来のコストには不確実性が存在することである．ここでいう不確実性とは，割引率が将来変化したり，予期せぬ追加コストが発生する可能性があることを指している．これを踏まえ，大村ほか（2000）は，分析の信頼性を高めるために，変数の不確実性がLCCの結果にどのような影響を及ぼすのかを明確にすることの必要性を述べている．これを実施するための方法として，感度解析を用いてどの変数が不確実性に大きな影響を及ぼしているのかを判断する方法や，モンテカルロシミュレーションにより，各変数がどのくらいの確率で不確実性に寄与するかを分析する方法がある．このうち，後者はリスク分析（Risk Analysis）と呼ばれており，アメリカ連邦道路管理局（Federal Highway Administration; FHWA）は，本分析法を，政策決定者が不確実性を検討する手段として支持している（FHWA, 1998）．

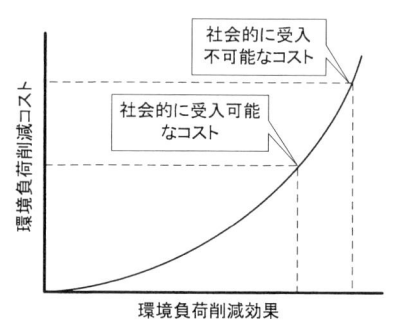

図 3-6　設備導入コストと環境負荷削減効果との関係

3.3 環境負荷を重視すべきか，コストを重視すべきか

　近年，多くの自治体が財政難に陥っている．一方，地域住民からは，質の高い行政サービスが求められている．そのため，自治体は，より少ないコストで，より効果の高い事業を実現するという命題を課せられている．住民の側から考えると，少しでも環境汚染や健康被害にかかるリスクが存在するのは好ましくなく，完全な事業が行われることが望まれている．しかし，これには問題点が存在する．例として，図 3-6 に，環境負荷削減コストと環境負荷削減効果の関係を示す．図中の曲線は，限界削減費用曲線を示している．限界削減費用とは，環境負荷を 1 単位削減するために必要なコストである．これより，環境負荷削減効果を上げるほど限界削減費用は逓増していくが，市場で一般に広まっている技術を導入するのであれば，社会的に受入れ可能な規模のコストで済むことが多い．しかし，必要以上に削減を求めるのであれば，莫大なコストが発生し，社会的に受入れ不可能な規模になる可能性がある．

　すなわち，これは，必要以上のコスト負担を避けるために，自治体や住民が，環境破壊や健康被害に対するリスクを，どれだけ許容できるかにかかっている．事業の実施には住民との事前協議が欠かせないが，往々にして紛糾することが多い．これを建設的なものとするためには，現状でどれだけインパクトが発生しているのか，事業実施に伴いインパクトがどれだけ低減されるのかを明らかにするとともに，事業実施より発生するコストはどのくらい

かを明らかにすることが重要である．これをもとに，インパクトをどれだけ削減すれば十分かを議論しなければならない．つまり，事業実施に伴う環境保全，環境破壊に関わる外部性を，いかに内部化して事業評価に組み込んでいけるかが重要となる．近年は，一般廃棄物処理事業・下水道処理事業等の公共事業や，自然共生型テーマパークの環境保全に関わる社会的便益を，環境会計を用いて内部化することで，事業評価に役立てようとする取り組みが盛んとなっている（井村・田畑，2006；ハウステンボス環境研究会，2004）．また，LIME を用いてインパクトの削減効果を統合評価する方法もある．環境の外部性を内部化する方法は未だ多くの議論があるものの，LCA と LCC を組み合わせて，複合的な側面から定量的に事業の実施効果を明らかにすることは，地域環境マネジメントにおける意思決定の支援方法として意義が大きい．

参考文献

Dahlén P, Bolmsjö GS（1996）: Life-cycle cost analysis of the labor factor, International Journal of Production Economics, Vol. 46-47, pp.459-467.
Delli'sola AJ, Kirk SJ 著，千住鎮雄訳（1986）:『建物のライフサイクル・コスト分析』，鹿島出版会．
FHWA（1998）: Life-Cycle Cost Analysis in Pavement Design—In Search of Better Investment Decisions, Pavement Division Interim Technical Bulletin, No. FHWA-SA-98-079.
Turner RK, Pearce DP, Bateman I，大沼あゆみ訳（2001）:『環境経済学入門』，東洋経済新報社．
井村秀文，田畑智博（2006）: 地域の資源循環とマテリアルフロー環境会計，日本LCA学会誌，Vol. 2, No. 1, pp.8-14.
大村 修，横山正樹，続石孝之，河邊隆英（2000）: ライフサイクルコスト評価法におけるリスク概念の導入，土木学会年次学術講演会講演概要集第6部，pp.378-379.
国土交通省（2004）: 公共事業評価の費用便益分析に関する技術指針，pp.5-6.
国土交通政策研究所（2002）: 今後の社会資本整備についての基礎的研究，国土交通政策研究，Vol. 11, pp. 9-18.
財務省（2006）: 平成19年度税制改正の大綱．
田崎智宏，橋本征二，森口祐一，小林健一，入佐孝一（2006）: 廃棄物処理施設のライフサイクルコストの調査・研究，第17回廃棄物学会研究発表会講演論文集，pp. 84-86.
田崎智宏（2007）: 廃棄物処理施設のライフサイクルコスト情報の収集と応用，「地域資源循環に係る環境会計表の作成とその適用（研究代表者 井村秀文）」，平成18年度廃棄物処理等科学研究総合研究報告書，pp.147.

ハウステンボス環境研究会（2004）：創造型環境会計の理論と実践—21世紀型環境会計，知新，Vol. 10.

第4章 地域の施策や活動に対するLCAの適用例

4.1 今までのLCAの適用例

　LCAやライフサイクル思考を用いて，地域の活動や施策による環境負荷やインパクトを定量化する研究は，都市計画，土木，建築，エネルギーなど幅広い分野で行われてきた．ここでは，地域を支える技術システムを，①廃棄物処理，②交通，③農業・畜産業，④建築，⑤バイオマスエネルギー，⑥上下水道，⑦分散型エネルギー，⑧まちづくり，の8つのシステムに分け，それぞれに関するLCAやライフサイクル思考に基づく研究について簡単に紹介する．

　それぞれのシステムについて，以下に示すようにLCAの対象と調査範囲，機能単位，対象負荷物質，影響評価，その他，課題の6項目を中心にまとめた．

　ここでの，技術システムを対象としたLCAは，単一の製品を対象にするものではなく，地域の資源循環や，人と物資の輸送などのある機能を担うシステムを対象とするところに特徴がある．

4.1.1 廃棄物処理システム

　廃棄物に関するLCAの対象と調査範囲は，主に収集，施設，輸送，最終処分，リサイクルプロセスである．機能単位は，発生時のごみ1 kg，1トンなど，重量を基準とすることが一般的である．場合によっては，発生量ではなく処分量を基準にすることもある．

　本章の文献は本文中に[1],[2],…で示し，4.4節にテーマごとに文献リストをまとめた．

対象となる負荷物質は，温室効果ガス（CO_2, CH_4, N_2O），酸性化ガス（SO_x, NO_x），埋立処分量（スラグなど含む）が多い[1-50]．インパクト評価は，ミッドポイント，エンドポイントの両者で検討されている．その中で，日本国内では，温室効果ガスまたは埋立てを対象としたミッドポイントでの検討が多い[1-9, 11-15, 18-24, 26-34, 36-50]．これに対し，エンドポイントによるインパクト検討は，事例が少ない[51-56]．一方，EUなどでは，エンドポイントによるインパクト評価が多数行われている[57-61]．また，この分野は，コスト評価も同時に行われている研究が多い[1, 5-7, 9-10, 12, 16, 17, 19, 22-24, 26, 30-32, 34-37, 41, 42, 44, 46-50, 52-53, 55, 58, 60]．

廃棄物に特化したライフサイクル思考によるインパクト評価を行うソフトウェア（H-IWM（Hokudai-Integrated Waste Management）[62], SSWMSS（Strategic Solid Waste Management Supporting Software）[63], BAS for WM（Best Available System for Waste Management）[64], EASEWASTE（Environmental Assessment of Solid Waste Systems and Technologies）[65], IWM-2（Integrated Waste Management-2）[66], ORWARE（ORganic WAste REsearch）[67], ISWM DST（Integrated Solid Waste Management Decision Support Tool）[68], WISARD（Waste-Integrated Systems for Assessment of Recovery and Disposal）[69]）が，国内外で開発されている．そのため，ある程度のパラメータを準備することで，インベントリ分析やインパクト評価が可能となっている．

この分野の課題の1つとして，埋立処分の影響評価が挙げられる．とくに日本では，埋立地の残余容量の不足解消が急務となっている．このことから，残余年数の延長をインパクト評価にどのように組み込んでいくかが課題である．また，現実的な廃棄物処理を考える場合は，環境面だけではなく，NIMBY（Not In My BackYard）など社会面に関する検討も重要である．これに対し，社会的な便益と環境へのインパクトの対比手法の開発が行われている[70-73]．

4.1.2 交通システム

交通に関するLCAの対象と調査範囲は，単独の交通システム[1, 2, 6]だけで

はなく，高速鉄道，路面電車，バス，乗用車など複数の交通システム全体[3-5, 7-13]に広がっている．また，地理的範囲も都市部[1, 3, 4, 6, 11, 12]，都市間輸送[2, 5, 8, 10]，国全域[7, 9, 13]など多岐にわたる．現状と将来計画の対比が行われていることも特徴である[4, 9-12]．機能単位は，貨物の重さ，あるいは輸送人員と輸送距離の積であるトンキロ[13]，あるいは人キロ[5, 7, 11, 12]が一般的である．対象負荷物質は，CO_2と大気汚染物質（NO_x，SO_x，PM，COなど）である[2-13]．評価はインベントリ分析が多数である[1-9, 13]．LIMEによる影響評価，環境効率の算定の取り組みもある[2, 6, 10-12]．また，輸送シミュレーションの利用によるモーダルシフトの検討など交通モデルとLCAを組み合わせる取り組みも行われている[4]．LCA的には進んだ取り組みが試みられ，輸送需要の不確実性や，ELCEL（Extended Life Cycle Environmental Load）などモーダルシフトを検討するためのシステム境界を拡張するアプローチなどが行われている[3, 6, 10-12]．この分野の課題は，LCA全般にいえることであるが，未知の交通インフラや将来の車両など，現在得られないインベントリデータをどのように推計するかなどが挙げられる．

4.1.3 農業・畜産システム

農業，畜産業でのLCAの対象には，耕種[1-8]，畜産[9-13]，ふん尿処理[14-20]，農業資材[21-24]などがあり，現状の作業体系[3, 5, 9, 11]，環境保全型[1, 2, 6, 10]および有機農畜産業[13]などを比較できる調査範囲で評価が行われている．また，地域的な農業関連システムの検討にもLCAの適用が期待されている[25-28]．機能単位は，単位生産量，単位面積が主なものである．対象負荷物質は，CO_2，CH_4，N_2O，NH_3，NO_x，SO_x，T-N，T-Pなど複数の環境負荷物質を対象とする報告が多い．評価は，インベントリ分析やミッドポイント影響評価が多く，エネルギー消費，温暖化，富栄養化，土地利用，毒性などのカテゴリについて行われている．また，農地を基本とする農畜産業では，土壌，土地利用の評価[29-31]が重要視されている．課題としては，土壌や気温などの環境条件の地域差が大きく，作業プロセスも比較的多様なため，インベントリデータの蓄積の必要性が挙げられる．また，土壌，有機物資材からの温室効果ガス発生量の把握とともに，施肥に伴う地下水への影響に関する科学

的知見の蓄積と影響評価カテゴリの設定なども課題である．今後，食料生産とエネルギー利用，農林系バイオマスの利活用の検討については，ライフサイクル的な視点から整合性をとる必要があると考えられ，LCA の適用について研究開発課題の多い分野である．

4.1.4 建築

建築分野では，モデル建築物あるいは実在する建築物の，エネルギー・資源消費[1-9, 12-15, 17-19, 21, 25, 27, 30, 31, 33-35, 37, 38]，CO_2 固定[5]あるいは廃棄物[2, 6, 7, 10, 11, 14, 15, 19, 21]の評価を目的として LCA が実施されている．同時に LCC も実施している事例[7, 14, 16, 17]が少なくない．調査範囲は，建築物の建設段階から廃棄段階に至るまでであるが，目的に応じて，廃棄が評価対象外とされたり，空調や動力などの運用エネルギー消費が省略されたり[7, 14]する．モデル建築物を設定した場合は 1 棟あたりが，マクロ評価では延床面積あたりが，場合によってはわが国全体[9]が機能単位として用いられる．調査対象とする環境負荷物質は CO_2 であるが，わが国においては廃棄物の問題が大きいため，資源消費量や最終廃棄物を調査対象とすることもある．大気汚染物質である SO_x や NO_x，PM などを評価したり[2, 11, 31, 35]，フロンを対象としたり[38]した例も存在する．インベントリ分析にとどまっているものが大多数であるが，空気質や騒音などを考慮する検討[32]も実施されるようになってきており，その際はインパクト評価[29, 32]まで実施される．同じ環境問題を引き起こす複数の物質を分析した際も，インパクト評価が行われる[25, 33, 38]．

建築物は工業製品と異なり分業が確立しているため，施工者が単独で各種プロセスを調査して LCA を実施することは難しく，研究でも産業連関表[1-4]を用いたものが多かった．しかし，建築分野から排出される $LCCO_2$ は国内で 40％，廃棄物は産業廃棄物の 20％を占めることから，1990 年以降，産業連関表ベースであるがインベントリデータベース（「建物の LCA 指針」[22]など）が整備され，現在では，比較的容易に各種の環境負荷物質の排出量が算定できるようになった[23]．また，エンドポイント型のインパクト評価ではないが，$LCCO_2$ 排出量と空気質や騒音，さらには便益である快適性などを統合し，環境効率の観点から容易に比較できるツール CASBEE（改訂版）

が2007年に開発され，ライフサイクル思考がより身近なものとなりつつある．この種のツールは各国で開発されている[24, 26, 28, 36]．

地域環境の観点から考えると，建築物に伴う環境影響や便益は，他の施設と密接に関わっている．今後は，都市全体のインパクト低減と整合性がとれる建築物の環境影響評価手法の開発が望まれるが，これはLCA手法というよりも，分野そのものにおける課題であろう．

4.1.5　バイオマス利用システム

バイオマスエネルギーのLCAの対象と調査範囲は，資源作物[7]（サトウキビ），未利用バイオマス（林地残材[2, 4-6, 8]，農作物残さ[10, 11]など），廃棄物系（家畜排せつ物[15]，厨芥[12, 13]，食用油[14]，建設廃材[3, 9]）などである．調査はエネルギー収支検討が多く，エネルギー利用としてガス化，直接燃焼発電，液体燃料などが対象である[1, 5, 10, 11]．調査の地理的な検討範囲は，国[1, 6, 7]，地域[2-5]，施設[8-10]など幅広い範囲である．機能単位は，単位バイオマス処理量，単位燃料量（kg，ℓなど），単位熱量（MJなど）が主に使われる．機能単位設定に際しては，水の蒸発熱の影響が大きいために，とくに乾物か水分を含んだ値が基準となっているかに注意が必要である．対象環境負荷物質は，CO_2[1, 2, 5, 6, 8, 9, 13]，GHG[7, 11, 12]，SO_x[2]，NO_x[2]などが主である．評価は，CO_2のインベントリ分析かGWP算出の場合が多い．この分野の特徴は，ほとんどの研究で，コスト検討が同時に行われていることである[2-6]．また，バイオマス利用の技術開発途上のため，適切な処理規模のインベントリデータの蓄積必要である．この分野の検討は，前提条件（前述の含水率や熱源の設定，運搬の積載率，燃費などの条件，また，文献からは判定できない場合もある）によって結果が大きく異なることがあるため，注意が必要である．農業，畜産業の分野でも述べたが，食料とバイオマスエネルギー利用などの検討が可能なインベントリ，影響領域に関する手法の整備が課題である．

4.1.6　上下水道システム

上下水道のLCAの対象は，水道，下水，汚水処理が主な対象である．調査範囲は，建設，運用までが一般的である．一般的に，ライフタイムの関係

で廃棄段階は調査範囲外に置かれる．機能単位は，単位水処理量，供給水量である．対象負荷物質は，CO_2，エネルギー消費の場合[1, 4-12]が多い．評価は，インベントリ分析が多いが，汚水処理などはミッドポイントまでのインパクト評価が行われている[13, 15]．上水道はインパクトの統合化検討例[2, 3, 14]もある．まれに，コスト分析が同時に行われている例[2, 3, 8]がある．本分野の課題の1つは，水利用に関する影響の連鎖が，温暖化，エネルギー消費とコストに偏っている点である．今後，世界的な水資源不足が予測されている．LCAとして，それらの課題に答えるべく，水不足や下水普及による疾病回避などの効果を定量化する手法開発[16, 17]が望まれる．

4.1.7　分散エネルギーシステム

分散エネルギーシステムのLCAの対象は，地理的には都市，地域である．調査対象は，製造，輸送，運用までが多数だが，化石燃料由来のエネルギーシステムは，運用が中心である[1]．また，現状と将来予測という時間的な対象にも広がりがある．機能単位は，単位エネルギー供給量が主に使われている．コジェネレーションシステムを対象とした場合は，単位エネルギー消費量あたりの熱や電気の供給量，あるいは有効使用量などを検討単位とする場合もある．対象負荷物質は，CO_2とエネルギー消費の場合が多い．また，都市内での発電システムを考慮するとSO_x，NO_xなど大気汚染物質も対象となる．評価は，CO_2対象のインベントリ分析かエネルギー消費や消費の効率検討が多数である．インパクト評価まではあまり行われていない．分散エネルギーシステムのエネルギー消費効率は需給バランスで大きく変化する[2-9]．そのためモデルを利用した需給最適化などの検討が行われている[10]．また，コスト検討が同時に行われている場合も多い．再生可能エネルギーやバイオマス利用による分散型エネルギーシステムの場合[11-14]，エネルギーペイバックタイムなどの指標も検討に用いられている．本分野の課題は，バイオマスエネルギー利用と同様に，今後，系統電力，化石燃料など既存エネルギーシステムと食料や廃棄物由来の再生可能エネルギーを，同一の機能で比較検討可能なデータの積み重ねや手法の整備である．

4.1.8 まちづくり・都市

　まちづくりや都市のLCAは，必然的に上記の廃棄物から分散エネルギーまでのシステムを複合的に組み合わせたものとなる．そのため，対象と調査範囲は，ニュータウン[1-7]，都市再開発[8,9]，など地理的な都市範囲全体となるが，廃水処理や建物群など一部，あるいは複数対象など，さまざまな組み合わせシステムが調査範囲となる[10-12]．まち・都市の機能が多岐にわたるため，機能単位の設定は十分検討する必要がある．機能単位の設定が難しい場合には，複数の機能を，まちづくりの便益などで表現するなど工夫が行われている[7]．また，まちづくりや都市は，周辺地域に大きな影響を及ぼすことになるため，システム境界の設定にも注意を払う必要がある．これに対しては，まちづくり・都市そのものだけでなく，その立地によって誘発される環境負荷をもシステム境界に含める ELCEL（Extended Life Cycle Environmental Load）と呼ばれる概念も提唱されている[13]．対象負荷物質は，CO_2 が中心であったが，近年では，SO_x，NO_x，PM などその他の物質も対象とされている[4-8,11,12]．評価は，建築分野のインベントリデータ[14]や 3EID[15]を利用したインベントリ分析が中心であるが，LIMEやDtT法などによるインパクト評価まで実施されている例も見られる[5,6,11]．まちづくり・都市のLCAは，工法の代替案検討[2]から，近年は便益とLIMEによる環境効率算出による施策自体の代替案[7]へと進化している．本分野の課題として，機能単位やシステム境界の考え方の整理や時間的な変化を考慮する手法[12]などが指摘できよう．

4.2　地域間相互依存と影響の地域依存

　地域（国）の活動には，人間やモノの地域間（国間）交流に伴い，社会経済・環境影響の地域間の相互依存関係が必ず生じる．とくに，グローバル化によって地域活動の影響範囲が拡張され，かつ多様化されるにつれ，地域間の相互依存関係を考慮することが地域活動による影響を把握する上で重要になってきた．さまざまな地域施策や活動に伴う環境へのインパクトを考慮す

る場合にも，上記に述べたように，地域間の人間やモノの交流に伴う，環境へのインパクトの相互依存を考慮する必要が生じている．ある地域内での環境負荷低減が，地球全体での環境負荷の増大を招くことは，望ましくないためである．もっと簡単にいえば，自国のCO_2排出量を削減するために，製造コストは安いが電力のCO_2排出原単位が大きい他地域に生産拠点を移すことは，経済的には望ましいことかもしれないが，地球全体へのCO_2排出削減という意味では望ましくないのである．このような考えから，人・モノ・環境へのインパクトに関する地域間相互依存を考慮する試みが行われている．

地域間相互依存の分析には，まず，地域間の経済的なやり取りを記述した地域間産業連関表が利用され，経済的な地域間のやり取りを，人やモノの地域間交流に還元させた社会経済影響評価が行われてきた．その例として，モノやサービスフローのフィードバック作用による経済空間構造の把握[1,2]，地域の社会基盤構築の効果として地域間の人口移動の変化量の分析[4]，地域間の需給関係の定式化による地域間の影響度や感応度比較，地域経済の活性化や自立性を向上させるための生産誘発分析などがある[3,5,6]．

近年，社会経済性だけではなく廃棄物や環境負荷の地域間相互依存に関する分析まで，その考慮範囲が広がるようになった．具体的には，全国をいくつかの地域に分けて資源投入および産業廃棄物排出における地域間相互依存構造の定量化を行った例[7]，地域別大気汚染物の地域間相互依存誘発量とその構造分析を行った例[8,9]，地域レベルのエコロジカルフットプリントを用いて，地域間および国間の相互依存関係を考慮し，持続可能性を土地面積で表した研究[10,13]などが行われた．また，国のCO_2削減目標における責任を考慮する際に，各国間の交易による影響の相互依存関係が考慮すべき重要なポイントであることを示した研究[11]や，地域間相互依存の考慮が地域活動のLCA評価の結果へ及ぼす影響を検討し，その考慮の重要性について検証した研究[12]，などが挙げられる．

一方で，LCA評価において地域間の相互依存を考慮する上での重要なポイントは，地域間交流による間接的に影響を受ける地域を区分すること，さらにそれぞれの地域で発生する環境負荷排出（インベントリ）やインパクト

における地域特性をいかに反映するかであろう．とくに，解釈や精度を高める上で，インベントリとインパクトの地域依存を考慮する必要性が既存研究で指摘されている．具体的には，LCA の結果が異なる理由として，インベントリデータの地理的，時間的，技術的な差を挙げ，地理的な特徴が地域の生産技術への影響を通じて，主に地域のエネルギー消費に反映される[15]ことが指摘されている．また，LCA で考慮されるモノの流れや波及，遡及による間接影響は，地域の経済または技術などの構造により変化し，全体の結果や解釈にも影響を及ぼすことが示され，地域特性がインベントリを考慮する上で重要であることが指摘されている[16, 17]．

また，インパクト評価では，局地性のある環境影響領域に関して排出地域と排出形態を考慮した研究や特性化係数に地域特性を考慮した研究[18, 19]，生態系と人間健康の保護対象に対する重金属や大気汚染物質によるインパクト評価の地域特性の考慮が必要であることが示されている[19-21]．また，その考慮方法として，環境負荷の排出地域の環境的な特徴や，環境負荷排出に関わる産業分布による地域特性を考慮する方法を提案した研究も行われている[22, 23]．

最後に，LCA 評価においての課題として，地域間物質フロー解析の困難さ，地域特性を反映したインベントリやインパクトデータの不足，データや適用方法の制限による考慮レベルの粗さおよび分野の制限（とくに，静脈産業）などが挙げられる．これらの解決に向けた研究として，既存の地域間産業連関分析を応用し，廃棄物処理における地域間の相互依存関係を評価可能にした研究[24]や地域間産業連関分析方法の適用制限，データ不足などの問題点を補い，間接影響の地域間相互依存や影響の地域依存を効率的かつ有効的に考慮できる方法を提案した研究も行われている[25]．

4.3　地域環境マネジメントにおける LCA の利用を目指して

第 1 章で述べたように，本書で扱う地域環境マネジメントで検討される範囲は，地域における生産・消費活動の「環境側面」を中心としつつも，活動の目的や関連する経済的・社会的費用・便益なども含まれる．また，マネジ

メントの対象となる「環境側面」は，地球全体や他の地域，次世代の環境への影響をも含んだものである．4.1 節で俯瞰したように，LCA やライフサイクル思考を用いた地域の活動や施策による環境負荷や環境へのインパクトを定量化する研究は，個別の施策レベルではすでに多くの検討や実践例がある．しかし，課題として述べた通り「他のどの地域に具体的に影響を与えるか」については，研究課題として認識され始めたというのが実情であり，また，LCA における将来変化の考慮といった LCA の手法としての課題への回答や検討はあまり行われていない．また，施策や活動に関する LCA とコスト面の検討が行われてはいるが，社会面への影響の定量化に関しては，その定量化手法や，「そもそも何を社会面の定量化対象とするか」という課題自体が研究段階にある．本書で扱う地域環境マネジメントでは，地方自治体だけでなく，地域住民や企業，NPO などのステークホルダーの連携（協働）を念頭に置いている．そして，こうしたステークホルダーの連携のためには，ステークホルダー間の合意形成とそれを受けた意思決定が重要になる．合意形成や意思決定には，適切な「環境側面」を同定し，その環境負荷や環境へのインパクトを具体的かつ定量的に示すことが必要になってくる．

　本書の第 II 部では，地域環境マネジメントへの適用を念頭に置きながら，LCA を地域の施策や活動に適用する際の注意すべき事柄や特徴を中心に，LCA の手法や手順について解説する．また，第 III 部では，LCA やライフサイクル思考を地域環境マネジメントに適用する際に，必要ではあるが確立されていない手法や考え方についてのケーススタディを通じた解決に向けた取り組みを紹介する．具体的には，立地や輸送の絡む複雑な施策代替案をどう立案するか，将来変化を LCA にどう取り入れるか，LIME などのライフサイクル影響評価手法が確立されていない影響領域についての扱い，社会面の定量化と環境側面との比較手法，施策実施がどの地域に影響を与え，またどの地域から影響を受けるのか，といった課題についての検討例を紹介する．

　第 III 部で紹介した事例は，すべてを網羅するわけではないが，地域環境マネジメントにおける合意形成や意思決定のために重要なものである．第 II 部，第 III 部の手法，考え方や事例は，地域環境マネジメントのための新たな取り組みや検討のヒントとして利用されることを想定している．

4.4 各分野におけるLCA研究の文献リスト

(1) 廃棄物処理システム

1) 門間博之,村田俊之,福永和広,竹内良一,木村 均,滝澤明夫,高草木 明(1999): 都市の一般廃棄物処理系の評価技術,日本建築学会技術報告集,No.7, pp.93-98.
2) 谷口正修,中野加都子,三浦浩之,和田安彦(2000):ごみ広域処理の環境負荷の低減に関する研究,第11回廃棄物学会研究発表会講演論文集,pp.168-170.
3) 田原聖隆,坂本竜一,上宮成之,小島紀徳(2000):LCA手法を用いた都市ゴミ処理プロセスの評価,環境科学会誌,Vol.13, No.5, pp.594-601.
4) 仁井本高庸,岩渕善美,東野 達,笠原三紀夫(2000):ごみ処理・処分の広域化に関するエネルギー及び環境への影響,第11回廃棄物学会研究発表会講演論文集,pp.171-173.
5) 松本 亨,岩尾拓美,大迫洋子,井村秀文(2000):都市の有機資源循環システムの評価指標の開発,環境システム研究論文集,Vol.28, pp.21-32.
6) 松本 亨,鮫島和範,井村秀文(2000):ディスポーザー導入による家庭の生ゴミ処理・再資源化システムの評価,環境システム研究論文集,Vol.28, pp.9-19.
7) 松藤敏彦,田中信壽(2001):一般廃棄物処理システムのコスト・エネルギー消費量・二酸化炭素排出量評価手法の提案,土木学会論文集,Vol.678/Ⅶ-19, pp.49-60.
8) 中野加都子,三浦浩之,和田安彦,谷口正修(2002):広域ごみ処理システムの導入による環境負荷低減に関する研究,廃棄物学会論文誌,Vol.13, No.6, pp.351-360.
9) 羽原浩史,松藤敏彦,田中信壽,井上真智子(2002):コストおよびエネルギー消費量による一般廃棄物広域化シナリオの比較に関する研究,環境システム研究論文集,Vol.30, pp.323-332.
10) Fiorucci P, Minciardi R, Robba M, Sacile R (2003): Solid waste management in urban areas: Development and application of a decision support system, Resources, Conservation and Recycling, Vol.37, No.4, pp.301-328.
11) 西村文香,田中 勝(2003):廃棄物ライフサイクルアセスメント(WLCA)による処理方式の評価,第14回廃棄物学会研究発表会講演論文集,pp.119-121.
12) 松本 暁,金子泰純(2003):産業廃棄物との合せ処理を考慮した廃棄物広域処理の検討,第14回廃棄物学会研究発表会講演論文集,pp.194-196.
13) 田原聖隆,稲葉 敦,坂根 優,小島紀徳(2004):都市ごみ処理における生ごみ分別処理の効果,廃棄物学会論文誌,Vol.15, No.4, pp.276-282.
14) 土師賢之,古市 徹,稲葉陸太,谷川 昇,石井一英(2004):一般廃棄物中プラスチック類のリサイクル効率化の施策評価,第15回廃棄物学会研究発表会講演論文集,pp.138-140.
15) 松本 亨,左 健(2004):都市基盤の再構築におけるLCAの役割—都市生活排水・廃棄物処理システムを事例として,第32回環境システム研究論文発表会講演集,pp.195-202.
16) Consonni S, Giugliano M, Grosso M (2005): Alternative strategies for energy recovery from municipal solid waste: Part A: Mass and energy balances, Waste Management, Vol.25, No.2, pp.123-135.
17) Consonni S, Giugliano M, Grosso M (2005): Alternative strategies for energy

recovery from municipal solid waste: Part B: Emission and cost estimates, Waste Management, Vol. 25, No. 2, pp.137-148.
18）井原智彦，佐々木 緑，志水章夫，菱沼竜男，栗島英明，玄地 裕（2005）：施設規模と輸送距離を考慮した一般廃棄物処理システムのライフサイクルアセスメント，環境情報科学論文集，Vol. 19, pp.485-490.
19）井原智彦，志水章夫，佐々木 緑，栗島英明，玄地 裕（2005）：地域施策に対するLCA手法の研究開発―岩手県北部における一般廃棄物処理システム，第33回環境システム研究論文発表会講演集，pp.99-104.
20）大西 悟，藤田 壮，長澤恵美理，村野昭人（2005）：循環型産業システムの計画とその環境改善効果の算定―川崎エコタウンにおける循環型セメント事業のケーススタディ，環境システム研究論文集，Vol. 33, pp.367-376.
21）酒井伸一，平井康宏，吉川克彦，出口晋吾（2005）：バイオ資源・廃棄物の賦存量分布と温室効果ガスの視点からみた厨芥利用システム解析，廃棄物学会論文誌，Vol. 16, No. 2, pp.173-187.
22）立花 啓，松本忠生，高岡昌輝，大下和徹，武田信生（2005）：プラスチック製容器包装廃棄物に注目した都市ごみ収集・処理システムの評価，第16回廃棄物学会研究発表会講演論文集，pp.86-88.
23）藤原健史，松岡 譲，浪花伸和，藤吉秀昭，大塚康治，立尾浩一（2005）：厨芥利用を中心とした一般廃棄物処理・資源化システムのシナリオ評価，第16回廃棄物学会研究発表会講演論文集，pp.276-278.
24）Aye L, Widjaya ER（2006）: Environmental and economic analyses of waste disposal options for traditional markets in Indonesia, Waste Management, Vol. 26, No.10, pp.1180-1191.
25）Boveaa MD, Powell JC（2006）: Alternative scenarios to meet the demands of sustainable waste management, Journal of Environmental Management, Vol. 79, No. 2, pp.115-132.
26）Xue Y, Matsumoto T, Zuo J（2006）: LCA and scenario analysis of waste disposal system of Beijing，第17回廃棄物学会研究発表会講演論文集，pp.1-3.
27）大西 悟，藤田 壮（2006）：川崎エコタウン内鉄鋼産業における廃プラスチックの地域循環システムの評価，環境システム研究論文集，Vol. 34, pp.395-404.
28）奥本拓磨，和田安彦，尾崎 平（2006）：処理規模の異なるガス化溶融炉のLCA評価，第17回廃棄物学会研究発表会講演論文集，pp.263-265.
29）左 健，松本 亨（2006）：有機性廃棄物再資源化を向けた都市静脈系システムの評価モデル構築及び適用，第17回廃棄物学会研究発表会講演論文集，pp.290-292.
30）手島 肇，増田孝弘，藤田泰行，武田信生，高岡昌輝（2006）：都市ごみの組成変化に応じた中間処理・再資源化システムの検討，廃棄物学会論文誌，Vol. 17, No. 6, pp.372-386.
31）西上耕平，古市 徹，谷川 昇，石井一英（2006）：大都市部における生ごみ資源化システムの検討―バイオガス化を選択した場合のシナリオ分析，第17回廃棄物学会研究発表会講演論文集，pp.287-289.
32）橋本 治，三橋博巳（2006）：都市廃棄物の有効利用と処理システム―ごみ分別とエネルギー有効利用，第17回廃棄物学会研究発表会講演論文集，pp.177-179.

33) 平井康宏, 柿沼公二, 出口晋吾, 酒井伸一 (2006)：温室効果ガスを考慮したバイオ資源・廃棄物等の最適利用システムに関するケーススタディ, 第17回廃棄物学会研究発表会講演論文集, pp.284-286.
34) 楊 翠芬, 志水章夫, 井原智彦, 栗島英明, 玄地 裕 (2006)：地域性を考慮した可燃ごみ処理のライフサイクル評価—千葉県を事例, 土木計画学研究・講演集, Vol. 33, CD-ROM.
35) Koneczny K, Pennington DW (2007): Life cycle thinking in waste management: Summary of European Commission's Malta 2005 workshop and pilot studies, Waste Management, Vol. 27, No 8, pp.S92-S97.
36) 天野耕二, 曽和朋弘 (2007)：中間処理方法の組合わせに着目した一般廃棄物処理システムの包括的評価, 土木学会論文集 G, Vol. 63, No. 4, pp.391-402.
37) 石渡和夫, 山本隆之, Looi-Fang Wong, 山口直久, 土田えりか, 柳 奈保子, 藤田 壮 (2007)：川崎市をモデルとした産業連携による一般廃棄物循環システム研究, 第18回廃棄物学会研究発表会講演論文集, pp.189-191.
38) 稲葉陸太, 古市 徹, 小松敏宏, 谷川 昇, 石井一英 (2007)：生ごみバイオガス化による温室効果ガス削減と地域特性の関係, 第2回日本LCA学会研究発表会講演要旨集, pp.234-235.
39) 勝原英治, 松本 亨, 松葉仁志, 鶴田 直 (2007)：LCA及びマテリアルバランス表を用いたエコタウン事業の資源循環構造分析, 第18回廃棄物学会研究発表会講演論文集, pp.225-227.
40) 北村知規, 和田安彦, 尾崎 平 (2007)：ストーカ炉・灰溶融施設とガス化溶融施設のLCA評価, 第18回廃棄物学会研究発表会講演論文集, pp.180-182.
41) 佐藤 剛, 古市 徹, 谷川 昇, 石井一英 (2007)：生ごみバイオガス化・有料化導入効果の評価のためのシステム分析, 第18回廃棄物学会研究発表会講演論文集, pp.186-188.
42) 田畑智博, 井村秀文, 文 多美 (2007)：ライフサイクル的視点を考慮した一般廃棄物処理事業の事業評価に関する検討, 土木計画学研究・講演集, Vol. 35, CD-ROM.
43) 鶴田 直, 勝原英治, 松本 亨 (2007)：北九州エコタウンにおける静脈産業集積の環境評価システムの構築, 第2回日本LCA学会研究発表会講演要旨集, pp.220-221.
44) 靏巻峰夫, 星山英一, 中田泰輔 (2007)：生活排水・廃棄物処理の計画段階におけるLCAの適用, 土木計画学研究・講演集, Vol. 35, CD-ROM.
45) 鳥居雅隆, 成田暢彦, 小川克郎 (2007)：刈谷・知立市におけるごみ処理事業の現状とLCAによる環境負荷評価, 第2回日本LCA学会研究発表会講演要旨集, pp.218-219.
46) 松井康弘, 田中 勝, 井伊亮太 (2007)：廃棄物中間処理技術モデルに関する不確実性分析, 第2回日本LCA学会研究発表会講演要旨集, pp.230-231.
47) 劉 玉紅, 近藤加代子 (2008)：LCA手法による家庭系生ごみ処理の地域システム評価—コンポストの普及率等の実際的条件を考慮した分析, 廃棄物学会論文誌, Vol. 19, No. 2, pp.110-119.
48) 馬場 孝, 長野匡起, 中山岳幸, 門馬義雄 (2008)：地方都市におけるごみ収集・処理方式のLCA的検討, 第3回日本LCA学会研究発表会講演要旨集, pp.20-21.
49) 田畑智博, 井原智彦, 玄地 裕, 中澤 廣 (2008)：地域の廃棄物排出特性を考慮した一般廃棄物処理システム設計手法の検討に関する研究, 第3回日本LCA学会研究発表会講演要旨集, pp.250-251.

50) 楊 翠芬, 菱沼竜男, 栗島英明, 玄地 裕 (2008)：大都市部における生ごみバイオガス化の有効性の検討, 第3回日本LCA学会研究発表会講演要旨集, pp.252-253.
51) 永田勝也, 納富 信, 関合治朗, 大橋功典, 岡地 徹, 長田守弘 (2003)：LCAによる廃棄物処理における広域的収集体系の評価, 第14回廃棄物学会研究発表会講演論文集, pp.122-124.
52) 永田勝也, 納富 信, 小野田弘士, 関合治朗, 大橋功典, 風間祥吾, 塚本陽介, 長田守弘 (2004)：技術のライフサイクルアセスメント (LCA) に関する検討 (廃棄物処理システムの評価), 第15回廃棄物学会研究発表会講演論文集, pp.181-183.
53) 永田勝也, 納富 信, 小野田弘士, 片野光裕, 風間祥吾, 金子 正, 長田守弘 (2005)：LCA的手法による廃棄物処理システムの評価, 第16回廃棄物学会研究発表会講演論文集, pp.83-85.
54) 永田勝也, 小野田弘士, 永井祐二, 切川卓也, 西郷 諭, 吉住壮史 (2007)：LCA評価を用いた豊島廃棄物等処理事業の可視化, 第18回廃棄物学会研究発表会講演論文集, pp.210-212.
55) 中谷 隼, 荒巻敏也, 花木啓介 (2007)：プラスチックごみ処理の多側面の影響評価―川崎市のケーススタディ, 環境科学会誌, Vol. 20, No. 3, pp.181-194.
56) 楊 翠芬, 井原智彦, 菱沼竜男, 栗島英明, 玄地 裕 (2007)：LCAによるごみ焼却処理システムの評価, 第2回日本LCA学会研究発表会講演要旨集, pp.232-233.
57) Güereca LP, Gassó S, Baldasano JM, Jiménez-Guerrero P (2006): Life cycle assessment of two biowaste management systems for Barcelona, Spain, Resources, Conservation and Recycling, Vol. 49, No. 1, pp.32-48.
58) Yoon SH, Jung YL, Yoon JH, Choit DH, Lee DH (2006): The study on the environmental load change of waste treatment by comprehensive national waste management plan execution with LCA in Korea, 第17回廃棄物学会研究発表会講演論文集, pp.7-9.
59) Hong RJ, Wang GF, Guo RZ, Cheng X, Liu Q, Zhang PJ, Qian GR (2006): Life cycle assessment of BMT-based integrated municipal solid waste management: Case study in Pudong, China, Resources, Conservation and Recycling, Vol. 49, No. 2, pp.129-146.
60) Emery A, Davies A, Griffiths A, Williams K (2007): Environmental and economic modelling: A case study of municipal solid waste management scenarios in Wales, Resources, Conservation and Recycling, Vol. 49, No. 3, pp.244-263.
61) Morselli L, Luzi J, De Robertis C, Vassura I, Carrillo V, Passarini F (2007): Assessment and comparison of the environmental performances of a regional incinerator network, Waste Management, Vol. 27, No 8, pp.S85-S91.
62) 松藤敏彦 (2005)：『都市ごみ処理システムの分析・計画・評価－マテリアルフロー・LCA評価プログラム』, 技報堂出版.
63) 田中 勝, 松井康弘, 井伊克太, 野上浩典 (2006)：戦略的廃棄物マネジメント支援ソフトウェア (SSWMSS) の開発, 第1回日本LCA学会研究発表会講演要旨集, pp.290-291.
64) 永田勝也, 小野田弘士, 片野光裕, 風間祥吾, 小清水 勇, 長田守弘 (2006)：廃棄物処理システムにおけるBASの提案を目的としたソフトウェアの開発, 第17回廃棄物学会研究発表会講演論文集, pp.266-268.
65) Technical University of Denmark (2008): EASEWASTE, http://www.easewaste.dk,

2010 年 8 月 15 日確認.
66) McDougall FR, White PR, Franke M, Hindle P（2001）"Integrated Solid Waste Management: A Life Cycle Inventory", 2nd edition, Wiley-Blackwell.
67) ORWARE project（2001）: ORWARE, http://www.ima.kth.se/im/orware/, 2010 年 8 月 15 日確認.
68) Kaplan PÖ, Barlaz MA, Ranjithan SR（2005）A procedure for life-cycle-based solid waste management with consideration of uncertainty, Journal of Industrial Ecology, Vol. 8, No. 4, pp.155-172.
69) ECOBILAN（2001）: WISARD, https://www.ecobilan.com/uk_wisard.php, 2010 年 8 月 15 日確認.
70) 岡村実奈，入山広阿貴，井村秀文（2003）：都市の有機物資源循環将来予測システムの開発に関する研究，環境システム研究論文集，Vol. 31, pp.113-123.
71) 岡崎 誠，増田貴則，細井由彦，河野嘉範（2006）：人口低密地域における一般廃棄物の分別数が収集過程のコストに及ぼす影響，環境システム研究論文集，Vol. 34, pp.413-422.
72) 中谷 隼，荒巻敏也，花木啓介（2007）：多側面の影響への選好を考慮した費用便益分析に基づく統合的評価の方法論の構築，環境科学会誌，Vol. 20, No. 6, pp.435-448.
73) 栗島英明，楊 翠芬，玄地 裕（2007）：ごみ減量化施策のフルコスト評価を目指した表明選好法による処分場延命化の評価，第 3 回日本 LCA 学会研究発表会講演要旨集，pp.258-259.

(2) 交通システム

1) 岩渕 省，四宮明宣，中嶋芳紀，松本 亨，井村秀文（1997）：地下鉄整備のライフサイクル環境負荷に関する研究，環境システム研究，Vol. 25, pp.209-216.
2) 辻村太郎，宮内瞳尚，永友貴史，橋本 淳（1998）：新幹線電車の LCA ケーススタディと環境効率，第 5 回鉄道技術連合シンポジウム講演論文集，pp.601-604.
3) 加藤博和，大浦雅幸（2000）：新規鉄軌道整備による CO_2 排出量変化のライフサイクル評価手法の開発，土木計画学研究・論文集，No. 17, pp.471-479.
4) 山口耕平，青山吉隆，中川 大，松中亮治，西尾健司（2001）：ライフサイクル環境負荷を考慮した LRT 整備の評価に関する研究，土木計画学研究・論文集，Vol. 18, No. 4, pp.603-610.
5) 稲村 肇，Piantanakulchai Mongkut，武山 泰（2002）：高速道路と新幹線のライフサイクル炭素排出量の比較研究，運輸政策研究，Vol. 4, No. 15, pp.11-22.
6) 柴原尚希，加藤博和，狩野弘治（2003）：LCA に基づく標準化原単位を用いた鉄軌道システムの環境性能評価手法，第 31 回環境システム研究論文発表会講演集，pp.167-172.
7) Kudoh Y, Moriguchi Y, Matsuhashi R, Yoshida Y（2003）: Life cycle CO_2 emissions from public transportation systems, Journal of Asian Electric Vehicles, Vol. 1, No. 1, pp.259-266.
8) 狩野弘治，浅見 均，高橋浩一，加藤博和（2004）：鉄道整備における LCA の原単位，第 32 回環境システム研究論文発表会講演集，pp.203-208.
9) Spielmann M, Scholz RW, Tietje O, de Haan P（2005）: Scenario modelling in prospective LCA of transport systems, application of formative scenario analysis, The

International Journal of Life Cycle Assessment, Vol. 10, No. 5, pp.325-335.
10) 加藤博和, 柴原尚希 (2006)：公共交通整備計画評価への LCA 適用―超伝導磁気浮上式鉄道を例として, 日本 LCA 学会誌, Vol. 2, No. 2, pp.166-175.
11) 渡辺由紀子, 長田基広, 加藤博和 (2006)：LRT システム導入の環境負荷評価―代替輸送機関との比較と環境効率の適用, 日本 LCA 学会誌, Vol. 2, No. 3, pp.246-254.
12) 長田基広, 渡辺由紀子, 柴原尚希, 加藤博和 (2006)：LCA を適用した中量旅客輸送機関の環境負荷評価, 土木計画学研究・論文集, Vol. 23, No. 2, pp.355-363.
13) Facanha C, Horvath A (2006)：Environmental assessment of freight transportation in the U.S., The International Journal of Life Cycle Assessment, Vol. 11, No. 4, pp.229-239.

(3) 農業・畜産システム

1) 黒澤美幸, 山敷庸亮, 手塚哲央 (2007)：環境保全型の水稲栽培におけるエネルギー消費量と環境負荷削減効果の推計, 日本 LCA 学会誌, Vol. 3, No. 4, pp.232-238.
2) 小林 久 (2002)：施肥に関連する流出負荷低減策のライフサイクル分析―環境保全型農業に対するライフサイクルアセスメント (LCA) 適用の試み, 環境情報科学, Vol. 31, No. 1, pp.77-85.
3) 白木達朗, 橘 隆一, 立花潤三, 後藤尚弘, 藤江幸一 (2008)：野菜生産による CO_2 排出量の変遷に関する研究, システム農学, Vol. 24, No. 1, pp.11-17.
4) 農業環境技術研究所 (2005)：『LCA 手法を用いた農作物栽培の環境影響評価実施マニュアル』.
5) 農業環境技術研究所 (2005)：『「環境影響評価のためのライフサイクルアセスメント手法」研究成果報告書』.
6) Koga N, Sawamoto T, Tsuruta H (2006): Life cycle inventory-based analysis of greenhouse gas emissions from arable land farming systems in Hokkaido, northern Japan, Soil Science & Plant Nutrition, Vol. 52, No. 4, pp.564-574.
7) Tidåker P, Mattsson B, Jönsson H (2007): Environmental impact of wheat production using human urine and mineral fertilisers-a scenario study, Journal of Cleaner Production, Vol. 15, No. 1, pp.52-62.
8) Roy P, Nei D, Okadome H, Nakamura N, Orikasa T, Shiina T (2008): Life cycle inventory analysis of fresh tomato distribution systems in Japan considering the quality aspect, Journal of Food Engineering, Vol. 86, No. 2, pp.225-233.
9) 林 孝 (1999)：家畜生産における LCA ―肉牛生産を中心にした問題の整理, 研究ジャーナル, Vol. 22, No. 10, pp.26-32.
10) 増田清敬, 高橋義文, 山本康貴, 出村克彦 (2005)：LCA を用いた低投入型酪農の環境影響評価―北海道根釧地域のマイペース酪農を事例として, システム農学, Vol. 21, No. 2, pp.99-112.
11) Ogino A, Kaku K, Osada T, Shimada K (2004): Environmental impacts of the Japanese beef-fattening system with different feeding lengths as evaluated by a life-cycle assessment method, Journal of Animal Science, Vol. 82, No. 7, pp.2115-2122.
12) Cederberg C, Stadig M (2003): System expansion and allocation in life cycle assessment of milk and beef production, The International Journal of Life Cycle Assessment, Vol. 8, No. 6, pp.350-356.

13) de Boer I JM (2003): Environmental impact assessment of conventional and organic milk production, Livestock Production Science, Vol. 80, No. 1-2, pp.69-77.
14) 泉澤 啓, 佐藤好克, 斎藤善則, 高橋正弘 (2002):畜産系堆肥化施設の LCA による評価について, 宮城県保健環境センター年報, No. 20, pp.98-102.
15) 田中康男, 島田和宏 (2005):『環境負荷と運転費用の観点からの畜産環境対策施設評価プログラムの開発―養豚編』, 畜産草地研究所研究資料, No. 6.
16) 羽賀清典, 和木美代子 (2002):肥育牛のふん尿堆肥化におけるエミッションの LCA, 農業環境技術研究所:『農業におけるライフサイクルアセスメント』, 養賢堂, pp.116-125.
17) 菱沼竜男, 栗島英明, 楊 翠芬, 玄地 裕 (2008):LCA 手法を用いたメタン発酵施設によるふん尿処理・利用方式の環境影響の評価―堆肥化・液肥化処理との比較, 日本家畜管理学会誌, Vol. 44, No. 1, pp.7-20.
18) 日向貴久 (2004):酪農経営のふん尿処理を対象とした LCA ―バイオガスシステムの温暖化ガスインベントリ分析と比較, 2004 年度日本農業経済学会論文集, pp.337-341.
19) Waki M, Tanaka Y, Osada T (1998): Life cycle assessment of animal wastewater treatment process, Proceedings of the Third International Conference on EcoBalance, pp.601-604.
20) Sandars DL, Audsley E, Cañete C, Cumby TR, Scotford IM, Williams AG (2003): Environmental benefits of livestock manure management practices and technology by life cycle assessment, Biosystems Engineering, Vol. 84, No. 3, pp.267-281.
21) 小林 久, 佐合隆一 (2001):窒素およびリン肥料の製造・流通段階のライフサイクルにわたるエネルギー消費量と CO_2 排出量の試算, 農作業研究, Vol. 36, No. 3, pp.141-151.
22) 小林 久, 柚山義人 (2006):輸入飼料の供給地域別ライフサイクル・エネルギー消費量および GHG 排出量の推計, 環境情報科学, Vol. 35, No. 3, pp.45-53.
23) 三津橋浩行, 浅野孝幸, 鎌田樹志, 佐々木雄真, 稲葉 敦 (2001):化学肥料のインベントリ分析および乳牛ふん尿処理物との比較検討, 北海道立工業試験場報告, No. 300, pp.79-84.
24) Ogino A, Hirooka H, Ikeguchi A, Tanaka Y, Waki M, Yokoyama H, Kawashima T (2007): Environmental impact evaluation of feeds prepared from food residues using life cycle assessment, Journal of Environmental Quality, Vol. 36, No. 4, pp.1061-1068.
25) 大村道明 (2002):農業地域 LCA の手法―評価の前提と枠組み, 東北大学農業経済研究報告, Vol. 34, pp.35-50.
26) 小野 洋, 平野信之, 上田達己, 天野哲郎 (2007):ナタネを軸とした資源循環システムの環境影響評価― LC-CO_2 分析による試算, 農業経営研究, Vol. 45, No. 1, pp.122-125.
27) 志水章夫, 楊 翠芬, 井原智彦, 玄地 裕 (2005):ライフサイクルを考慮した家畜排せつ物の地域内処理システム設計手法, 環境システム研究論文集, Vol. 33, pp.241-248.
28) 林 清忠 (2006):農業生産システムの環境影響評価― OR と LCA, オペレーションズ・リサーチ:経営の科学, Vol. 51, No. 5, pp.268-273.
29) Mattsson B, Cederberg C, Blix L (2000): Agricultural land use in life cycle assessment (LCA): case studies of three vegetable oil crops, Journal of Cleaner Production, Vol. 8, No. 4, pp.283-292.
30) Milà i Canals L, Romanyà J, Cowell SJ (2007): Method for assessing impacts on life support functions (LSF) related to the use of 'fertile land' in Life Cycle Assessment

(LCA), Journal of Cleaner Production, Vol. 15, No. 15, pp.1426-1440.
31) Cowell SJ, Clift R (2000): A methodology for assessing soil quantity and quality in life cycle assessment, Journal of Cleaner Production, Vol. 8, No. 4, pp.321-331.

(4) 建築

1) 岡 建雄 (1986):産業連関表による建築物の評価 (その1) 省エネルギービルと一般事務所ビルの比較, 日本建築学会計画系論文報告集, No. 359, pp.17-23.
2) 竹林芳久, 岡 建雄, 紺矢哲夫 (1992):産業連関表による建築物の評価 (その2) 事務所建築の建設による環境への影響, 日本建築学会計画系論文報告集, No. 431, pp.31-38.
3) 鈴木道哉, 岡 建雄, 岡田圭史, 矢野謙禎 (1995):産業連関表による建築物の評価 (その4) 事務所ビルの建設・運用に関わるエネルギー消費量, 二酸化炭素排出量, 日本建築学会計画系論文集, No. 476, pp.37-43.
4) 酒井寛二, 漆崎 昇, 相賀 洋, 下山真人 (1996):建築物のライフサイクル二酸化炭素排出量とその抑制方策に関する研究, 日本建築学会計画系論文集, No. 484, pp.105-112.
5) 高口洋人, 尾島俊雄 (1999):木造専用住宅と森林資源との循環型モデルに関する研究 (砺波平野散居村におけるケーススタディ), 日本建築学会計画系論文集, No. 516, pp.93-99.
6) 中島裕輔, 尾島俊雄 (1999):低環境負荷型居住システムの試作に関する研究, 日本建築学会計画系論文集, No. 517, pp.91-97.
7) 弥田俊男, 宗本順三, 吉田 哲, 高橋俊吾 (1999):独立住宅モデルの建材選択に伴うLCC, $LCCO_2$, 最終廃棄物量低減の多目的問題―住宅建材の選択システムへのGA適用の研究, 日本建築学会計画系論文集, No. 524, pp.77-84.
8) 中島裕輔, 尾島俊雄 (2000):資源循環型居住システムの構築に関する研究, 日本建築学会計画系論文集, No. 532, pp.109-116.
9) 伊香賀俊治, 村上周三, 加藤信介, 白石靖幸 (2000):我が国の建築関連CO_2排出量の2050年までの予測―建築・都市の環境負荷評価に関する研究, 日本建築学会計画系論文集, No. 535, pp.53-58.
10) 高口洋人, 尾島俊雄 (2001):木造住宅と森林資源の日本型循環モデル構築に関する研究, 日本建築学会計画系論文集, No. 544, pp.85-92.
11) 橋本征二, 松尾好恵, 藤岡龍介 (2001):民家の再生による環境負荷・コストの削減効果とその簡易予測, 日本建築学会計画系論文集, No. 549, pp.59-65.
12) 漆崎 昇, 水野 稔, 下田吉之, 酒井寛二 (2001):産業連関表を利用した建築業の環境負荷推定, 日本建築学会計画系論文集, No. 549, pp.75-82.
13) 近田智也, 井上 隆 (2001):実態調査に基づく戸建て住宅の構成部材の環境負荷簡易推計, 日本建築学会計画系論文集, No. 549, pp.89-93.
14) 宗本順三, 鉾井修一, 張本和芳, 吉田 哲, 高野俊吾 (2002):独立住宅モデルの建材選択に伴うLCC, $LCCO_2$, 最終廃棄物量低減の多目的問題―その2 GAを用いた「標準問題の建物モデル」への住宅建材・工法選択システム, 日本建築学会計画系論文集, No. 551, pp.85-92.
15) 山田 哲, 黒川礼子, 會澤貴浩, 岩田 衛 (2002):廃棄物重量と$LCCO_2$量に着目した鉄骨造建物における環境負荷の評価, 日本建築学会構造系論文集, No. 554, pp.131-137.
16) 五十嵐 健, 嘉納成男 (2002):資源循環型社会に向けた住宅生産システムの経済性評

価に関する基礎的研究,日本建築学会計画系論文集,No. 555, pp.279-286.
17) 五十嵐 健,嘉納成男 (2002):資源循環型戸建住宅のライフサイクルコストの評価 資源循環型社会に向けた住宅システムの経済性評価に関する研究,日本建築学会計画系論文集,No. 560, pp.253-260.
18) 漆崎 昇,水野 稔,下田吉之,酒井寛二 (2002):長寿命化対策のライフサイクル資材使用量と二酸化炭素排出量に与える影響,日本建築学会計画系論文集,No. 561, pp.85-92.
19) 漆崎 昇,水野 稔,下田吉之,酒井寛二,森 正義 (2003):建築物の長寿命化におけるライフサイクル廃棄物と二酸化炭素排出量に関する研究,日本建築学会計画系論文集,No. 563, pp.93-100.
20) 五十嵐 健,嘉納成男 (2003):資源循環型集合住宅のライフサイクルコストの評価 資源循環型システムの経済性評価に関する研究,日本建築学会環境系論文集,No. 568, pp.101-108.
21) 佐藤正章,荒井良延,伊香賀俊治,近田智也,間宮 尚,加藤正宏 (2006):集合住宅のライフサイクルにおける資源有効利用・建設廃棄物削減に関する研究,日本建築学会環境系論文集,No. 606, pp.67-73.
22) 日本建築学会編 (2006):『建物のLCA指針―温暖化・資源消費・廃棄物対策のための評価ツール』,第3版.
23) 伊香賀俊治 (2008):建築物のLCA・LCC手法の国・自治体・民間での活用状況,日本LCA学会誌,Vol. 4, No. 1, pp.19-26.
24) Reijnders L, van Roekel A (1999): Comprehensiveness and adequacy of tools for the environmental improvement of buildings, Journal of Cleaner Production, Vol. 7, No. 3, pp.221-225.
25) Peuportier BLP (2001): Life cycle assessment applied to the comparative evaluation of single family houses in the French context, Energy and Buildings, Vol. 33, No. 5, pp.443-450.
26) Erlandsson M, Borg M (2003): Generic LCA-methodology applicable for buildings, constructions and operation services—today practice and development needs, Building and Environment, Vol. 38, No. 7, pp.919-938.
27) Scheuer C, Keoleian GA, Reppe P (2003): Life cycle energy and environmental performance of a new university building: modeling challenges and design implications, Energy and Buildings, Vol. 35, No. 10, pp.1049-1064.
28) Forsberg A, von Malmborg F (2004): Tools for environmental assessment of the built environment, Building and Environment, Vol. 39, No. 2, pp.223-228.
29) Erlandsson M, Levin P (2005): Environmental assessment of rebuilding and possible performance improvements effect on a national scale, Building and Environment, Vol. 40, No. 11, pp.1459-1471.
30) Hirano T, Kato S, Murakami S, Ikaga T, Shiraishi Y, Uehara H (2006): A study on a porous residential building model in hot and humid regions part 2—reducing the cooling load by component-scale voids and the CO_2 emission reduction effect of the building model, Building and Environment, Vol. 41, No. 1, pp.33-44.
31) Zhang Z, Wu X, Yang X, Zhu Y (2006): BEPAS—a life cycle building environmental performance assessment model, Building and Environment, Vol. 41, No. 5, pp.669-675.

32) Assefa G, Glaumann M, Malmqvist T, Kindembe B, Hult M, Myhr U, Eriksson O (2007): Environmental assessment of building properties—Where natural and social sciences meet: The case of EcoEffect, Building and Environment, Vol. 42, No. 3, pp.1458-1464.
33) Upton B, Miner R, Spinney M, Heath LS (2008): The greenhouse gas and energy impacts of using wood instead of alternatives in residential construction in the United States, Biomass and Bioenergy, Vol. 32, No. 1, pp.1-10.
34) De Meester B, Dewulf J, Verbeke S, Janssens A, Van Langenhove H (2009): Exergetic life-cycle assessment (ELCA) for resource consumption evaluation in the built environment, Building and Environment, Vol. 44, No. 1, pp.11-17.
35) Xing S, Xu Z, Jun G (2008): Inventory analysis of LCA on steel- and concrete-construction office buildings, Energy and Buildings, Vol. 40, No. 7, pp.1188-1193.
36) Ortiz O, Castells F, Sonnemann G (2009): Sustainability in the construction industry: A review of recent developments based on LCA, Construction and Building Materials, Vol. 23, No. 1, pp.28-29.
37) 平野智子, 加藤信介, 村上周三, 伊香賀俊治, 白石靖幸, 上原 瞳 (2003): ポーラス型住棟における冷房負荷及びCO_2排出量削減効果の検討—高温多湿気候下における環境負荷低減型住居に関する研究 その2, 日本建築学会環境系論文集, No. 566, pp.87-93.
38) 水石 仁, 村上周三, 伊香賀俊治 (2004): フロン漏洩を考慮した住宅断熱のLCCO$_2$評価—住宅の断熱強化による温室効果ガス削減に関する研究, 日本建築学会環境系論文集, No. 579, pp.89-96.

(5) バイオマス利用システム

1) 堂脇清志, 石谷 久, 松橋隆治 (2000): バイオマスエネルギーの導入可能性評価, エネルギー・資源, Vol. 21, No. 2, pp.173-180.
2) Freppaz D, Minciardia R, Robba M, Rovattia M, Sacilea R, Taramasso A (2004): Optimizing forest biomass exploitation for energy supply at a regional level, Biomass and Bioenergy, Vol. 26, No. 1, pp.15-25.
3) 浅野 琢, 松橋隆治, 吉田好邦, 行本正雄 (2006): 地域特性を考慮したバイオマスを用いたDME・発電ハイブリッドシステムの設計・評価, 日本エネルギー学会誌, Vol. 85, No. 1, pp.58-65.
4) 八木賢治郎, 中田俊彦 (2007): 資源分布と技術特性を考慮した森林バイオマス小規模ガス化システムの経済性評価, 日本エネルギー学会誌, Vol. 86, No. 2, pp.109-118.
5) 伊藤吉紀, 中田俊彦 (2007): 規模の効果と需給均衡を考慮した木質系バイオマスエネルギーシステムの試設計, 日本エネルギー学会誌, Vol. 86, No. 9, pp.718-729.
6) 朝野賢司, 美濃輪智朗 (2007): 日本におけるバイオエタノールの生産コストとCO_2削減コスト分析, 日本エネルギー学会誌, Vol. 86, No. 12, pp.957-963.
7) 小林 久 (2006): ブラジルにおける燃料エタノールの生産・利用の現状と評価, 農業土木学会誌, Vol. 74, No. 10, pp.915-920.
8) Pimentel D, Patzek TW (2005): Ethanol production using corn, switchgrass, and wood; biodiesel production using soybean and sunflower, Natural Resources Research, Vol. 14, No. 1, pp.65-76.

9) 堂脇清志, 江口 勉, 大久保 塁, 玄地 裕 (2008):分散型バイオマスガス化システムによる燃料製造に係る LCA, 電気学会論文誌 C, Vol. 128, No. 2, pp.168-175.
10) Kobayashi H, Yamada Y (2002): Evaluation of energy balance and CO_2 emission in processes of the energy production from agro-byproducts—A case study on assessment of the rice straw recycling system plan employing the concept of LCA, 農業農村工学会論文集, Vol. 70, No. 3, pp.27-33.
11) 小林 久 (2007):バイオ・エタノール原料の LCA からみた選択, 太陽エネルギー, Vol. 33, No. 6, pp.13-18.
12) 酒井伸一, 平井康宏, 吉川克彦, 出口晋吾 (2005):バイオ資源・廃棄物の賦存量分布と温室効果ガスの視点からみた厨芥利用システム解析, 廃棄物学会論文誌, Vol. 16, No. 2, pp.173-187.
13) 石井 暁, 花木啓介 (2006):川崎市下水処理場における有機性食品廃棄物を利用したエネルギー回収および二酸化炭素削減ポテンシャルの推定, 環境システム研究論文集, Vol. 34, pp.443-453.
14) 矢野順也, 平井康宏, 酒井伸一, 出口晋吾, 中村一夫 (2007):廃食用油をはじめとする京都バイオマス有効利用シナリオの LCA 評価, 第 18 回廃棄物学会研究発表会講演論文集, pp.222-224.
15) 干場信司, 菱沼竜男, 横山慎司 (2002):酪農学園大学バイオガスプラント実証試験報告―家畜ふん尿用バイオガスプラントのエネルギー的・経済的成立条件, コージェネレーション, Vol. 17, No. 2, pp.38-45.

(6) 上下水道システム

1) 井村秀文編 (2001):『建設の LCA』, オーム社.
2) Tapia M, Siebel MA, van der Helm AWC, Baars ET, Gijzen HJ (2008): Environmental, finalcial and quality assessment of drinking water processes at Waternet, Journal of Cleaner Production, Vol. 16, No. 4, pp.401-409.
3) Barrios R, Siebel M, van der Helm A, Bosklopper K, Gijzen H (2008): Environmental and financial life cycle impact assessment of drinking water production at Waternet, Journal of Cleaner Production, Vol. 16, No. 4, pp.471-476.
4) 井村秀文, 森下兼年, 池田秀昭, 銭谷賢治, 楠田哲也 (1995):下水道システムのライフサイクルアセスメントに関する研究― LCE を指標としたケーススタディ, 環境システム研究, Vol. 23, pp.142-149.
5) 井村秀文, 銭谷賢治, 中嶋芳紀, 森下兼年, 池田秀昭 (1996):下水道システムのライフサイクルアセスメント― LCE 及び LC-CO_2 による評価, 土木学会論文集, No. 552/Ⅶ-1, pp.75-84.
6) 秋永薫児, 柏谷 衛 (1999):ライフサイクルエネルギーに基づいた省エネルギー汚水収集システムに関する研究, 土木学会論文集, No. 622/Ⅶ-11, pp.35-49.
7) 秋永薫児, 柏谷 衛 (2001):LCC 及び LC-CO_2 による汚水収集システムの評価に関する研究, 土木学会論文集, No. 685/Ⅶ-20, pp.49-68.
8) 秋永薫児, 柏谷 衛 (2004):次世代汚水収集システム代替案のライフサイクルのコスト及び発生 CO_2 による評価に関する研究, 土木学会論文集, No. 776/Ⅶ-35, pp.51-70.
9) 森田弘昭, 山縣弘樹, 斎野秀幸, 酒井憲司 (2003):生活系汚泥制御の観点から見た下

水道整備効果に関する考察，下水道協会誌，Vol. 40, No. 494, pp.95-106.
10) 尾崎 平，和田安彦，村岡 基（2004）：ライフサイクルCO_2を考慮した合流式下水道越流対策施設の評価—雨水帯水池を事例として，土木学会論文集，No. 776/Ⅶ-33, pp.71-82.
11) 山縣弘樹，高橋正宏，吉田綾子，森田弘昭（2006）：北海道歌登町における下水管渠清掃時の環境負荷量に関する研究，下水道協会誌，Vol. 43, No. 525, pp.83-94.
12) 宮原高志・柏木秀仁（2006）：下水浄化センターのLCAにおける処理水再利用の効果，下水道協会誌，Vol. 43, No. 526, pp.141-150.
13) Tangsubkul N, Beavis P, Moore SJ, Lundie S, Waite TD（2005）: Life cycle assessment of water recycling technology, Water Research Management, Vol. 19, No. 5, pp.521-537.
14) Ortiz M, Raluy RG, Serra L（2007）: Life cycle assessment of water treatment technologies: wastewater and water-reuse in a small town, Desalination, Vol. 204, No. 1-3, pp.121-131.
15) Renou S, Thomas JS, Aoustin E, Pons MN（2008）: Influence of impact assessment methods in wastewater treatment LCA, Journal of Cleaner Production, Vol. 16, No. 10, pp.1098-1105.
16) 肱岡靖明，高橋 潔，松岡 譲，原沢英夫（2002）：地球温暖化による水系感染症への影響，水環境学会誌，Vol. 25, No. 11, pp.647-652.
17) 本下晶晴，伊坪徳宏，稲葉 敦（2010）：農業用水不足に起因する栄養阻害被害の評価係数の算定，日本LCA学会誌，Vol. 6, No. 3, pp.242-250.

(7) 分散エネルギーシステム

1) Chicco G, Mancarella P（2009）: Distributed multi-generation: A comprehensive view, Renewable and Sustainable Energy Reviews, Vol. 13, No. 3, pp.535-551.
2) 下田吉之，内海 巌，水野 稔（1999）：環境保全型地域熱供給システムの総合評価手法に関する研究 第2報—各指標の重みに関するアンケート結果と多基準分析法による総合評価，空気調和・衛生工学会論文集，No. 74, pp.113-120.
3) 原 清信，石原慶一，嵐 紀夫，稲葉 敦（2001）：都市への太陽，未利用エネルギー，コジェネレーション導入時のCO_2削減可能量評価，エネルギー・資源，Vol. 22, No. 6, pp.475-481.
4) 秋澤 淳，小林雅啓，功力能文，柏木孝夫（1999）：コージェネレーションシステムに関するライフサイクルアセスメント，第15回エネルギーシステム・経済・環境コンファレンス講演論文集，pp.395-400.
5) 疋田浩一，石谷 久，松橋隆治，吉田好邦（1998）：プロセス連関分析による電力・都市ガスシステムのライフサイクルアセスメント，電気学会論文誌C, Vol. 118, No. 9, pp.1270-1277.
6) 嵐 紀夫，前田哲彦，玄地 裕，八木田浩史，稲葉 敦（2006）：寒冷地集合住宅へマイクロガスタービンコジェネレーションを導入した際のCO_2削減可能性の評価，日本エネルギー学会誌，Vol. 85, No. 4, pp.299-306.
7) 木方真理子，遠藤康之，伊東明人（2004）：エネルギーフローに基づく電力・熱供給システムのCO_2排出量評価，電気学会論文誌B, Vol. 124, No. 1, pp.53-61.
8) 浅野 琢，松橋隆治，吉田好邦，行本正雄（2006）：地域特性を考慮したバイオマスを

用いた DME・発電ハイブリッドシステムの設計・評価, 日本エネルギー学会誌, Vol. 85, No. 1, pp.58-65.
9) 一ノ瀬俊明, 花木啓祐, 伊藤武美, 松尾友矩, 川原博満 (1997)：地理情報システムとライフサイクルアセスメントの結合による地域熱供給事業の検討, 環境科学会誌, Vol. 10, No. 2, pp.119-127.
10) 久保一雄, 中田俊彦 (2004)：地域特性を考慮したバイオマス利用システムの構築, 日本エネルギー学会誌, Vol. 83, No. 12, pp.1013-1020.
11) 伊藤真知子, 伊藤武美, 花木啓祐, 松尾友矩 (1995)：下水を用いた地域冷暖房施設のライフサイクルアセスメント―供給規模と密度の異なるモデル地区に対する検討, 環境システム研究, Vol. 23, pp.241-247.
12) 堂脇清志, 江口 勉, 大久保 塁, 玄地 裕 (2008)：分散型バイオマスガス化システムによる燃料製造に係る LCA, 電気学会論文誌 C, Vol. 128, No. 2, pp.168-175.
13) 玄地 裕 (2003)：都市ヒートアイランドとエネルギーシステム, 太陽エネルギー, Vol. 29, No. 3, pp.3-9.
14) 松橋隆治, 須藤 修, 石谷 久, 中根圭介, 中山 哲, 安井英斉 (1997)：地球規模・地域規模の持続可能性を考慮したライフサイクルアセスメント, エネルギー経済, Vol. 23, No. 4, pp.10-21.

(8) まちづくり・都市

1) 伊藤武美, 花木啓祐, 谷口孚幸, 有浦幸隆 (1995)：ニュータウン建設にともなう二酸化炭素排出量に関する研究, 環境システム研究, Vol. 23, pp.190-197.
2) 伊藤武美, 花木啓祐, 本多 博 (1996)：二酸化炭素排出抑制技術・システムのニュータウン建設への適用, 環境システム研究, Vol. 24, pp.250-259.
3) 伊藤武美, 花木啓祐, 本多 博 (1997)：ニュータウン建設における二酸化炭素排出量の概略推計方法の検討, 環境システム研究, Vol. 25, pp.379-384.
4) 栗島英明, 瀬戸山春輝, 玄地 裕, 稲葉 敦 (2004)：施設誘致型の社会基盤整備に対する LCA 手法の研究―三重県クリスタルタウンのケーススタディ, 第 32 回環境システム研究論文発表会講演集, pp.215-221.
5) 栗島英明, 瀬戸山春輝, 井原智彦, 玄地 裕 (2005)：ライフサイクル影響評価手法を用いた地域施策の環境影響要因の分析―三重県クリスタルタウンのケーススタディ, 第 33 回環境システム研究論文発表会講演集, pp.191-196.
6) 栗島英明, 瀬戸山春輝, 井原智彦, 玄地 裕 (2005)：LCA を援用した地域施策の環境配慮に関する考察, 環境情報科学論文集, Vol. 19, pp.491-496.
7) 栗島英明, 瀬戸山春輝, 田原聖隆, 玄地 裕 (2006)：LCA 手法と住民選好調査を利用した地方自治体のまちづくりの環境効率評価, 環境システム研究論文集, Vol. 34, pp.21-28.
8) 武元和治, 酒井寛二, 漆崎 昇, 中原智哉 (1999)：都市更新における環境負荷に関する研究, 日本建築学会計画系論文集, No. 524, pp.85-91.
9) 藤田 壮, 盛岡 通, 村野昭人 (1999)：都市集積地区から派生するライフサイクル二酸化炭素の評価の都市マネージメントへの展開についての考察, 環境システム研究, Vol. 27, pp.355-364.
10) 伊香賀俊治, 村上周三, 加藤信介, 白石靖幸 (2000)：我が国の建築関連 CO_2 排出量

の 2050 年までの予測—建築・都市の環境負荷評価に関する研究,日本建築学会計画系論文集,No. 535, pp.53-58.
11) 林 良嗣,加藤博和,北野恭央,喜代永さち子(2000):都市空間構造改変施策に伴う各種環境負荷のライフサイクル評価システム,環境システム研究論文集,Vol. 28, pp.55-62.
12) 松本 亨,左 健(2004):都市基盤の再構築における LCA の役割—都市生活排水・廃棄物処理システムを事例として,第 32 回環境システム研究論文発表会講演集,pp.195-202.
13) 加藤博和,後藤直紀,柴原尚希,加知範康(2007):建築物の立地が環境負荷に及ぼす影響に関する考察,日本 LCA 学会誌,Vol. 4, No. 1, pp.44-50.
14) 日本建築学会編(2003):『建物の LCA 指針—環境適合設計・環境ラベリング・環境会計への応用に向けて』,第 2 版.
15) 南齋規介,森口祐一(2006):産業連関表による環境負荷原単位データブック(3EID)— Web edition, 国立環境研究所,http://www-cger.nies.go.jp/publication/D031/, 2010 年 8 月 15 日確認.

(9) 地域間相互依存と影響の地域依存

1) 人見和美(2000):電力供給地域に合わせた全国 10 地域間産業連関表の開発,電力経済研究,No. 43, pp.7-20.
2) 羅 洲夢(2002):地域間産業連関からみた経済空間に関する一考察—中間財の地域間フィードバックループを中心に,経済地理学年報,Vol. 48, No. 2, pp.61-76.
3) 鈴木英之(2006):『生産誘発から見た地域集中の構造—平成 12 年地域間産業連関表作成による地域間相互依存関係の分析』,地域政策研究,Vol. 18.
4) 川口和英(2006):社会基盤整備の時間変化に伴う地域別人流発着量の変動に関する分析,鎌倉女子大学紀要,Vol. 13, pp.51-63.
5) 鈴木英之(2006):地域間相互依存関係と生産誘発—地域間産業連関表による定式化,RP レビュー,Vol. 19, No. 2, pp.48-55.
6) 峯岸直輝(2006):『地域間のヒト・モノの相互依存関係から見た空洞化の現状—人口移動,地域間連関表から見た実証分析』,内外経済・金融動向,No. 15-10.
7) 盛岡 通,吉田 登,庵原一水,秋山良樹(1997):資源投入と廃棄物誘発からみた地域間相互依存の分析,環境システム研究,Vol. 25, pp.397-402.
8) 山内崇弘,南齋規介,東野 達,笠原三紀夫(2001):大気環境負荷の地域間相互依存誘発構造,第 17 回エネルギーシステム・経済・環境コンファレンス講演論文集,pp.81-86.
9) 石川良文(2001):地域間産業連関モデルを用いた大気環境負荷排出の構造分析,富士常葉大学研究紀要,No. 1, pp.31-46.
10) McDonald GW, Patterson MW (2004): Ecological Footprints and interdependencies of New Zealand regions, Ecological Economics, Vol. 50, No. 1-2, pp.49-67.
11) Munksgaard GW, Pade L-L, Minx J, Lenzen M (2005): Influence of trade on national CO_2 emissions, International Journal of Global Energy Issues, Vol. 23, No. 4, pp.324-336.
12) 李 一石,伊坪徳宏,稲葉 敦,松本幹治(2006):環境影響の地域性を考慮した地域 LCA 手法の開発,日本 LCA 学会誌,Vol. 2, No. 1, pp.42-47.
13) Wiedmann T, Lenzen M, Turner K, Barrett J (2007): Examining the global environmental impact of regional consumption activities—Part 2: Review of input-

output models for the assessment of environmental impacts embodied in trade, Ecological Economics, Vol. 61, No. 1, pp.15-26.
14) Matsuno Y, Betz M (2000): Development of life cycle inventories for electricity grid mixes in Japan, The International Journal of Life Cycle Assessment, Vol. 5, No. 5, pp.295-305.
15) Ciroth A, Hagelüken M, Sonnemann WG, Castells F, Fleischer G (2002): Geographical and technological differences in life cycle inventories shown by the use of process models for waste incinerators part I. Technological and geographical differences, The International Journal of Life Cycle Assessment, Vol. 7, No. 5, pp.295-300.
16) Ross S, Evans D (2002): Excluding site-specific data from the LCA Inventory: How this affects life cycle impact assessment, The International Journal of Life Cycle Assessment, Vol. 7, No. 3, pp.141-150.
17) Lenzen M, Wachsmann U (2004): Wind turbines in Brazil and Germany: An example of geographical variability in life-cycle assessment, Applied Energy, Vol. 77, No. 2, pp.119-130.
18) Lenzen M, Murray SA, Korte B, Dey JC (2003): Environmental impact assessment including indirect effects—A case study using input-ouput analysis, Environmental Impact Assessment Review, Vol. 23, No. 3, pp.263-282.
19) Nigge K-M (2001): Generic spatial classes for human health impacts, part II: Application in an Life Cycle Assessment of natural gas vehicles, The International Journal of Life Cycle Assessment, Vol. 6, No. 6, pp.334-338.
20) Finnveden G, Nilsson M, Johansson J, Persson A, Moberg A, Carlsson T (2003): Strategic environmental assessment methodologies—Applications within the energy sector, Environmental Impact Assessment Review, Vol. 23, No. 1, pp.91-123.
21) Hellweg S, Fischer U, Hofstetter TB, Hungerbühler K (2005): Site-dependent fate assessment in LCA: Transport of heavy metals in soil, Journal of Cleaner Production, Vol. 13, No. 4, pp.341-361.
22) Moriguchi Y, Terazono A (2000): A simplified model for spatially differentiated impact assessment of air emissions., The International Journal of Life Cycle Assessment, Vol. 5, No. 5, pp.281-286.
23) Nansai K, Moriguchi Y, Suzuki N (2005): Site-dependent life-cycle analysis by the SAME approach: Its concept, usefulness, and application to the calculation of embodied impact intensity by means of an input-output analysis, Environmental Science & Technology, Vol. 39, No. 18, pp.7318-7328.
24) 筑井麻紀子 (2007): 地域間廃棄物産業連関分析 (IR-WIO) による家庭用生ごみ処理機のLCA, 日本LCA学会誌, Vol. 3, No. 4, pp.212-220.
25) Yi I, Itsubo N, Inaba A, Matsumoto K (2007): Development of the interregional I/O based LCA method considering region-specifics of indirect effects in regional evaluation, The International Journal of Life Cycle Assessment, Vol. 12, No. 6, pp.353-364.

第II部
LCAを地域の施策や活動に適用する

第I部では，地域環境マネジメントとそこへの適用が期待されるLCAおよびLCCについて概観し，地域の施策や活動に対するLCAの試行事例について簡単に紹介した．通常のLCAでは地域性を考慮することは少ない．しかし，地域環境マネジメントの枠組みで地域の施策や活動を対象としたLCAを実施する際，同じような施策や活動でも地域の持つ自然的・社会的特性（以下，地域性）によって環境負荷や環境へのインパクトが変化するため，地域性に配慮することは重要である．一般廃棄物処理を例に挙げると，人口やその分布，道路網の整備状況は，焼却炉の規模や廃棄物の輸送距離を変化させ，直接的に環境負荷に違いをもたらす．廃棄物処理施設に資材や電力を供給する生産設備や発電所（火力や原子力など）の違いは，間接的に環境負荷に違いを生じさせる．人口密度や植生分布が異なれば，施策や活動に伴って排出された環境負荷物質による環境へのインパクトも自ずと異なってくる．

　第II部では，地域性を考慮したLCAについて解説する．その際，理解を助けるため，筆者らが実際に取り組んだI県北部の一般廃棄物処理計画を例題として取り上げる．第5章（目的および調査範囲の設定）では，目的および調査範囲の設定の解説にとどまらず，地域環境データベース（REDB）を用いて地域性を評価に取り込む方法を説明する．第6章（環境負荷の集計）では，地域性を反映したインベントリ作成やインベントリ分析の方法について説明する．全国平均ではなく地域の実情を反映したインベントリを作成することは，直接的なLCA結果の精度の向上に有効であるばかりではなく，地域住民との対話の際にも有効となる．第7章（インパクトの評価）では，地域性を考慮して環境へのインパクトを評価することについて触れる．ただし，地域性を考慮したインパクト評価は研究途上にあり，本書では日本の実情を平均的に反映したLIMEによる事例を解説する．第8章（他の地域の環境負荷およびインパクト）では，間接的な環境負荷やインパクトを取り扱う．間接的な環境負荷やインパクトにも地域性が存在することを示し，その考え方について解説する．

　第5～7章を読み進めることで，地域の施策や活動に伴う環境負荷，環境へのインパクトをLCAによって一通り算出できるようになる．LCAの実施

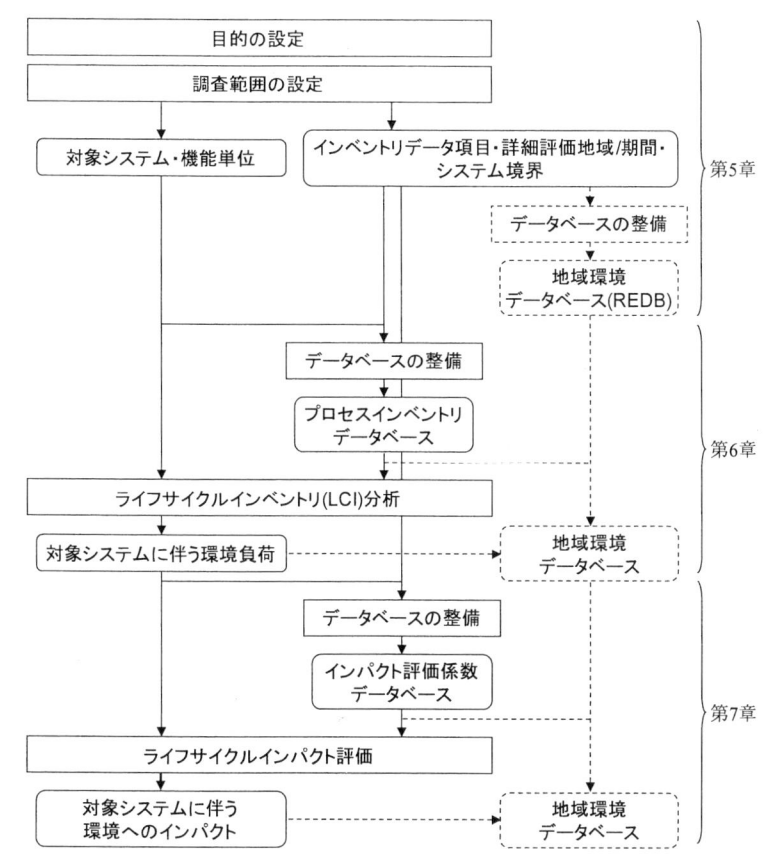

```
┌─────────────────────┐
│     目的の設定      │
└──────────┬──────────┘
┌──────────┴──────────┐
│    調査範囲の設定   │
└──────────┬──────────┘
     ┌─────┴─────┐
┌────┴─────┐ ┌───┴──────────────────┐
│対象システム│ │インベントリデータ項目・│   ┐
│・機能単位 │ │詳細評価地域/期間・    │   │ 第5章
└──────────┘ │システム境界           │   │
             └──────────┬────────────┘   │
                        ↓                │
                 ┌─────────────┐         │
                 │データベースの整備│     │
                 └──────┬──────┘         │
                        ↓                │
                 ┌─────────────┐         │
                 │地域環境     │         │
                 │データベース(REDB)│    ┘
                 └─────────────┘
```

図II-1 地域の施策や活動に対するLCAの実施フロー
フローにはISO 14040にはないが，地域環境マネジメントに必要な項目を含む．

フローと各章との対応を図II-1に示す．図II-1には，ISO 14040では1つの作業項目として扱っている「解釈」を載せていない．解釈は，他の作業項目と独立に行う項目ではなく，各作業項目を進めるたびに付随して発生する作業項目であるため，いちいち記述することを避けた．

◆例題：I県北部の一般廃棄物処理計画（井原ほか，2005）
（事例の紹介）
　I県の北部地域では現在，N市ほか計5市町村で構成するN地区事務組

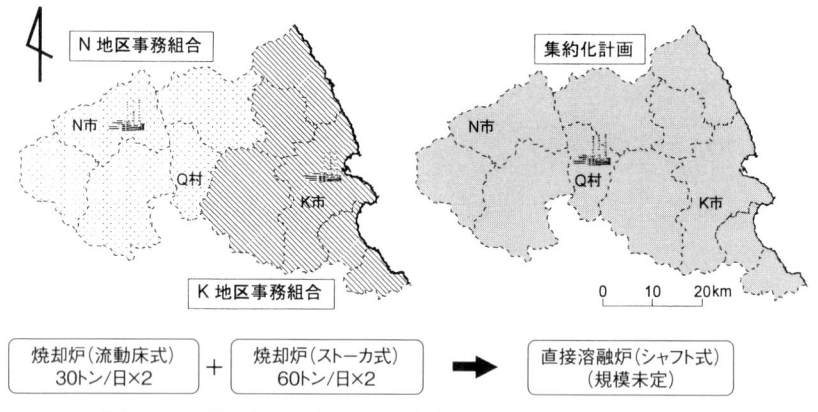

図Ⅱ-2 I県北部における一般廃棄物処理の現行システムと集約案

合はN市の焼却炉（処理能力30トン/日×2炉）にて，K市ほか計6市町村で構成するK地区事務組合はK市の焼却炉（60トン/日×2炉）にて，それぞれ一般廃棄物を共同で処理している．これに対し，Q村に直接溶融炉[1]を建設して，11市町村の一般廃棄物を集約処理する計画案が存在する[2]（図Ⅱ-2）．集約処理の対象は，焼却炉で処理されている可燃ごみと粗大ごみ処理施設で処理されている不燃ごみのみで，資源ごみなどは対象外である．

図Ⅱ-3を用いて，本事例で評価する環境負荷（第6章で説明）と環境へのインパクト（第7章で説明）を具体的に説明する．

一般廃棄物処理システムの建設や運用に伴ってさまざまな環境負荷物質が発生する．可燃ごみを収集車で運んだり焼却炉で燃やしたりすると二酸化炭素（CO_2）が発生する．一方，同時にごみのトラック輸送からは窒素酸化物（NO_x）や粒子状物質（particulate matter; PM）が，焼却炉を稼働するために必要な電力を製造しているバックグラウンドの火力発電所からは硫黄酸化

---

[1] 溶融炉とは，ごみの焼却後の残渣あるいはごみそのものを高温で溶融する炉のことである．生成物である溶融スラグは道路の路盤材やコンクリートの骨材として利用可能である．直接溶融炉は，溶融炉の方式の1つであり，ごみの乾燥〜熱分解〜溶融の過程すべてを一体型の炉で行う．

[2] I県の計画はすでに過去のものとなってしまっているが，説明をわかりやすくするため，現在進行形で事例を紹介する．なお，11市町村は平成の大合併以前の状態であり，現在の市町村数は11ではない．

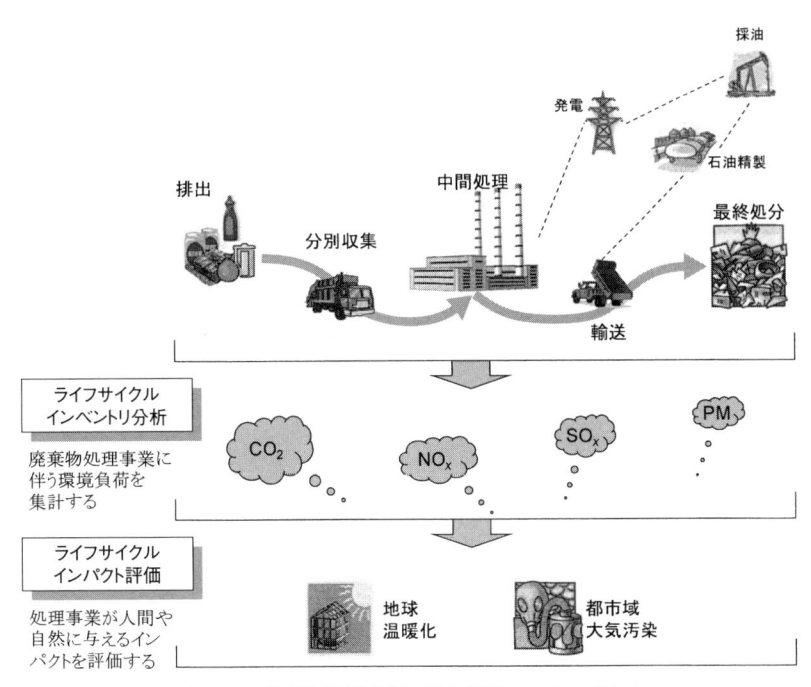

図Ⅱ-3 廃棄物処理事業に伴う環境へのインパクト

物（SO_x）が発生する．

そして，排出された環境負荷物質はさまざまな環境へのインパクトをもたらす．CO_2 は地球温暖化を引き起こすが，NO_x，SO_x，PM は大気汚染を引き起こす．NO_x と SO_x とは別の環境負荷物質であるが，大気汚染に寄与する点では同じ効果を持つ．地球温暖化は熱ストレスや感染症を増大させて人間の健康を悪化させるほか，植生の適応地を変化させて生物多様性にもインパクトを与える．一方，大気汚染も呼吸器系疾患や酸性化による森林被害を通じて人間や自然にインパクトを与えるだろう．

第Ⅱ部では，この事例の LCA を例題として，地域性を考慮した LCA について解説する．Ⅰ県北部のより望ましい一般廃棄物処理計画を立案するために，LCA を活用して，現行システムと集約案それぞれの環境負荷や環境へのインパクトを比較していく．

なお，第Ⅱ部では，図Ⅱ-1に示した作業手順（目的および調査範囲の設定→インベントリ分析→インパクト評価）にしたがってLCAを解説するが，作業は反復的に行われるのが通常であり，本事例でもそうであった．たとえば，環境負荷を集計して初めて重要なプロセスが特定できる場合があり，その際，調査範囲の設定に戻り，重要なプロセスをより細分化する，あるいは評価対象とするプロセスを追加する，といった作業が行われた．実際にLCAを行う際，必要であれば，前の手順に戻ることをためらわないことが重要である．

第5章 目的および調査範囲の設定

　本章では，地域の活動や施策に対するLCAを実施する際の目的と調査範囲をどのように設定するのか，I県北部の一般廃棄物処理計画を例に説明する．なお，目的および調査範囲の設定の概要については2.3節を参照されたい．

5.1　目的および調査範囲の設定での作業概要

　第2章で述べたように，LCAを実施する際，目的と調査範囲を設定することは重要である．

　目的は，文字通り，実施するLCAの目的である．実施する目的によって，何を対象にどのような手続きでLCAを実施するのか，変わる．目的が異なれば，LCAの結果も異なってくるため，目的の設定は重要である．

　調査範囲としては，機能単位，環境負荷および環境へのインパクトの評価範囲，システム境界が挙げられる．結果を解釈する際，どこを評価して，どこを評価しなかったか，を明らかにすることは必要不可欠である．とくに，複数のLCAの結果を比較する際には，調査範囲を統一しないと，正当な比較にはならない．これらについても順に説明していく．なお，ISO 14040を翻訳したJIS Q 14040[3]では，LCAでの評価を「LCA調査」（LCA study）と呼んでいるが，本文中ではわかりやすくするため，「調査範囲」を除き，「調査」ではなく「評価」という語を用いて説明する．

---

[3] 2009年3月現在，ISO 14040: 2006を翻訳したJISは発行されていないが，旧版のISO 14040: 1997を翻訳したJIS Q 14040: 1997では，「調査」という訳語が用いられている．

表5-1 LCAの目的の設定例

	事例1	事例2
実施の背景	I県北部の一般廃棄物処理の集約化による環境へのインパクトの削減量を把握したい． （LCAの目的：I県北部地域における一般廃棄物処理に伴う環境へのインパクトのシナリオ間での比較）	バイオマス有効利活用システム導入によって，C県における温室効果ガス排出量を削減したい． （LCAの目的：C県におけるバイオマス有効利活用システム導入に伴う温室効果ガス排出量の評価）
実施者	I県の一般廃棄物事業担当部局	C県のバイオマス担当部局
報告対象者	直接報告対象者：I県 潜在的な報告対象者：I県北部地域の地域住民	直接報告対象者：C県 潜在的な報告対象者：C県の地域住民を始めとするステークホルダー
結果の用途	I県北部の一般廃棄物処理計画立案の際の参考資料とする．	C県におけるバイオマス有効利活用計画の基礎資料とする．

5.2　目的の設定

LCAを実施する際，最初に実施の背景や動機，実施者，報告対象者，結果の用途を決める．

実施の背景とは，なぜそのLCAを実施するのか，である．実施者はLCAを実施する主体，報告対象者はLCAの結果を説明する相手である．結果の用途とは，LCAの結果をどのように用いるか，であり，実施の背景と対になる．

表5-1に，LCAの目的の設定例を挙げる．事例1は第II部で例題として取り上げる事例であり，この後に詳述する．

◆例題：I県北部の一般廃棄物処理計画（井原ほか，2005）
（目的の設定）
［実施の背景］

事例の紹介の項で述べたように，I県北部では，2地区で処理されている一般廃棄物を，直接溶融炉1施設で集約処理することを計画している．従来，一般廃棄物処理計画を立案する際は，処理コストと最終処分量のみを考慮することが多かったが，環境に対する意識が高まった現在では，地球温暖化な

どの環境問題も考慮すべき要素の1つとなっている．そこで，計画策定の際の参考資料の作成を念頭におき，I県北部における現行の一般廃棄物処理に伴う環境へのインパクトと集約案でのインパクトとをLCAによって定量化し，比較する[4]．以上がLCAを実施する目的である．

[報告対象者]

LCAの結果は直接的にはI県に報告される．しかし，I県が計画にしたがって事業を実施する際には，当該地域の住民に説明を行うことが考えられる．その際にLCAの結果を用いるのならば，I県北部地域の住民も潜在的な報告対象者になる．

[結果の用途]

LCAの結果は，この地域の一般廃棄物処理計画（そして次期の処理システム）を検討・策定する際の環境面に関する基礎資料として利用される．

5.3 機能単位の設定

(1) 機能

地域の施策や活動は何らかの目標を持って行われている．LCAでは，この目標を機能と呼び，機能を実現する際に生じると予想される環境負荷や環境へのインパクトを評価する．

地域の施策や活動は複数の機能を持つことがある．その際は，どの機能を対象として評価を行うのか，明確にする．評価対象とする機能を明確に定めなければ，複数案の比較あるいは現状と将来の比較を行う際，正しく比較が行えない．

(2) 機能単位

実際にLCAを行う際には，評価対象とする機能を定量化し，基準にしたがって環境へのインパクトを評価する必要がある．LCAでは，機能単位を

---

[4] 一般廃棄物処理計画を立案する際には，少なくとも環境へのインパクト，処理コスト，最終処分量の3つを考慮することが望まれる．この3つをすべて評価した事例は，第9章で扱う．

用いて基準とする．機能単位とは，LCAにおいて環境負荷の値をどのように収集するかという基準を示すものである．機能単位をそろえることによって，複数の施策や活動を比較できるようになる．

◆例題：I県北部の一般廃棄物処理計画
（機能単位の設定）
［機能の設定］
　I県北部の一般廃棄物処理システムは，I県北部で排出される一般廃棄物をすべて処理（最終処分あるいは再資源化まで）することを目的としている．そのため，I県北部の一般廃棄物処理システムの機能は「I県北部で排出される一般廃棄物をすべて処理すること」となる．
［機能単位の設定］
　LCAで評価するためには，機能を定量的に設定する必要がある．そこで，「I県北部で1年間に排出される一般廃棄物を処理する能力（もしくは処理量）」を機能単位とした．現行システムも集約案もこの機能単位を満足させることで，同じ水準で評価でき，2つの結果を比較できるようになる．

5.4　環境負荷および環境へのインパクトの評価範囲の設定

　LCAで環境負荷を集計したり環境へのインパクトを評価したりする前に，どのような環境負荷を集計するのか，どのような環境へのインパクトを評価するのか，を決める必要がある．ISO 14040では，どのようにインパクトを評価するのかも，ここで決める必要がある．ただし，実務上は，インパクトの評価手法はここで設定せず，インパクト評価の段階で設定してもよい．
　また，環境負荷や環境へのインパクトは，地域の施策や活動の実施地域・時間を超えて広範に及ぶ．環境問題を正しく認識するためには，広域に，そして長期にわたって，環境へのインパクトを評価する必要があるが，その一方で，施策や活動が行われる地域や期間に関してはより詳細にインパクトを把握したいというニーズもある．これは，施策や活動が行われる地域では，施設の立地場所や輸送経路によって，環境負荷や環境へのインパクトが大き

く変化するためである．特定の地域や期間について詳細に知りたい場合は，どのような地域・期間についてどの程度詳細に評価するかも，あらかじめ検討しておくとよい．

5.4.1 インベントリデータ項目の設定

まず，設定した目的に基づいて，どのような環境へのインパクトを評価するのか（地球温暖化を評価するのか，大気汚染を評価するのか，それとも双方を評価するのか，など）を検討する．次に，評価する環境へのインパクトに応じて，どの環境負荷物質を集計するかを決定する．たとえば，地球温暖化を評価する場合，さまざまな温室効果ガス，すなわち二酸化炭素（CO_2），メタン（CH_4），亜酸化窒素（N_2O），フロン類（chlorofluorocarbons; CFCs）などの量をそれぞれ集計する必要がある．ただし，CO_2 以外の温室効果ガスによるインパクトがライフサイクル全体から見て大きくなければ，CO_2 のみの集計を検討してもよい．一方，大気汚染を評価するのならば，窒素酸化物（NO_x），硫黄酸化物（SO_x）や粒子状物質（PM）といった大気汚染物質の排出量を集計する必要がある．

5.4.2 環境へのインパクトの評価手法の設定

インパクトの評価手法は複数存在する．特性化に関しては自然科学的知見によって評価されるため，手法間に大きな違いは存在しないが，統合化に関しては自然科学的知見では統合化できないものを単一指標に集約するため，何らかの価値判断が入ることになる．そのため，評価の前に，あらかじめ用いるインパクト評価手法を設定する必要がある．

5.4.3 詳細に評価する地域の設定

（1）詳細評価地域

施策や活動を実施する地域（地域内）では，地域外と比較して，処理施設の立地場所や輸送経路によって，環境負荷や環境へのインパクトが大きく変化する．たとえば，幹線道路沿いでは大気汚染によるインパクトが大きく変化するかもしれないが，地域外ではほとんどインパクトが変化しないことも

あるだろう．

　現時点では，地理的分布を考慮したインパクト評価手法は開発途上であるが，地理的分布を考慮して環境負荷を集計することは可能である．大気汚染のような，環境負荷が局所的にインパクトを与える問題の場合，地理的分布を考慮した環境負荷の集計結果は，インパクトの地理的分布を推測する上で有用である．

　実施するLCAの目的を踏まえた上で，どの地域の環境負荷を詳細に評価する必要があるのか検討し，詳細評価地域を設定する．

(2) 空間分析単位

　詳細評価地域を設定した後，詳細評価地域内ではどのような空間単位で環境負荷を集計するのか（空間分析単位[5]），設定する．地域外では合計値のみ集計するが，地域内では，空間分析単位にしたがって，解析用データやLCAの結果を収集し，環境負荷を集計する．空間分析単位としては，市町村単位，農業集落単位，三次メッシュ単位などが挙げられる．

　空間分析単位は，合理的な理由に基づいて設定するのが理想である．たとえば，市町村内で環境負荷が変化しないのならば，市町村単位で十分である．一方，市町村内でそれらが変化するのならば，さらに細かな農業集落単位や三次メッシュ単位，場合によっては世帯や建物，農地1つ1つといった分析単位で評価する必要があるかもしれない．ただし，現実には，合理的な理由に配慮しつつも，利用できるデータの分解能に応じて評価する分析単位を設定するのが実用的である．たとえば，人口・世帯数といった最も基本的なデータで，通常入手できるデータの分解能は，詳細なものでせいぜい町丁字か基本統計区単位であり，実際に世帯1つ1つを空間分析単位とするのはきわめて困難である．

---

[5] 空間分析単位と似た用語に，空間分解能がある．空間分解能は一般に地図や画像など空間データの精度を表す用語であり，認識できる最小の大きさを意味する．

5.4.4 詳細に評価する期間の設定

(1) 詳細評価期間

　地域と同様に，期間に関しても詳細に評価する範囲を設定できる．地域の施策や活動のライフタイムの中では環境負荷や環境へのインパクトは大きく変化しうるが，その後の時間的変化は大きくないと予想される．たとえば，5年ごとに設備を補修する30年計画の事業の場合，30年の中では5年ごとに大きな環境負荷が発生するが，30年後以降の環境負荷には大きな時間的変化はないだろう．ただし，施策や活動が終了しても，それらに伴う環境へのインパクトが時間的変化を持つ場合には，ライフタイムより長く詳細評価期間を設定した方がよいかもしれない．一方で，地域の施策や活動のライフタイムは長期にわたる場合が多いが，かなり将来の評価は不確実性を伴うため，有効な評価とならないことも考えられる．このときには，ライフタイムより短く区切った詳細評価期間を設定することも考えられる．

(2) 時間分析単位

　設定した詳細評価期間内において，どのくらいの時間間隔で評価を行っていくか，ということを示すのが時間分析単位である．たとえば，長期の施策を評価する際，10年ごとに計画を練り直すならば，少なくとも10年ごとに評価を行う必要があるだろう．人口や生活形態など社会の変化を考慮する場合は，それらの変化の速度も考慮して時間分析単位を設定する必要があるかもしれない．また，年単位とは別に，生ごみの含水率や冷暖房エネルギーのような季節変化する項目を詳細に評価する必要がある場合には，時間分析単位を季節単位や月単位とすることが考えられる．

◆例題：I県北部の一般廃棄物処理計画
（環境負荷および環境へのインパクトの評価範囲の設定）
［確認］
　目的の設定の項（5.2節）で述べたように，この事例では，一般廃棄物処理に伴う環境へのインパクトを評価し，現行と集約案の2つのシナリオを比

較することを目的とした．

［評価対象とする環境へのインパクト］

　一般廃棄物処理に伴う環境へのインパクトとしては，今日話題となっている地球温暖化がまず挙げられる．また，ごみの焼却や輸送は，大気汚染を招くかもしれない．大気汚染に関しても住民の関心は高い．これらのインパクトは，2つのシナリオの間で大きな差異があると考えられる．そこで，地球温暖化と大気汚染を評価すべき環境へのインパクトとして設定する．

［評価対象とする環境負荷物質］

　地球温暖化はGHGによって引き起こされる．しかし，CO_2以外のCH_4，N_2OなどのGHGについては，一般廃棄物処理システムからの排出量が小さく[6]，ライフサイクル全体から見て相対的に小さいと予想されるため，CO_2のみを考慮する．また，大気汚染を引き起こす環境負荷物質として，SO_x，NO_x，PMを考慮する．以上より，CO_2，SO_x，NO_x，PMの4つの環境負荷物質を評価対象とした．

［評価に用いるインパクト評価手法］

　本事例では，インパクト評価手法としてLIME（伊坪・稲葉，2005）を用いる．世の中にはさまざまなインパクト評価手法が存在するが，特性化のみならず統合化まで取り扱い，かつ，日本国内の価値観に基づいた被害算定型手法による統合化を採用しているのはLIMEが唯一であるためである（国外ではEPS（Steen, 1999）やEco-Indicator 99（PRé Consultants, 1999）といった手法も存在する）．具体的には2.6節を参照されたい．

　LIMEでは，地球温暖化については「地球温暖化」の項にまとめられているが，大気汚染については「酸性化」と「都市域大気汚染」に分けられている．大気汚染物質が移流拡散して人間の健康にインパクトをもたらす現象を「都市域大気汚染」，その後土壌や植生などに沈着して生態系や社会資産にインパクトをもたらす現象を「酸性化」として区別しているためである[7]．

---

[6] 最終処分場からのCH_4の発生量は，一般廃棄物処理システム全体からは無視できない可能性がある．しかし，今回の2つのシナリオでは，輸送プロセスと焼却・ガス化溶融プロセスは大きく変化するが，埋立プロセスはそのままである．そこで，2つのシナリオを比較する，という目的からは，評価対象内では無視できると考えた．

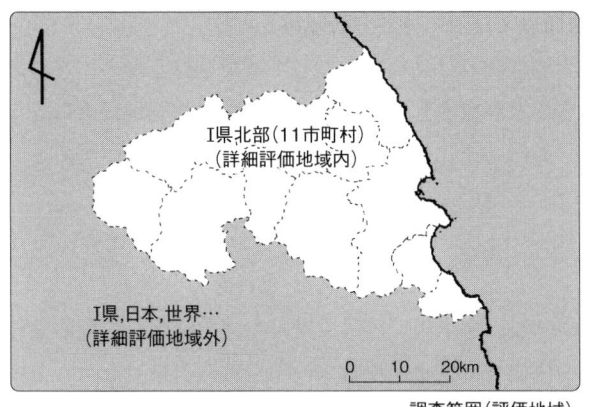

図5-1 詳細評価地域・空間分析単位の設定

LIMEで評価する場合，評価すべきインパクトは，地球温暖化，酸性化，都市域大気汚染の3つとなる．

［詳細評価地域およびその空間分析単位］

本事例で扱う一般廃棄物処理システムは，I県北部を対象としている．I県北部の外では，一般廃棄物処理システム変更に伴う環境負荷の増減はきわめて小さいと考えられる．そこで，I県北部を詳細評価地域に設定した（図5-1）．

次に，空間分析単位について検討する．本事例のLCAの目的は2つのシナリオの比較であるが，両者の地理的な変更点は，市町村間の輸送経路と中間処理施設の（市町村レベルでの）立地場所のみである．そのため，市町村単位よりも詳細な分析単位は不要である．そこで，環境負荷を集計する際，詳細評価地域内での空間分析単位は市町村単位とした．実施地域の分析単位を市町村単位としたことは，一般廃棄物処理の統計が市町村単位で整備されていることから，合理的だけではなく実用的でもある．一方，地域外については空間分析単位を定めず，合計値のみの評価とした．

---

[7] LIMEで扱われる影響領域「光化学オキシダント」「有害化学物質（人間毒性）」「生態毒性」の一部も大気汚染に含まれるが，それらに関連した物質が一般廃棄物処理システムから排出されることはないため，ここでは考慮しない．

［詳細評価期間およびその時間分析単位］

　一般廃棄物処理施設は長期にわたって運用されるため，詳細評価期間を長期に設定することが望ましい．また，一般廃棄物処理計画は5年ごとに策定されており，人口の変化やごみの排出形態の変化も考慮すると，時間分析単位は5年程度とするのが望ましいだろう．

　しかし，今回のLCAの目的は，2つのシナリオの比較にあり，上記の時間的変化は結果には大きな影響を与えないものと考えられる．また，5.5節で後述するように，本事例では建設段階や廃棄段階を評価対象外とした．そこで，時間的変化を考慮せず現時点の環境負荷の集計を行うものとした．

5.5　システム境界の設定

　目的に応じて，システム境界やプロセスの細かさを設定する．これらが異なれば，得られる環境負荷や環境へのインパクトの精度や評価の解釈も異なってくるため，目的を明確に設定することが重要である．一方で，必要以上の細かさを設定しても労力と費用の無駄になってしまうので注意が必要である．

（1）システム境界

　システム境界の設定とは，LCAの評価対象のライフサイクルに関連するどの過程（プロセス）までを検討するか，決定することである．

　システム境界を設定するには，まず，評価対象とする地域の施策や活動の直接的なフロー（直接プロセスのフロー）を考える．さらに，直接プロセスに伴って必要となる間接的なフローを考える．たとえば，電力を投入するプロセスは，発電プロセスを間接的に必要とする．

　続いて，そのフローの中で，どの段階（導入段階・運用段階・廃棄段階など）・どのプロセスを考慮する必要があるのか，どの段階・どのプロセスはライフサイクル全体から見て寄与が小さいから無視してよいのか，を検討する．LCAでは物質・エネルギーの連鎖を考えるが，連鎖は無限に続くため，評価対象とする範囲を定めないと無限にデータを集めなければならなくなる．効率的に評価を行うためには，目的と対象を考慮した場合に，環境負荷がラ

コラム 5-1

複数の製品が生産される場合のシステム境界の設定方法

　以下に示すように単位プロセスから複数の製品が生産されている場合，ある製品の環境負荷を求めるには，環境負荷やエネルギー消費量，資源消費量をそれぞれの製品に分ける必要がある．これを配分という．

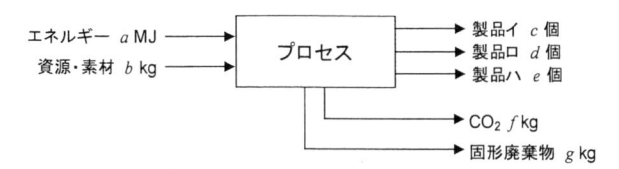

```
エネルギー  a MJ  ─→ ┌─────┐ ─→ 製品イ c 個
資源・素材  b kg  ─→ │プロセス│ ─→ 製品ロ d 個
                    └─────┘ ─→ 製品ハ e 個
                         │ └──→ CO₂ f kg
                         └────→ 固形廃棄物 g kg
```

　配分を実施しなければならないプロセスでも，プロセスを細分することでそれぞれの製品に個別のデータを作成することが可能になることがある．ISO ではプロセスを細分化して配分を避けることを推奨している．配分を回避するもう 1 つの方法は，システム境界の拡張である．これは，対象とする主製品以外の副生品を製造する他のプロセスを考え，もとの評価プロセスからその分を引き算することである．

　どうしても配分を回避できない場合には，ISO は製品の重量等の物理量を基準とした配分，次に製品の経済価値を基準とした配分を推奨している．

　いずれにせよ，プロセスの細分化以外は，どのプロセスを代替するか，どのように配分するかという判断が伴い，インベントリ分析の結果が変わることに注意する必要がある．

イフサイクル全体から見て相対的に小さい（ゼロに近い）段階やプロセスは無視してもよい．それらの段階やプロセスはシステム境界に含めても結果に大きな違いが生じないためである．そのため，たとえば，重量やエネルギー消費量，環境負荷物質量を用いて，全体重量の構成重量比 0.1% 未満の素材・部品を省略するなどの設定がなされる．これをカットオフ基準と呼ぶ．

　なお，単一プロセスから複数の製品が生産される場合，製品ごとに環境負荷をどう負わせるかは難しくなる．この場合，システム境界を拡張したり重量や価格などを用いて環境負荷を配分したり，といった手法が用いられる（コラム 5-1 参照）．

(2) プロセスの細かさ

システム境界を設定した後，フローを詳細なフロー図に書き下し，フロー内の各プロセスについて，具体的に環境負荷に関するデータが取得できるレベルにまで細分化する．プロセスを細分化する際，各プロセスの細分化のレベルがあまり違わないように配慮する．あるプロセスを細分化して詳細に評価しても，他のプロセスを同じレベルにまで細分化しなければ，システム全体の評価の精度は，細分化されていないプロセスの精度で決まってしまうためである．

(3) 目的が複数シナリオの比較である場合

LCAの目的が複数シナリオの比較のみである場合には，すべてのシナリオに共通するプロセスをシステム境界外とすることも，評価を効率的に進める1つの手段である．もちろん，比較する一部のシナリオにしか存在しないプロセスはシステム境界に含めなければ，他シナリオと正確な比較が行えなくなる．

比較するすべてのシナリオのシステム境界をそろえ，システム境界の外から投入，あるいは外に産出される物質・エネルギー・環境負荷をそろえれば，正確な比較が行える．ただし，たとえば，生ごみの焼却と堆肥化を比較するLCAのようなリサイクルプロセスを含むシステムの場合，システム境界をそろえるのが難しい．この場合，avoided impact法やbasket法といった手法を用いてシステム境界をそろえることが行われている（コラム5-2参照）．

◆例題：I県北部の一般廃棄物処理計画
（システム境界の設定）
［確認］

目的の設定の項で述べたように，この事例でのLCAの目的は，可燃ごみを焼却炉，不燃ごみを粗大ごみ処理施設で処理する現行システムと，それらを混合ごみとしてまとめて広域輸送し，1つの溶融炉で処理する集約案との比較にある．

　［システム境界・プロセスの細かさ］

コラム 5-2
リサイクルを含むシステムのシステム境界の設定方法

　循環型社会に向けた数多くの取り組みや法律の施行がされるにつれ，リサイクルプロセスを含むシステムの LCA が求められることが多くなっている．リサイクルの方法は，一般的に閉ループリサイクルと開ループリサイクルに分けられる．

　たとえば，焼却処理時に発生した熱を利用して発電し，これを場内電力として利用するようなリサイクルを「閉ループリサイクル」と呼ぶ．このようなリサイクルは，このリサイクルプロセスをシステム境界に含めて全体で評価することができる．

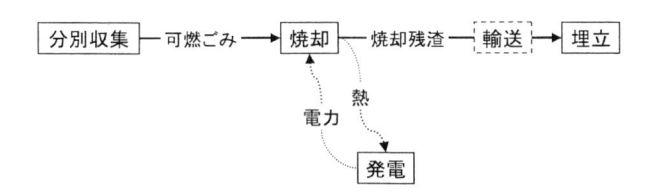

```
分別収集 ─可燃ごみ→ 焼却 ─焼却残渣→ [輸送] → 埋立
                    ↑  ↓
                   電力 熱
                      ↓
                     発電
```

　一方，生ごみを堆肥化し，農地で利用するリサイクルでは，堆肥は生ごみ処理のシステムの中で再び使用されることがない．生ごみ処理システムで生産される堆肥が，農業システムにおいて化学肥料の使用を削減している．このようなリサイクルは，「開ループリサイクル」と呼ばれる．

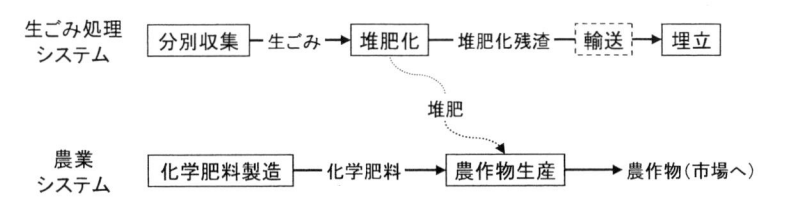

```
生ごみ処理
システム     分別収集 ─生ごみ→ 堆肥化 ─堆肥化残渣→ [輸送] → 埋立
                               ↓
                              堆肥
                               ↓
農業
システム     化学肥料製造 ─化学肥料→ 農作物生産 → 農作物(市場へ)
```

　リサイクルの評価，とりわけ開ループリサイクルでは，リサイクルによって生産される製品をどのように評価するかが問題となる．

　解決策としては，リサイクルによって生産される製品によって代替されると考えるバージン製品の製造の環境負荷を，リサイクルシステムの環境負荷から差し引く方法（avoided impact 法）がある（伊坪ほか，2007）．前述の生ごみ堆肥化でいえば，堆肥によって代替されると考える化学肥料の製造に

伴う環境負荷を生ごみ堆肥化システムの環境負荷から差し引くことになる．
　もう1つの解決策が，リサイクルによって製品が生産されなければその分だけバージン製品の製造が増えると考え，その分の環境負荷をリサイクルを行わないシステムの環境負荷に加える方法（basket 法）である（稲葉，2005）．生ごみ堆肥化でいえば，堆肥によって代替されると考える化学肥料の製造に伴う負荷を生ごみを堆肥化しないシステム（たとえば生ごみ焼却システム）の環境負荷に加えることになる．
　両方法の違いを端的にいうならば，機能単位の違いである．機能単位をリサイクル処理量とする場合は avoided impact 法となり，リサイクル製品の生産量とする場合には basket 法となる．本書の例題では廃棄物処理量を機能単位とすることが多いため，avoided impact 法を用いている場合が多い．いずれの場合も評価する対象とシステム境界を明確にすることが必要である．

　一般廃棄物処理の基本的なフローは，「排出・分別」→「収集・輸送」→「中間処理（焼却，直接溶融，破砕・圧縮など）」→「輸送」→「最終処分あるいは再資源化」である．そして，プロセス（過程）ごとに，導入，運用，廃棄の各段階が存在する．
　目的を踏まえ，2つのシナリオ間で差のない資源ごみや集団回収物などの処理は，評価対象外とした．ごみの収集・輸送についても，市町村内の収集はほとんど変化しないと仮定して評価対象外とした．また，一般廃棄物の処理施設は，運用段階の負荷に比べて導入段階や廃棄段階の負荷は小さいため（東京市町村自治調査会，2003），各プロセスの運用段階のみを評価対象とした．
　次に，間接的に関連するプロセスを考慮する．たとえば，焼却炉に供給される電力は，発電所で CO_2 や NO_x を排出する．これらも廃棄物処理に伴って発生する環境負荷である．そこで，焼却，直接溶融，圧縮・破砕，セメント固化，埋立および輸送の各プロセスに供給されるエネルギーや資材・薬品の製造プロセスも評価対象とした．
　設定した調査範囲（システム境界）を中心に図5-2，図5-3に示す．また，紙面の制約上，図5-2には「分別」→「焼却」「圧縮・破砕」の輸送しか記載していないが，「焼却」「圧縮・破砕」→「埋立」間の輸送も評価対象である（図5-3も同様，後述の表5-2には記載した）．また，間接プロセスにつ

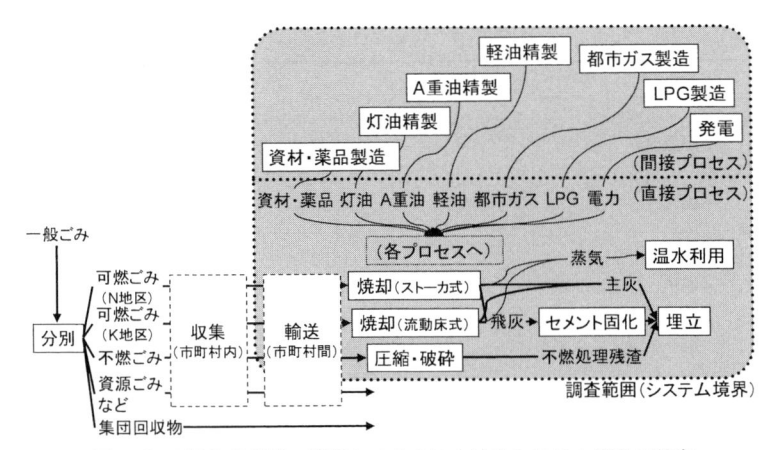

図 5-2　I 県北部地域の現行システムにおけるシステム境界の設定

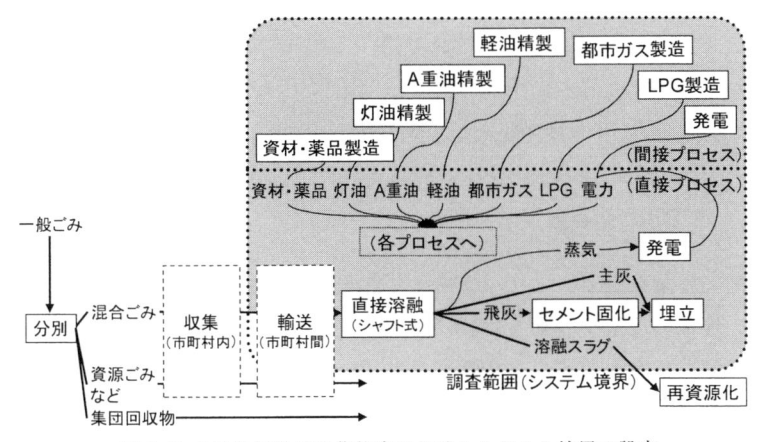

図 5-3　I 県北部地域の集約案におけるシステム境界の設定

いては，図示したプロセスのさらに上流のプロセスも考慮した．たとえば，発電プロセスでは，燃料である石油の掘削プロセスや輸送（輸入）プロセスも考慮している（6.3 節で解説）．溶融スラグの再資源化プロセスをシステム境界外としたのは，溶融スラグを資源物として評価するためには，具体的な有効利用先を示す必要があると考えられるが，その調査までは至らなかったためである．

システム境界に含まれるプロセスを表 5-2 にまとめる．

第 5 章　目的および調査範囲の設定── 107

表 5-2 関連プロセス一覧

直接プロセス	間接プロセス
・焼却（ストーカ式） ・焼却（流動床式） ・直接溶融（シャフト式） ・セメント固化 ・圧縮・破砕 ・温水利用 ・発電（溶融炉に設置の発電タービン） ・埋立 ・輸送（分別→焼却，直接溶融）（市町村間） ・輸送（分別→圧縮・破砕）（市町村間） ・輸送（焼却→埋立） ・輸送（セメント固化→埋立） ・輸送（直接溶融→埋立） ・輸送（圧縮・破砕→埋立）	・資材・薬品製造 ・灯油精製 ・A重油精製 ・軽油精製 ・都市ガス製造 ・LPG製造 ・発電（系統電力） ＊間接プロセスはいずれも原材料採掘プロセスまで遡及して評価する．

5.6　地域環境データベース（REDB）

5.6.1　REDBの考え方

　地域の施策や活動は，その地域の自然条件や社会条件に影響される．そのため，地域の施策や活動を対象にLCAを実施する際，自然条件や社会条件の地理的な分布を考慮する必要がある（志水ほか，2005）．とくに，一般廃棄物処理のような広域にわたる施策や活動を評価する場合には，地理的分布を考えることは必須であろう．人口の分布や道路網の状況によって，環境へのインパクトが変化するためである．一方で，1地点で行われる施策や活動の場合，必ずしも地理的な分布を考慮する必要はない．

　本書では，ISO 14040の枠内にはないが，このような地理的な評価条件をデータベース化し，そのデータベースを地域環境データベース（Regional Environment DataBase; REDB）と呼ぶ．評価条件だけではなく，環境負荷や環境へのインパクトなどの評価結果もREDBとして整理できる．

　REDBの構築に際しては，地理情報システム（Geographic Information System; GIS）を援用できる（コラム5-3参照[8]）．GISはREDBの構築に必

コラム 5-3
GIS と地理空間データ

　地理情報システム（Geographic Information System; GIS）とは，地理的に関連するデータの入力，格納，検索，計算，分析および出力を行う情報システムをいう．GIS の鍵となる構成要素はコンピュータシステム，地理空間データおよび利用者である．

　地理空間データは，各種地図，航空写真，衛星画像，統計表およびその他関連する文書から数値化される．地理空間データは図形（地図）データと属性データから構成される．

　図形（地図）データは点（ノードとも呼ばれる），線（アークとも呼ばれる）および面（ポリゴンとも呼ばれる）の図形の3要素から構成され，位相，形と大きさ，位置と方向の幾何構造を持ち，ベクトル形式かラスター形式のいずれかで表現される．いわゆる地図や図面は図形データである．

　属性データは非図形データであり，図形データと関連づけられて地理空間データを作成する．たとえば人口や面積は属性データであり，また緯度経度

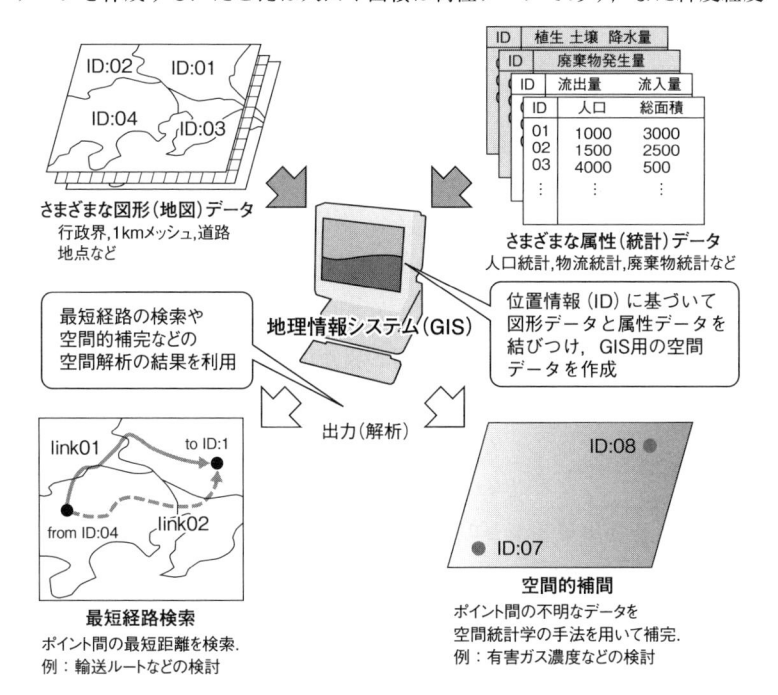

さまざまな図形（地図）データ	さまざまな属性（統計）データ
行政界,1kmメッシュ,道路地点など	人口統計,物流統計,廃棄物統計など

地理情報システム（GIS）

位置情報（ID）に基づいて図形データと属性データを結びつけ，GIS用の空間データを作成

最短経路の検索や空間的補完などの空間解析の結果を利用

出力（解析）

最短経路検索
ポイント間の最短距離を検索．
例：輸送ルートなどの検討

空間的補間
ポイント間の不明なデータを空間統計学の手法を用いて補完．
例：有害ガス濃度などの検討

> 情報も属性データである．
> 　この両者をリンクして GIS 上で利用できるようにしたものが地理空間データ（あるいは GIS データ）である．ゆえに，単なる白地図は GIS データではないが，緯度経度情報を含む白地図は GIS データとなる．また，市町村別の人口データそのものは GIS データではないが，市区町村域の GIS データ（市区町村域境界および緯度経度情報を含む）とリンクすれば，GIS データとなる．
> 　GIS の詳細と政府の取り組みについては，GIS 関係省庁連絡会議（1999）を参照されたい．

須ではないが，GIS を用いて REDB を視覚化すると，地域住民への説明などに有効である．

5.6.2 REDB の構成

　REDB には，LCA の実施に必要なデータのうち，地理的に分布するデータをまとめる．詳細評価地域のデータは空間分析単位にしたがって整備する必要がある．REDB におけるデータ項目としては，地理的な位置を示す位置情報とプロセスの処理量などをまとめた属性情報が必要である．たとえば，廃棄物処理施設の住所（位置情報）と処理方式・処理能力・処理量（属性情報）である．また，人口ならば，三次メッシュ番号（位置情報）と当該メッシュ内の人口（属性情報）である（三次メッシュについてはコラム 5-4 参照）．環境負荷ならば，市町村（位置情報）と当該市町村内の環境負荷排出量（属性情報）となる．REDB のデータ項目の構造は，図 5-4 のように示せる[9]．

　図 5-4 では，GIS と対比させて示した．REDB のデータを GIS データとするには，さらに図形データが必要である．ただし，GIS を用いて視覚化すれば，理解しやすくなるだろう．また，GIS を用いる場合，評価に無関係でも，河川や土地利用規制などのデータも整備して LCA の結果と同時に示す

---

[8] 以降に登場する GIS 用語（図形データなど）についても，コラム 5-3 を参照されたい．
[9] 本書では，位置情報と属性情報を組み合わせたものを属性データと定義した．しかし，GIS の分野では，属性データを属性情報と呼ぶこともあるので注意が必要である．

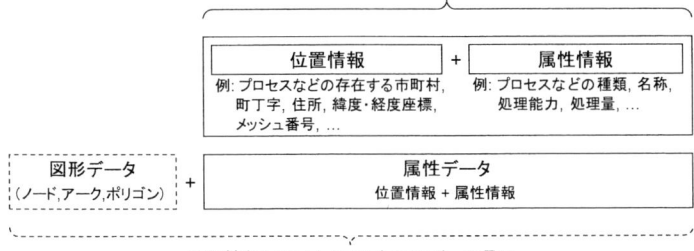

```
            地域環境データベース(REDB)のデータ項目
  ┌─────────────────────────────────────────────────┐
         ┌──────────────────┐     ┌──────────────────┐
         │    位置情報       │  +  │    属性情報       │
         └──────────────────┘     └──────────────────┘
          例:プロセスなどの存在する市町村,   例:プロセスなどの種類,名称,
          町丁字,住所,緯度・経度座標,       処理能力,処理量,...
          メッシュ番号,...
  ┌─────────────┐   ┌──────────────────────────────────┐
  │  図形データ   │ + │          属性データ               │
  │(ノード,アーク,ポリゴン)│   │       位置情報 + 属性情報         │
  └─────────────┘   └──────────────────────────────────┘
         地理情報システム(GIS)上でのデータ項目
```

図 5-4　地域環境データベース（REDB）のデータ項目およびGISとの対比

表 5-3　地域環境データベース（REDB）の例

		事例 1	事例 2
事例の内容		C県における生ごみ再資源化施設導入の検討 （LCAの目的：生ごみ再資源化施設の導入に伴う温室効果ガス排出量の把握）	Y町における家畜ふん尿処理・利用システムの提案 （LCAの目的：家畜ふん尿の循環的な利用システムの検討と環境へのインパクトの定量化）
空間分析単位		市町村	三次メッシュ
REDB項目		・生ごみの発生量 ・ごみ処理施設の処理方式・処理能力・処理量 ・生ごみ再資源化施設の処理方式・処理能力・処理量 ・焼却灰の発生量・処理先，利用量・利用先 ・堆肥・液肥（二次製品）の発生量，需要量 ・市町村間距離	・家畜飼養頭数 ・家畜ふん尿処理施設 ・農作物作付面積 ・道路網
	(参考)	・人口 ・土地利用	・土地利用

と，被説明者への助けとなるだろう．

　表 5-3 に，REDB の例を挙げる．（参考）とした REDB 項目は，LCA には直接無関係であるが，整備すると条件や結果の理解につながるデータである．

5.6.3　REDB のデータの収集

　本書では，REDB に整備するデータのうち，自ら収集するものをフォア

グラウンドデータ，既存のデータを利用するものをバックグラウンドデータと呼ぶ．

(1) フォアグラウンドデータ

地域の施策や活動のLCAを実施する際には，施策や活動に関連するデータを整備する必要がある．たとえば，直接的なプロセスの立地場所である．このようなデータは，評価結果に直接関係するため，自ら収集すべきデータである．本書ではこれをフォアグラウンドデータと呼ぶ．しかし，たとえば道路網データは輸送プロセスに直接関係するが，詳細な道路網データがすでに整備されているため，自ら作成するより，それを使用した方がよいだろう．この場合，道路網データはバックグラウンドデータとなる．

(2) バックグラウンドデータ

直接的なプロセスには関係しない項目や，あるいはGISでの視覚化の際の理解のために整備する項目は，自ら収集するのは困難であり，既存のデータを活用する．また，前述の道路網のようにさまざまな局面で活用されるデータは既存のデータが十分な精度を持っていることが多く，それを用いた方がよい．本書ではこれらをバックグラウンドデータと呼ぶ．

5.6.4　REDBの整備

(1) データの作成

プロセスなどの位置情報と属性情報をまとめ，REDBのデータを作成する．たとえば，表5-3の事例2（C県における生ごみ再資源化施設導入の検討）ならば，生ごみの発生量，ごみ処理・生ごみ再資源化施設の処理方式・処理能力・処理量，焼却灰の発生量，堆肥・液肥の発生量・需要量などのデータを空間分析単位とした市町村ごとに整理する．市町村が位置情報，当該市町村での発生量などが属性情報となる．

評価結果もREDBのデータとなる．計算結果であるCO_2排出量やSO_x排出量などの分布もREDBとしてまとめる．

表 5-4　主要な GIS サイト

GISデータ名*（発行元）	データ項目
国土数値情報 （国土交通省）	指定地域（三大都市圏計画区域，自然公園など） 沿岸域（潮汐・海洋施設，港湾，波高・海霧・自然漁場など） 自然（気候値，標高・傾斜度，土地分類など） 土地関連（地価公示，都道府県地価調査，土地利用） 国土骨格（道路，鉄道，行政界・海岸線など） 施設（文化財，公共施設，発電所など） 産業統計（商業統計，工業統計，農業センサス） 水文（ダム，河川・水域系，湖沼，水系域流路延長など）
土地利用調整総合支援ネットワークシステム（LUCKY） （国土交通省）	土地利用基本計画，土地利用転換動向，主要施設整備開発等，防災・保全等規制，土地利用
自然環境情報 GIS （環境省生物多様性センター）	植生調査，特定植物群落調査，巨樹・巨木調査，河川調査，海岸改変状況調査，湖沼調査，湿地調査，藻場調査，干潟調査，サンゴ調査，マングローブ調査
環境 GIS （国立環境研究所）	大気環境（大気常時監視測定結果，有害大気汚染物質モニタリング調査など），水環境（公共用水域水質測定結果，日本近海海洋汚染実態調査など），化学物質（ダイオキシン類環境調査）
日本水土図鑑 GIS （日本水土総合研究所）	地名，公共施設，行政界，ため池（防災），農業流通施設，農業集落界，基幹水利，農道，地すべり防止区域，第三次土地利用調査，ランドサット画像，1/25000 地形図

＊URL は変更されることがあるため，データ名のみを記した．

(2) 既存の GIS データの活用

図 5-4 に示したように，GIS データ項目は REDB での必要データ項目を包含する．道路網のようなさまざまな局面で活用されるデータは，公的機関や民間機関によってすでに GIS データが作成されているため，それを活用できる．また，詳細評価地域内の地方自治体が，当該地域の GIS データを保有していることもある．GIS データをまとめた主要な Web サイトを表 5-4 に，それ以外の主要な GIS データを表 5-5 に示す．また，GIS データではないが，位置情報を含む主要な統計データを表 5-6 にまとめた．いずれも REDB のデータとして活用できる．ただし，既存のデータは LCA の目的に見合うように整備されているわけではないので，利用する際には，データ源，データ作成方法，作成時点などに留意する必要がある．

表 5-5　主要な GIS データ

データ項目	対応する GIS データ（発行元）
道路網	日本デジタル道路（日本デジタル道路地図協会），スタンダード道路地図（アルプス社）

表 5-6　位置情報を含む主要な統計データ

データ項目	空間分解能	対応する統計データ（発行元）
人口	三次メッシュ 町丁字	国勢調査（総務省） 人口統計（昭文社）
産業構造	三次メッシュ	国勢調査（総務省）
農林業	農業集落	農林業センサス（農林水産省）
水産業	市町村	農林水産統計（農林水産省）
交通量	―	交通センサス（国土交通省）
廃棄物処理	市町村	廃棄物処理に関する統計・状況（環境省）

表 5-7　空間分解能と対応する図形データ

空間分解能	対応する図形データ（発行元）
市区町村行政界	数値地図 25000（空間データ基盤）（国土交通省 国土地理院），国土数値情報（国土交通省），全国市区町村界データ（測地成果 2000 版）（ESRI ジャパン），PAREA-Japan（全国市区町村界地図データベース）（国際航業）
農業集落	日本水土図鑑 GIS（農林水産省）
標準地域メッシュ	*標準地域メッシュそのものの図形データ（白地図）は存在しないが，すでに標準地域メッシュで整備されている GIS データとリンクさせれば，GIS 上で図示できるようになる．

(3) REDB の GIS データ化（任意項目）

REDB の GIS データ化は，LCA の実施に必須ではない項目（任意項目）であるが，LCA の条件や結果の説明に有用であるため，紹介する．

表 5-6 のように一定の空間分解能にしたがって整備された統計データを属性データとして，対応する空間分解能の図形データ（表 5-7 参照）とリンクさせれば，GIS 上で利用できるようになる（コラム 5-3 参照）．たとえば，三次メッシュや市区町村ごとに整備された統計を，三次メッシュや市区町村の GIS データとリンクさせれば，GIS 上に図示できるようになる．

空間分解能にしたがって整備されていないデータであっても GIS 上に表示できる場合がある．たとえば，住所を位置情報とする属性データならば，アドレスマッチング[10]によりポイントの図形データを作成して，両者をリン

コラム 5-4
標準地域メッシュ

　統計データは一定の空間分解能に基づいて整備されていることが多い．空間分解能はさまざまなものが存在するが，その1つとして用いられる標準地域メッシュは経緯線で地域を系統的に分割する方法で，地形図やデジタル地図を管理・整備するためのインデックスとして広く使われている．標準地域メッシュは，以下に示すように基準地域メッシュ，分割地域メッシュ，統合地域メッシュのように分けられる（日本地図センター，1998）．国勢調査の人口統計を始めとして多くの統計データが三次メッシュごとに集計されて整理・公開されているため，特に三次メッシュがよく用いられる．緯度によって変化するが，三次メッシュの大きさは，大体1 km×1 kmとなる．

	名称	おおよその大きさ	メッシュの定義
基準地域メッシュ	一次メッシュ（第1次地域区画）	80 × 80 km	全国の地域を1度経線，40分緯線によって分割する．
	二次メッシュ（第2次地域区画）	10 × 10 km	一次メッシュを経線・緯線方向とも8等分ずつする．
	三次メッシュ（第3次地域区画）	1 × 1 km	二次メッシュを10等分ずつする．（基準地域メッシュとも）
分割地域メッシュ	2分の1地域メッシュ（四次メッシュ）	500 × 500 m	三次メッシュを2等分ずつする．
	4分の1地域メッシュ	250 × 250 m	三次メッシュを4等分ずつする．
	8分の1地域メッシュ	125 × 125 m	三次メッシュを8等分ずつする．
統合地域メッシュ	2倍地域メッシュ	2 × 2 km	三次メッシュを2倍ずつする．
	5倍地域メッシュ	5 × 5 km	三次メッシュを5倍ずつする．
	10倍地域メッシュ	10 × 10 km	三次メッシュを10倍ずつする．（二次メッシュと同じ）

クさせれば，GIS上に表示できる．また，スキャナーで読み取った紙図面やデジタル航空写真を加工して利用することも不可能ではない．

---

[10] アドレスマッチングとは，住所を含んでいるデータをGISで扱うために，緯度経度のような数値による座標値を与える処理のことである．アドレスマッチングは，それぞれのレコードの住所部分を見て，地図から該当する住所を見つけ，その座標値をレコードに付加するという処理を繰り返すことで実現できる．

◆例題：I県北部の一般廃棄物処理計画
（REDBの作成）
［確認］
　環境負荷およびインパクトの評価範囲の設定の項（5.4節）で述べたように，本事例では，I県北部を詳細評価地域として，市町村を空間分析単位とした．また，システム境界の設定の項（5.5節）の通り，システム境界および含まれるプロセスを設定した（図5-2，図5-3，表5-2参照）．詳細評価地域に含まれるプロセスがREDBの作成対象となる．
［データ整理のポイント］
　表5-2に示した関連プロセスのうち，詳細評価地域に含まれるのはすべての直接プロセスである．一方，間接プロセスはいずれも詳細評価地域に含まれない．ただし，セメント固化，温水利用，発電の各プロセスは，焼却・直接溶融プロセスに併設される．以上をまとめると，表5-8に示すデータを整理すれば評価ができることになる．輸送プロセスは，輸送の起点と終点で位置情報が2つ必要となる．

　表5-8に示したプロセスのうち，ごみの発生プロセスは表5-2には示していないが，これは市町村内収集プロセスで集まったごみを市町村間輸送プロセスに持っていく直前の段階である．分別後であるため，可燃ごみと不燃ごみを分けている．集約案では両者の合計を混合ごみとする．また，最後の市町村間道路網は，評価条件・結果の理解のため追加した項目である．輸送プロセスに用いられる輸送経路は，この市町村間道路網の中から選択される．
［データ収集・作成］
1）可燃ごみ・不燃ごみのデータ
　I県の「一般廃棄物処理事業実態調査（平成12年度）」掲載の市町村別の生活系・事業系ごみの発生量に，I県M市の「一般廃棄物処理基本計画（案）（改訂版）」（平成14年3月）掲載の生活系・事業系ごみに占める可燃・不燃ごみの割合を乗じて，市町村別の可燃ごみ・不燃ごみの発生量を算出した．M市のデータを用いたのは，I県北部地域には利用できるデータが存在しなかったためである．

表 5-8　REDB の対象となるデータの一覧

対象プロセス	位置情報1	位置情報2	属性情報
可燃ごみの発生	ごみの発生地点	—	発生量
不燃ごみの発生	ごみの発生地点	—	発生量
焼却（ストーカ式） 焼却（流動床式）	施設の存在地点	—	処理能力・処理量
圧縮・破砕	施設の存在地点	—	処理能力・処理量
直接溶融（シャフト式）	施設の存在地点	—	処理能力・処理量
埋立	施設の存在地点	—	処理能力・処理量
輸送 （可燃ごみの発生→焼却）	ごみの発生地点	施設の存在地点	輸送量・輸送距離
輸送 （不燃ごみの発生→圧縮・破砕）	ごみの発生地点	施設の存在地点	輸送量・輸送距離
輸送 （混合ごみの発生→直接溶融）	ごみの発生地点	施設の存在地点	輸送量・輸送距離
輸送（焼却→埋立）	施設の存在地点	施設の存在地点	輸送量・輸送距離
輸送（圧縮・破砕→埋立）	施設の存在地点	施設の存在地点	輸送量・輸送距離
輸送（直接溶融→埋立）	施設の存在地点	施設の存在地点	輸送量・輸送距離
市町村間道路網（輸送経路）	市町村代表点	市町村代表点	輸送距離

2) 各処理施設（焼却，圧縮・破砕，直接溶融，埋立）のデータ

　I県「一般廃棄物処理事業の概況（平成12年度)」より，現行の処理施設の住所・処理方式・処理能力・処理量などの情報を収集した．本事例は市町村単位で分析を行うため，位置情報は住所を含む市町村とした．

　集約案の施設は，計画されている住所・処理方式・処理能力を用いた．

3) 市町村代表点

　いずれのデータも市町村単位で整理するが，その場合，輸送距離を求めるには，市町村に何らかの代表点を設定し，また代表点間の輸送経路も設定する必要がある．

　市町村間の代表点としては，市町村の面積重心や人口重心が考えられるが，市町村の形によっては重心が市町村の外に位置してしまい，わかりにくい．そこで，人口重心に比較的近いと考えられる市役所・町村役場の住所を市町村代表点とした．

4）市町村間道路網（輸送経路）

　市町村代表点の住所をアドレスマッチングにより緯度・経度座標に変換した．そして，既存の道路網データ（表 5-5）上でのすべての市町村代表点間の最短経路（計 55 本）を，GIS ソフトの最短距離探索ツールを用いて導出した．同時に距離も算出した．

5）輸送のデータ

　55 本ある輸送経路のうち，ごみの発生地点から施設の存在地点に至るまでの経路が，輸送プロセスで用いられる経路である．その際の距離と輸送距離をまとめた．なお，各中間処理プロセス（焼却，圧縮・破砕，直接溶融）と埋立てプロセスは同一市町村にあるため，そこでの輸送は考慮しない．

［REDB の GIS データ化（任意項目）］

　以上の作業で作成した各データの GIS データ化を行う．なお，市町村代表点と輸送経路については GIS ソフトを用いて求めたため，すでに GIS データ化が行われている．

1）市町村

　市町村単位のデータをプロットするためには，市町村ポリゴンの図形データが必要である．既存の市区町村行政界データ（表 5-7 参照）から I 県北部（11 市町村）を切り出した．

2）ごみおよび各処理施設のデータ

　市町村単位のデータを上記の市町村ポリゴンデータとリンクさせ，GIS データとした．

　以上の作業で GIS 上に整備した REDB を図 5-5 に示す．

［解説］

　地域の施策や活動にかかわるプロセスや環境負荷は，詳細評価地域内では偏在していることが多い．REDB の整備は，この後のインベントリ分析での地理的分布を考慮した評価に必要不可欠な作業である．

　なお，図 5-5 で示したように，REDB は GIS を用いて視覚化すると理解しやすい．図形データは作成が困難であるが，基本的なものは公的機関や民間機関によって提供されていることが多い．GIS が利用可能ならば，それらをうまく利用して，REDB の各データを GIS データ化するとよい．

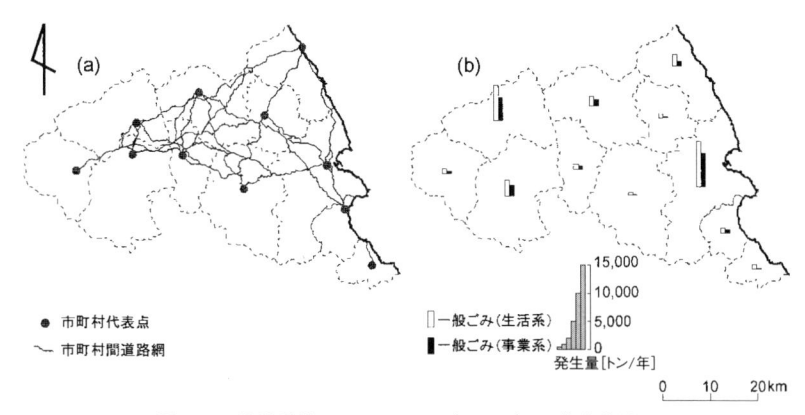

図 5-5 地域環境データベース（REDB）の作成結果
(a) 市町村代表点と道路網，(b) 市町村別一般廃棄物発生量．

参考文献

PRé Consultants (1999): The Eco-indicator 99, A damage oriented method for Life Cycle Assessment.

Steen B (1999): A Systematic Approach to Environmental Priority Strategies in Product Development (EPS), Version 2000―Models and Data of the Default Method.

伊坪徳宏, 稲葉 敦 (2005):『ライフサイクル環境影響評価手法― LIME-LCA，環境会計, 環境効率のための評価法・データベース』，産業環境管理協会．

伊坪徳宏, 田原聖隆, 成田暢彦著, 稲葉 敦, 青木良輔監修 (2007):『LCA 概論』，産業環境管理協会．

稲葉 敦監修 (2005):『LCA の実務』，産業環境管理協会．

井原智彦, 佐々木 緑, 志水章夫, 菱沼竜男, 栗島英明, 玄地 裕 (2005): 施設規模と輸送距離を考慮した一般廃棄物処理システムのライフサイクルアセスメント, 環境情報科学論文集, No. 19, pp.485-490.

志水章夫, 楊 翠芬, 井原智彦, 玄地 裕 (2005): ライフサイクルを考慮した家畜排せつ物の地域内処理システム設計手法, 環境システム研究論文集, No. 33, pp.241-248.

地理情報システム (GIS) 関係省庁連絡会議 (1999): 国土空間データ基盤標準及び整備計画, http://www.cas.go.jp/jp/seisaku/gis/h11seibi-honbun.html, 2010 年 7 月 2 日確認．

東京市町村自治調査会 (2003): LCA とコストからみる市町村廃棄物処理の現状, http://www.tama-100.or.jp/pdf/lca.pdf, 2010 年 7 月 2 日確認．

日本地図センター (1998): 数値地図ユーザーズガイド（第 2 版補訂版）．

第6章 環境負荷の集計

　本章では，地域の活動や施策に伴う物質の投入量・産出量や環境負荷物質の排出量を集計するインベントリ分析（ライフサイクルインベントリ分析）の考え方および作業内容について，第5章に引き続き，I県北部の一般廃棄物処理計画の事例を用いながら説明する．なお，インベントリ分析の概要については2.4節を参照されたい．

6.1　インベントリ分析での作業概要

　インベントリ分析は，あらかじめ設定した目的と調査範囲にしたがって，評価対象に投入される物質の量，評価対象から産出される物質の量，そして評価対象から排出される環境負荷物質の量を計上して，集計する段階である．
　この作業では，第1に関連する単位プロセスの物質投入・産出量と環境負荷排出量に関するデータを収集し，第2にこれらのデータを整理してプロセスインベントリの形式に整理し，最後に整理した値の総和から評価対象のライフサイクルインベントリ[1]を作成する．設定した目的（5.2節参照）に応じてデータを収集し，整理する必要があり，データの精度や代表性などを確認

---

[1] プロセスの直接の物質の投入・産出のみをまとめたインベントリを「プロセスインベントリ」と呼び，背後のプロセスまで遡及しライフサイクルでの物質の投入・産出を集計したインベントリを「ライフサイクルインベントリ」と呼ぶ．「ライフサイクルインベントリ分析」（通常，インベントリ分析と略記する）は，評価対象システムのライフサイクルインベントリを作成する作業を指す．本書では，必要に応じ，インベントリ分析の略記に合わせて，「ライフサイクルインベントリ」を「インベントリ」と略記する．プロセスインベントリに関しては略記しない．

しながら反復的に作業を進める．

インベントリ分析では，包括的にデータを収集するため，カットオフ基準（5.5節参照）を用いてデータの収集を打ち切らざるを得ない場合や，変動の大きなデータの平均値や中央値を利用することが避けられない場合がある．このとき，カットオフやデータの変動が最終的な結果にどの程度影響するのかが問題となる．そのため，このようなデータの欠如や変動が全体の結果にどの程度影響するのか把握する作業（感度分析）が必要となってくる．また，LCAによって評価対象の環境負荷を評価するだけでなく，評価対象への対策導入による環境負荷の変化をも把握したい場合には，対策ありと対策なしのシステムについてインベントリ分析を行うことになる（with-without分析）．将来を評価対象とする場合には，評価対象が不確定であるため，複数の仮想シナリオを作成し，それらに則って評価し，結果を比較・分析する（シナリオ分析）．このような追加的な分析（感度分析，with-without分析やシナリオ分析）から，変動要因の影響度合いを確認したり，複数の対策案を比較したりして，LCAの結果を解釈する．

このように，インベントリ分析の段階は，データ収集や整理，集計，解釈などの作業で時間と手間がかかる．しかし，この段階で，目的と収集データの位置付けを整理しながら反復的に分析作業を進めることは，LCAの実施結果から建設的な示唆を得る上で最も重要な作業なのである．

6.2 プロセスデータの収集

LCAで収集するデータには，フォアグラウンドデータとバックグラウンドデータがある（2.4.2節参照）．評価対象に直接関わるプロセスのデータは評価結果を左右するため，LCA実施者が調査（アンケートや聞き取り，現地調査など）を通して作成すべきである（表6-1参照）．このような評価上重要であり，実施者自ら収集したデータをフォアグラウンドデータと呼ぶ．一方，評価対象で消費される各種の資材やエネルギーの製造プロセスや輸送プロセスは，自ら調査するのは困難であり，また結果を大きくは左右しないと考えられる．これらは既存のデータベースや関連文献を参考に作成する．こ

表 6-1　データ収集のイメージ（一部）*

分類	項目	単位	値	備考
施設	施設名		焼却炉 A	
	炉数		1	
処理炉	処理方式		ストーカ式焼却炉	
	運転方式		機械化バッチ式	
	処理能力	[トン/日]	10	
事業費用	建設費		354,500,000	
	建設年度		1988	
	改造費		未改造	
	改造年度		未改造	
投入物質	可燃ごみ	[トン/年]	1,690	
	電力	[MWh/年]	210	
	灯油	[ℓ/年]	1,183	
	A 重油	[ℓ/年]	25,685	
	軽油	[ℓ/年]	143	
	都市ガス	[m^3_N/年][1)	2.14	
	上記以外に，消石灰，活性炭，苛性ソーダ，硫酸などすべての投入物質について調査．			
産出物質	発電量	[MWh/年]	0	発電設備が設置されていない．
	蒸気	[トン/年]	2,460	
	主灰	[トン/年]	232	
	飛灰	[トン/年]	30.8	
	排ガス	[m^3_N/トン-ごみ]	測定なし	
	上記以外もすべての産出物質について調査（本施設では上記のみ）．			
排ガス濃度	SO_x	[ppm][2)	28.4	
	NO_x	[ppm]	26.7	
	PM	[mg/m^3_N]	81.1	

*このデータはデータ整理方法の説明のために作成したものであり，一般的な一般廃棄物処理施設のデータとしては利用できない．
1)「m^3_N」は，標準状態（0℃，1気圧）でのガスの体積を表す．
2)「ppm」は百万分率を表す単位である．ここでは，空気中にどのくらいの SO_x や NO_x が体積比で含まれているかを 100 万倍した値をいう．

れをバックグラウンドデータと呼ぶ（伊坪ほか，2007）．

　地域の施策や活動を対象とした LCA の特徴は，評価結果に地域や評価対象に特有の条件を反映させることである．第 5 章では，地域の特徴を反映できるように地域環境データベース（REDB）を整備した．本章でも，同様に，関連プロセスの物質投入・産出量や環境負荷排出量を作成する際には，原則として，地域や評価対象の実情を反映できるデータに基づく．たとえば，一

表6-2 収集するデータと用途

対象施設	収集するデータ項目	用途
(1) 焼却炉（ストーカ式） 焼却炉（流動床式） 粗大ごみ処理施設	運用段階での 物質投入・産出量, 環境負荷排出量	現行システムでの一般廃棄物処理に伴う環境負荷の算出
(2) 直接溶融炉（シャフト式）	運用段階での 物質投入・産出量, 環境負荷排出量	集約案での一般廃棄物処理に伴う環境負荷の算出
(3) 埋立処分場	運用段階での 物質投入・産出量, 環境負荷排出量	現行システム・集約案での一般廃棄物処理に伴う環境負荷の算出
(4) 輸送車両	積載可能量 環境負荷排出量	ごみ・処理残渣・資源化物などの輸送に伴う環境負荷の算出
(5) 消費資材 （燃料，電力，薬剤など）	製造プロセス・使用プロセスでの環境負荷排出量	消費資材の製造プロセス（一部は使用プロセスも）で排出される環境負荷の算出

般廃棄物処理システムの評価を行う場合には，その地域で利用している施設の処理能力や施設構造を反映した物質投入・産出量や環境負荷排出量のデータを収集する．また，バックグラウンドデータでも，発電に伴う二酸化炭素（CO_2）排出量は電力会社の電源構成によって異なるため，該当する地域での電力会社のCO_2排出量データを参照する．

◆例題：I県北部の一般廃棄物処理計画（井原ほか，2005）
（関連プロセスの物質投入・産出量と環境負荷排出量のデータ収集）
［確認］

本事例では，現行では2施設を利用しているI県北部地域の一般廃棄物処理システム（現行システム）について，1施設での処理に集約する計画案（集約案）を考える．LCAの目的は，第5章で示した通り，I県北部の一般廃棄物処理システムについて現行システムと集約案の運用段階の環境負荷，環境へのインパクトを定量化し，その情報を考察することで次期システムの検討を行うことである．

［データ収集のポイント］

インベントリ分析を行うために収集するデータは，表6-2に示す5つのデ

ータ群である.

このうち，(1)～(4)のデータはLCA実施者が自ら調査して収集する必要がある（フォアグラウンドデータ）．(5)の消費資材に関するデータは，上流側（採掘から製造までのプロセス）の環境負荷排出量が遡及されたデータが必要であり，それらを収集するのは困難である．そこで，既存のデータベースからデータを引用する（バックグラウンドデータ）．

［データ収集］

(1)の一般廃棄物処理施設のデータは，I県の「平成13年度一般廃棄物処理事業の概況」に記載された計17施設の焼却炉・直接溶融炉，粗大ごみ処理施設に対する調査より，ごみ処理量や資材消費量などを収集した．しかし，(3)の埋立処分場に関しては，実データの入手ができなかったため，「第1期LCAプロジェクト」で整備されたデータ（LCA日本フォーラム，2004）を用いた（バックグラウンドデータ）．

(2)の集約案のデータは計画段階にあるため存在しない．集約案では処理技術として直接溶融炉の利用を想定したので，I県内で同じ処理技術が利用されている施設の物質投入・産出量データを(1)と同様に収集することで対応した．

(4)の輸送車両は，ごみ収集に2トン積載の収集車，焼却灰や不燃処理残渣の輸送に4トントラックを用いると仮定した．各自動車走行時の環境負荷排出原単位は，CO_2は自動車燃費（運輸省，1997）から燃料消費量を算定し，算定結果に燃料消費量あたりのCO_2排出係数（環境庁，2000a）を乗じて1kmあたりのCO_2排出原単位とした．SO_xは，自動車燃費から算定した燃料消費量を熱量に換算し，発熱量あたりSO_x排出係数（南齋ほか，2002）を乗じて作成した．燃料性状のみでは排出量が定まらないNO_xとPMについては，速度域別原単位（南齋ほか，2002）を用いた．

(5)の消費資材に関するデータは，LCAソフトウェアJEMAI-LCA Pro（産業環境管理協会，2005）などのデータベースを用いた．とくに，地域によって環境負荷排出量が異なる発電プロセスの環境負荷排出原単位は，当該地域の電力供給会社の実績値を用いた（東北電力，2004）．

［仮定と注意事項］

以下の仮定を行っている．
- 埋立処分場：地域の実データが入手できなかったため全国平均値を使用した（バックグラウンドデータ）．
- 輸送車両：収集ごみの輸送車を2トン収集車，処理残渣の輸送車を4トントラックとした（バックグラウンドデータ）．
- 市町村間輸送距離：輸送距離の実データが入手できないため，市町村代表点間の距離（5.6節参照）を使用した．

［解説］

フォアグラウンドデータとすべき（1）～（2）について，I県で利用されている施設から実データを収集したことで，一般廃棄物処理施設の中でもI県で利用されている施設という地域性が反映された．ただし，(3)の埋立処分場は，I県の実データが得られずに既存データを代用したため，日本での平均的な埋立プロセスのデータとなっている．(4)も同様であるが，輸送に用いる車両には地域性はそれほどないと考えられる．(5)は，電源構成に地域性がある発電プロセスについて，当該地域の電力供給会社での発電に伴う環境負荷排出原単位のデータを収集したことで地域性が反映された．

6.3　プロセスインベントリの整備

6.2節で収集したデータは，プロセス単位のインベントリ（プロセスインベントリ）に整理する．つまり，プロセスの物質投入・産出量，環境負荷排出量およびプロセス稼動量の上限値といったデータを，そのプロセスにおける「基準物質」の「単位量あたり」のデータに整理する．このような形でデータを整理すると，評価対象での活動量の変化に応じて，物質投入・産出量や環境負荷排出量を計算するのが容易になる．また，プロセス単位で評価対象を比較・検討できるようになり，一度作成したデータが類似事例の評価の際にも利用できるようになる．

プロセスインベントリの整備にあたっては，目的や調査範囲に応じてどのような形式でデータを整理するかを考える必要がある．たとえば，廃棄物処理システムを評価する際，その導入（建設）段階と運用段階を調査範囲に含

焼却炉Aの運用段階，導入段階のプロセスインベントリ *

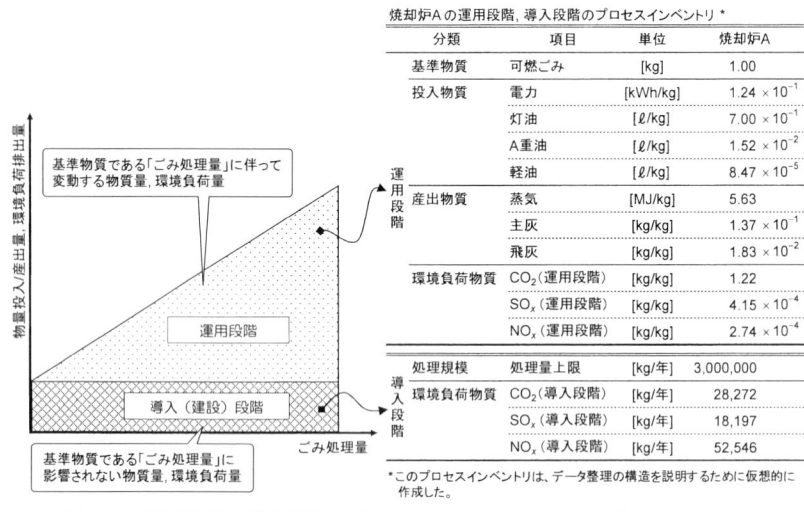

分類	項目	単位	焼却炉A
基準物質	可燃ごみ	[kg]	1.00
投入物質	電力	[kWh/kg]	1.24×10^{-1}
	灯油	[ℓ/kg]	7.00×10^{-1}
	A重油	[ℓ/kg]	1.52×10^{-2}
	軽油	[ℓ/kg]	8.47×10^{-5}
産出物質	蒸気	[MJ/kg]	5.63
	主灰	[kg/kg]	1.37×10^{-1}
	飛灰	[kg/kg]	1.83×10^{-2}
環境負荷物質	CO_2(運用段階)	[kg/kg]	1.22
	SO_x(運用段階)	[kg/kg]	4.15×10^{-4}
	NO_x(運用段階)	[kg/kg]	2.74×10^{-4}
処理規模	処理量上限	[kg/年]	3,000,000
環境負荷物質	CO_2(導入段階)	[kg/年]	28,272
	SO_x(導入段階)	[kg/年]	18,197
	NO_x(導入段階)	[kg/年]	52,546

*このプロセスインベントリは，データ整理の構造を説明するために仮想的に作成した．

図6-1 運用段階と導入段階のプロセスインベントリデータ整理のイメージ

めた場合は，廃棄物処理施設のプロセスインベントリは，運用段階のみならず導入段階も含めて整理する．その際，導入段階の環境負荷はごみ処理量によらず一定であることに注意する[2]．この場合，ごみ処理量による環境負荷の変化を計算できるように単位ごみ処理量あたりでデータを整理する部分（運用段階）と，環境負荷がごみ処理量に影響されないようにデータを整理する部分（導入段階や廃棄段階）とに区別して，プロセスインベントリを作成する（図6-1参照）．

　処理方式の異なる施設を比較したり，同じ処理方式でも処理規模の異なる施設を比較したりする場合には，比較対象とする施設の耐用年数，日処理量（処理能力）を一定の基準にそろえたプロセスインベントリが必要となる．たとえば，導入段階の環境負荷に関しては，各施設の導入段階の環境負荷排出量を施設の耐用年数で割ると，1年あたりの施設導入に伴う環境負荷排出量として整理でき，耐用年数が異なる施設間での比較が可能になる．また，処理能力が異なる場合は，1年あたりの環境負荷排出量をさらに各施設の年

---

[2] 廃棄物処理施設の導入（建設）段階の環境負荷排出量は，施設が建設されるときに排出される環境負荷であり，ごみ処理量の変化による影響は受けない．

間ごみ処理量の上限値で割り算すれば，1年間の単位ごみ処理能力を基準としたプロセスインベントリを作成でき，処理能力の異なる施設間での比較も可能となる．このような手法を用いることで，導入段階の環境負荷に関しても同じ基準で比較できるようになる．

◆例題：I県北部の一般廃棄物処理計画
（物質投入／産出量，環境負荷排出量などの整理）
［確認］
　すでに，第5章でプロセスインベントリの作成対象とする関連プロセスを列挙しており（表5-2参照），データの収集の項（6.2節）においてプロセスインベントリを作成するためのデータを収集した．ここでは，LCAの目的に則して，収集したデータから関連プロセスのプロセスインベントリを作成する．
［データ整理のポイント］
　集約案では，I県北部のごみ処理を1つの施設に集約することを計画しており，集約化に伴ってごみの輸送距離，施設あたりのごみ処理量，資材消費量，埋立量などが変化する．プロセスインベントリは，一般廃棄物処理施設の変更に伴う環境負荷を計算できるように，整備する必要がある．ここでは，一般廃棄物処理施設（焼却炉，直接溶融炉）と消費資材の中からA重油を取り上げて，プロセスインベントリの作成例を紹介する．
［データ整理］
1) 一般廃棄物処理施設（焼却炉，直接溶融炉）のデータ整理
　基準物質を処理施設で処理するごみとする．ごみの単位処理量を基準に，一般廃棄物処理施設に関するデータを整理して，プロセスインベントリを作成する．具体的には，調査で収集したI県の焼却炉（焼却プロセス）および直接溶融炉（直接溶融プロセス）の各種のデータから必要なデータを選択し，選択したデータを単位ごみ処理量あたりの値に変換する，という作業を行う．作業結果のプロセスインベントリは表6-3の通りとなる．
　表6-3は，処理ごみ（可燃ごみもしくは混合ごみ）1 kgを基準物質とした，焼却炉と直接溶融炉のプロセスインベントリである．ここでは，投入物質の

表6-3 I県の一般廃棄物処理施設の運用段階のプロセスインベントリ（一部）[*]

分類	項目	単位	焼却炉 ストーカ式 バッチ式	焼却炉 ストーカ式 連続式(1)	焼却炉 ストーカ式 連続式(2)	焼却炉 流動床式 連続式(1)	焼却炉 流動床式 連続式(2)	直接溶融炉 シャフト式 連続式
基準物質	可燃ごみ/混合ごみ	[kg]	1.00	1.00	1.00	1.00	1.00	1.00
処理能力	日処理量	[トン/日]	10	25	75	25	75	50
	処理量上限	[kg/年]	3,000,000	7,500,000	22,500,000	7,500,000	22,500,000	15,000,000
投入物質	電力	[kWh/kg]	1.24×10^{-1}	6.90×10^{-2}	1.05×10^{-1}	3.07×10^{-1}	1.43×10^{-1}	2.55×10^{-1}
	灯油	[ℓ/kg]	7.00×10^{-4}	2.26×10^{-4}	3.32×10^{-4}	3.18×10^{-3}	0.00	5.46×10^{-3}
	A重油	[ℓ/kg]	1.52×10^{-2}	1.51×10^{-3}	8.72×10^{-4}	5.88×10^{-2}	2.94×10^{-3}	0.00
	軽油	[ℓ/kg]	8.47×10^{-5}	0.00	2.16×10^{-5}	2.31×10^{-4}	0.00	0.00
	都市ガス	[m^3_N/kg][1)]	1.27×10^{-6}	0.00	1.81×10^{-7}	8.93×10^{-7}	3.01×10^{-6}	0.00
	コークス	[kg/kg]	0.00	0.00	0.00	0.00	0.00	7.38×10^{-2}
産出物質	蒸気	[MJ/kg]	5.63	9.56	8.37	7.98	8.66	8.37
	主灰	[kg/kg]	1.37×10^{-1}	7.44×10^{-2}	8.21×10^{-2}	6.14×10^{-3}	1.77×10^{-2}	0.00
	飛灰	[kg/kg]	1.83×10^{-2}	2.75×10^{-2}	2.67×10^{-2}	8.71×10^{-2}	7.90×10^{-2}	4.56×10^{-2}
	溶融スラグ	[kg/kg]	0.00	0.00	0.00	0.00	0.00	1.56×10^{-1}
環境負荷物質	CO_2（廃棄物由来）	[kg/kg]	1.22	1.26	1.27	1.26	1.26	0.82
	SO_x（処理プロセス）	[kg/kg]	4.15×10^{-4}	4.19×10^{-4}	2.58×10^{-4}	4.97×10^{-4}	2.46×10^{-5}	8.40×10^{-5}
	NO_x（処理プロセス）	[kg/kg]	2.74×10^{-4}	9.18×10^{-6}	4.55×10^{-6}	6.97×10^{-6}	3.77×10^{-6}	4.36×10^{-6}
	PM（処理プロセス）	[kg/kg]	4.05×10^{-4}	1.85×10^{-6}	4.41×10^{-5}	1.07×10^{-4}	2.17×10^{-5}	5.00×10^{-8}

[*] このデータはデータ整理方法の説明のために作成したものであり，一般的な一般廃棄物処理施設のプロセスインベントリとしては利用できない．
1)「m^3_N」は，標準状態（0℃，1気圧）でのガスの体積を表す．

例として，エネルギーのみを掲載した（紙面の制約上掲載していないが，エネルギーのみならず消石灰や苛性ソーダ，キレート剤，上水，工業用水などの消費資材量についても同様に整理した）．エネルギーは，処理技術や処理能力の違いによって消費する種類や量が異なる．また，産出物質項目として，ごみ焼却時の熱を回収した蒸気量や焼却残さ物である灰（主灰，飛灰）の排出量を整理した．直接溶融炉では，溶融スラグ生産量も産出物質項目となる．

排出される環境負荷物質としては，廃棄物由来のCO_2と焼却に伴うSO_x，NO_xなどを計上した．実際のプロセスでは，消費したエネルギー資材（たとえばA重油）の燃焼に伴ってもCO_2は排出される．しかし，プロセスインベントリの作成段階では，エネルギー資材やその他の資材の消費量を投入物質として整理するまでにとどめ，消費資材の燃焼に伴うCO_2排出量は最終的なライフサイクルインベントリを作成する段階で計上する．

表6-3（および図6-1右）にあるストーカ式焼却炉（バッチ式）のプロセスインベントリは，表6-1に示した焼却炉Aのデータから作成したもので

ある．焼却炉 A を例に具体的にデータの作成方法について説明する．まず，可燃ごみ 1 kg を基準物質と設定したため，すべての物質量は可燃ごみ 1 kg あたりに換算する必要がある．多くの物質については，年間投入量あるいは産出量のデータを入手できたため，そのデータを可燃ごみの年間処理量で割り算すればよい．

しかし，表 6-1 に示した項目のうち，SO_x，NO_x，PM については排ガス中の濃度が示されているだけで，年間排出量が不明である．さらに排ガス量も不明である．そこで，次のようにして求めた．まず，環境庁（2000b）を参照して，ごみ処理あたりの排ガス量を 5000 m^3_N/トン（すなわち 5 m^3_N/kg）と設定した．PM は排ガス体積あたりの重量濃度（単位：[mg/m^3_N]）のデータを取得できたため，排ガス量に濃度データを乗算すれば，基準物質あたりの産出重量が求まる．SO_x および NO_x については体積あたりの体積濃度（単位：[ppm]）であるため，乗算しても産出される体積しか求まらない．そこで，SO_x および NO_x をそれぞれ代表的物質の SO_2 と NO_2 であると仮定し，それぞれの分子量（SO_2 = 64.0638，NO_2 = 46.0055）を求め，さらに理想気体（標準状態で 1 mol は 22.4138 ℓ）を仮定して，密度を求めた（SO_2 = 2.86 kg/m^3，NO_2 = 2.05 kg/m^3）[3]．これに先ほどのごみ処理あたりの産出される体積を乗算して，ごみ処理あたりの産出重量を求めた．このように，収集データは必ずしも重量単位ではないため，さまざまな文献を用いて換算する必要がある．

また，収集データでは，蒸気も重量単位となっているが，熱収支の計算をする際には，熱量単位の方が都合がよい．そこで，I 県の他の焼却炉のデータを用いて，蒸気の単位重量あたりの熱量を計算し[4]，それを用いて熱量に変換した．

ごみ処理量の上限値に関しては，ごみ焼却炉の年稼働日はおおむね 300 日

---

[3] 理科年表には，SO_2 の密度は掲載されているが，NO_2 の密度は掲載されていない．そのため，ここでは，理想気体を仮定して分子量より，気体の密度を求めた．

[4] 発電設備の設置されている焼却炉の場合，回収蒸気量に加えて，発電量と発電効率のデータも取得されていることが多い．その場合，発電効率を用いて，蒸気の持つ熱量を推定できる．

程度であると考えられるため，日処理量に 300 日を乗じることにより求めた．このように日単位のデータを年単位のデータに換算する際には，年稼働日のデータが必要となる．また，時間単位のデータを日単位や年単位に換算する際には，日稼働時間のデータが必要となる．ごみ焼却炉の場合，連続式は24 時間連続稼働，准連続式は日 16 時間稼働，機械化バッチ式は日 8 時間稼働とすることが多い．

　本事例では建設段階を評価の対象外としたが，建設段階の環境負荷を計算する際，建設段階での詳細な物質投入・産出量，環境負荷排出量が不明である場合は，建設コストに単位コストあたり環境負荷排出原単位（たとえば松藤，2005）を乗算し，環境負荷を求めることがある．この場合，表 6-1 では 1988 年度の建設費を掲載しているが，デフレータ（たとえば国土交通省，2010）を用いて，文献で対象としている年度のコストに合わせる必要がある．

2）A 重油のデータ整理

　基準物質を A 重油 1 ℓ として環境負荷排出量を整理し，プロセスインベントリを作成する．A 重油に関しては，燃焼プロセスだけではなく，原油採掘から精製すべてを考慮し，さらに各プロセスの背後のプロセスへの波及を考慮したライフサイクル全体でのプロセスをプロセスインベントリの作成対象とする．これは，原油採掘プロセスや精製プロセスのプロセスインベントリを単独で使用することは本事例ではありえず，製造プロセスとしてまとめた方が合理的であるためである．プロセスインベントリを作成することによって，あるプロセスでの A 重油の消費量が決まれば，A 重油のプロセスインベントリを利用して，A 重油に関係した環境負荷排出量（A 重油の原料採掘，製造および燃焼に伴う環境負荷排出量）が算出できる．

　A 重油の環境負荷排出量は，データベース化された既存データから必要なデータ項目を選択し，基準物質あたりの値に換算する．ここでは，LCA ソフトウェア（JEMAI-LCA Pro）のデータベースを利用して図 6-2 のように整理した．

　燃料関係のプロセスインベントリを作成する上で注意することは，燃料の製造プロセス（原油採掘から精製まで）で排出される環境負荷と，燃料の燃焼（使用）プロセスで排出される環境負荷を別にすることである．これによ

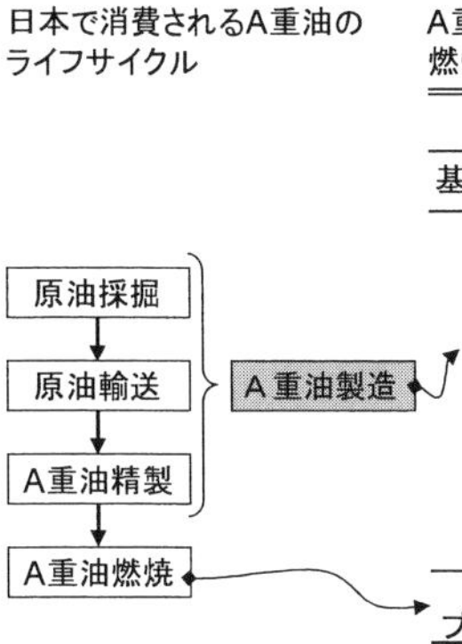

日本で消費されるA重油のライフサイクル	A重油の製造プロセスのライフサイクルインベントリと燃焼プロセスのプロセスインベントリ			
	分類	項目	単位	A重油 製造+燃焼
	基準物質	A重油	[ℓ]	1.00
製造プロセス	環境負荷物質	CO_2（製造）	[kg/ℓ]	1.32×10^{-1}
		CH_4（製造）	[kg/ℓ]	0.00
		N_2O（製造）	[kg/ℓ]	6.63×10^{-5}
		SO_x（製造）	[kg/ℓ]	4.93×10^{-4}
		NO_x（製造）	[kg/ℓ]	2.02×10^{-4}
		PM（製造）	[kg/ℓ]	3.48×10^{-5}
燃焼プロセス	環境負荷物質	CO_2（燃焼）	[kg/ℓ]	3.15

（プロセスフロー：原油採掘 → 原油輸送 → A重油精製 → A重油燃焼、うちA重油製造はA重油精製に対応）

図 6-2　A重油のライフサイクルとプロセスインベントリデータ整理のイメージ

り，環境負荷がどのプロセスでどれだけ排出されるのかを把握でき，インベントリ分析結果の解釈で有用な情報となる．図 6-2 では，製造プロセスと燃焼プロセスで別にプロセスインベントリを作成し，環境負荷物質の項目にも製造，燃焼という説明を付加した．

［解説］

　地域の施策や活動を対象としたLCAでは，評価対象に複数のシステムが含まれることがある．そこで，インベントリ分析におけるデータ整理では，システム間の関係を反映できるように整理するとよい．たとえば，システムを構成する各プロセスをそれぞれ1つのプロセスインベントリとして整備し，これらを結合してシステムのプロセスインベントリを作成する．このような形式でデータを整備すると，プロセス間・システム間の関係をより把握しやすくなる．

　I県の事例では，ごみ処理量の変化に伴ってごみの輸送，資材消費量，埋立量が変化し，これらの変化を反映できるデータ整理が必要であった．そこで，一般廃棄物処理施設，関連資材の製造および輸送車両のデータは，ごみ処理量やごみ運搬量を基準物質としたプロセスインベントリに整理した．また，資材の例としてA重油を示したが，資材の製造プロセスに関しては，この時点で背後のプロセスへの波及も考慮したプロセスインベントリを作成しておくとよい．バックグラウンドデータに関しては，最初からライフサイクルインベントリのデータしかない場合があり，また，次の 6.4 節で説明す

る評価対象システムのライフサイクルインベントリ作成の際の作業の手間が省けるためである．

なお，環境負荷物質がどのプロセス（製造プロセス，燃焼プロセスなど）の，どのような物質に由来した排出なのかをわかるようにプロセスインベントリを整備するとよい．こうすることによって，環境負荷を集計した際，どのプロセス，どのような物質が集計した環境負荷の中で大きな割合を占めているか考察できるようになる．

6.4 ライフサイクルインベントリの作成

ライフサイクルインベントリ（インベントリ）の作成段階では，プロセスインベントリを用いて評価対象のライフサイクルでの物質投入・産出量や環境負荷排出量などのデータを整理，集計し，機能単位に基づいた値に換算する．本節では，まず，プロセスごとに物質投入・産出量や環境負荷排出量などを計算し，ついでそれらを合算し，機能単位に基づいたライフサイクルでの値を求める．

6.4.1 各プロセスでの物質投入・産出量や環境負荷排出量などの計算

各プロセスにおける物質投入・産出量と環境負荷排出量は，次の式（6-1）を用いて算出する．

$$\boxed{\text{プロセスの稼働量}} \times \boxed{\text{プロセスインベントリ}} = \boxed{\begin{array}{c}\text{物質投入・産出量}\\\text{環境負荷排出量}\end{array}} \quad (6\text{-}1)$$

各プロセスにおける物質投入・産出量と環境負荷排出量は，そのプロセスの稼動量と6.3節で作成したプロセスインベントリとの掛け算で求められる．輸送プロセスに関しても，同様に，プロセスの輸送量（物量×輸送距離）とプロセスインベントリ（輸送量あたりの原単位）を掛け合わせることで物質収支，環境負荷排出量が求められる．

上記の計算では，各プロセスの稼動量の値が必要である．プロセスの稼働量は，評価対象システムの機能単位（たとえば可燃ごみ1トン）をもとに，プロセスフローにしたがって計算を進める過程で求めることができる．プロ

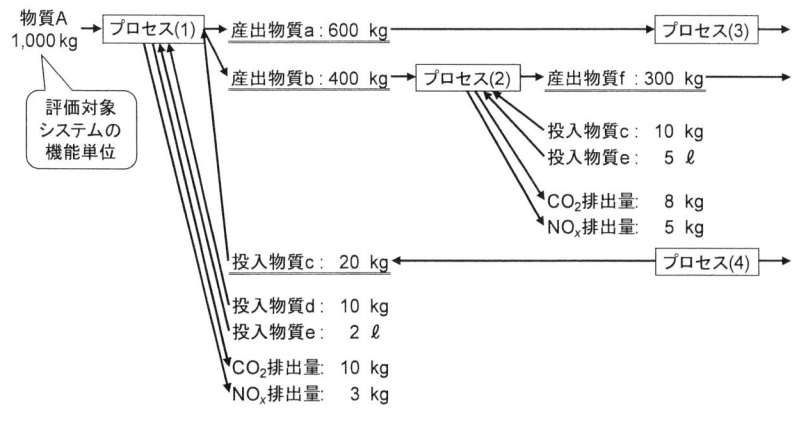

```
物質A           プロセス(1) ──→ 産出物質a：600 kg ─────────────→ プロセス(3) ──→
1,000 kg    ↑↑↑↑
            │││└─→ 産出物質b：400 kg ──→ プロセス(2) ──→ 産出物質f：300 kg ──→
  評価対象  ││││                          ↑↑
  システムの │││                           │└ 投入物質c： 10 kg
  機能単位  │││                            └ 投入物質e：  5 ℓ
           │││                              CO₂排出量： 8 kg
           │││                              NOₓ排出量： 5 kg
           │││
           │││ 投入物質c： 20 kg ←──────────────────── プロセス(4)
           │││
           ││ 投入物質d： 10 kg
           ││ 投入物質e：  2 ℓ
           │  CO₂排出量： 10 kg
              NOₓ排出量：  3 kg
```

図6-3　プロセスごとのデータ集計のイメージ

セスフローの1番目のプロセスで計算を行えば，そのプロセスで投入・産出される物質量や環境負荷排出量が求められるだけでなく，次のプロセスに投入される物質量が計算できる（図6-3のプロセス (1) とプロセス (2) の関係を参照）．投入物質量とそのプロセスのプロセスインベントリより稼働量が計算できる．これらの値を用いて，2番目，3番目と順に各プロセスでの計算を進めることができる．資材製造プロセスに関しては，投入された物質量が直前のプロセスで計算されるため，それを用いれば当該プロセスの稼働量が求められる（図6-3におけるプロセス (1) とプロセス (4) の関係を参照）．稼働量にプロセスインベントリ[5]を乗算すれば環境負荷排出量を計算できる．

6.4.2　機能単位に基づいたデータの集計

　機能単位に基づいたデータの集計は，6.4.1節で計算した各プロセスの物質投入・産出量と環境負荷排出量を積算して，LCAの目的を満たすような形に整理する作業である．

---

[5] 資材製造プロセスの場合，単一プロセス型プロセスインベントリではなく，プロセス合算型プロセスインベントリを作成しているかもしれない．稼働量にライフサイクルインベントリを乗算すれば，資材製造プロセスに関わるライフサイクル環境負荷排出量が計算できる．

6.4.1 節でのデータ計算では，対象システムの機能単位に対応して，設定したシステム境界の中の各プロセスにおける物質投入・産出量と環境負荷排出量を計算した．これらの各プロセスの計算結果を合計することで，ライフサイクルの物質投入・産出量，環境負荷排出量，すなわち対象システムのライフサイクルインベントリが求まる．ここで，集計結果（ライフサイクルインベントリ）をプロセス別に整理すると，プロセス別の物質投入・産出量や環境負荷排出量が評価できるようになる．また，プロセスの存在する地域ごとに整理すると，地域別の環境負荷排出量が評価できるようになる．いずれにせよ，集計結果の表現方法（図や表など）は，報告対象者に理解を促すような内容とするとよい．

　データ集計は，各プロセスでの物質投入・産出量や環境負荷排出量を単純に合計するだけであるが，設定した機能単位が目的に見合っているかどうか，またデータの集計作業が機能単位と合っているかどうか，十分に確認する．機能単位が反映されていない場合には，システム境界，機能単位などを再検討し，データの再集計などの修正作業を行う．

◆例題：I 県北部の一般廃棄物処理計画
（インベントリの作成）
［確認］

　本事例は，I 県北部地域の現行の一般廃棄物処理システムから直接溶融炉を導入する集約案への移行に際しての，環境へのインパクトの変化を評価することが目的である．両者の比較ができるよう，現行システムと集約案のインベントリ分析を行う（with-without 分析）．前提条件として，市町村間の輸送距離は各市町村の代表点間の距離を用いること，集計する環境負荷物質は CO_2，NO_x，SO_x，PM とすることを設定した（第 5 章参照）．

　ここでは，現行システムのインベントリ作成例を取り上げる．「1) 輸送プロセス（市町村間）」と各種処理プロセスの代表例として「2) 焼却プロセス」を取り上げて，データの計算方法を説明する．そして，「3) インベントリの作成」において，現行システムのデータを集計してライフサイクルインベントリを作成する．

[データ計算・集計のポイント]

ここでは，一般廃棄物処理について現行システムと集約案についてシナリオ別のインベントリを作成する．したがって，シナリオ別にプロセスフローを作成して，シナリオごとに，機能単位である「I県北部で1年間に排出される一般廃棄物（を処理する能力）」に基づいて，各プロセスでの物質収支，環境負荷排出量を計算し，それを集計する．なお，シナリオ別のプロセスフローは，すでに第5章で整理してある（図5-2および図5-3参照）．

[データ計算・集計]

1) 輸送プロセス（市町村間）に関する計算・集計

現行システムでは，N地区5市町村はN市で，K地区6市町村はK市でそれぞれ共同に処理している．まず，機能単位である各市町村の一般廃棄物量と，各市町村からN市，K市までの輸送距離を第5章で整備した地域環境データベース（REDB）から抽出する．これらのデータと輸送車両（2トン収集車）のプロセスインベントリを利用して，市町村別の輸送プロセスにおける物質投入・産出量（たとえば軽油の消費量）と環境負荷排出量（NO_xやPMの排出量）を求めることができる．

次に，輸送プロセスで消費された燃料（本事例では軽油）の製造および燃焼プロセスでの環境負荷排出量を求める．これは，上記で求めた輸送で消費された軽油量と軽油製造プロセスのライフサイクルインベントリ・軽油燃焼プロセスのプロセスインベントリを用いて計算する[6]．

以上により，現行システムの輸送プロセスに伴うライフサイクルの環境負荷排出量が計算された．計算した環境負荷排出量のデータには，排出源の情報を整理しておくと結果を解釈する際に役立つだろう．たとえば，「現行システムにおける輸送プロセスの消費燃料の製造プロセスの環境負荷排出量」のように明確に排出源がわかるように整理するとよい．

2) 焼却プロセスに関する計算・集計

現行システムでは，N市で流動床式焼却炉，K市でストーカ式焼却炉が使

---

[6] 紙面の都合上，軽油の製造・燃焼プロセスは掲載していない．類似のA重油の製造プロセスのライフサイクルインベントリ・燃焼プロセスのプロセスインベントリの例は図6-2を参照されたい．

用されている．したがって，計算には，2種類の焼却プロセスのプロセスインベントリを利用する．各焼却プロセスの基準物質量は，先ほど計算した各地域のごみ処理量のうち可燃ごみの量を合計した値である．各市町村から2施設に輸送された可燃ごみ量と両施設のプロセスインベントリを利用して，N市とK市の可燃ごみの焼却プロセスにおける物質投入・産出量，環境負荷排出量を計算できる．

　次に，上記で計算した物質投入量のうち燃料や電力，薬剤などの資材の消費量に着目して，消費資材の製造に伴う環境負荷排出量を計算する．具体的には，該当するプロセスのプロセスインベントリあるいはライフサイクルインベントリ（たとえば薬剤製造プロセスのライフサイクルインベントリ）を利用し，システムの機能単位よりプロセスフローにしたがってそれぞれの稼働量を計算した上で，稼働量とプロセスインベントリを掛け算すれば，環境負荷排出量を計算できる．

　以上で焼却プロセスに伴う環境負荷排出量が求まる．ここでも，計算した環境負荷物質に排出源情報を整理しておくとよい．

3）インベントリの作成（現行システム）

　インベントリは，第5章で設定した機能単位「I県北部で1年間に排出される一般廃棄物（を処理する能力）」に基づいて，評価対象システムの物質投入・産出量と環境負荷排出量を集計する．インベントリは，合計値を一括で計上したり，プロセスごとに整理したりと，目的を踏まえて作成する．

　現行システムのすべてのプロセス（輸送，焼却，埋立などの各プロセス）のデータを集計すると，表6-4や表6-5のように整理できる．表6-4では，集計した環境負荷排出量を一括して表示しており，対象システムの全体的な環境負荷排出量の把握や比較を容易に行うことができる．表6-5では，排出源別に環境負荷排出量を整理することによって，環境負荷排出量の多いプロセスの抽出が可能となり，対象システムでの環境面での改善点を検討することができる．

［解説］

　インベントリの作成作業では，REDBと各プロセスのプロセスインベントリを用いる．評価対象システムの機能単位よりプロセスフローにしたがっ

表 6-4　現行システムのライフサイクルインベントリ（総計表）

分類	項目	N 地区 (1)	K 地区 (2)	現行システム計 (1)+(2)
投入物質	家庭系ごみ 事業系ごみ 軽油（輸送以外）[1)] 電力 都市ガス 灯油	12,520 [トン] 8,154 [トン] 6,199 [ℓ] 2,336,151 [kWh] 24 [m^3_N][2)] 16,885 [ℓ]	13,146 [トン] 7,973 [トン] 594 [ℓ] 1,767,146 [kWh] 4 [m^3_N] 4,800 [ℓ]	25,666 [トン] 16,127 [トン] 6,793 [ℓ] 4,103,297 [kWh] 28 [m^3_N] 21,685 [ℓ]
排出物質[3)]	主灰 固化灰 低温蒸気	165 [トン] 1,680 [トン] 152,224 [GJ]	1,312 [トン] 668 [トン] 142,279 [GJ]	1,477 [トン] 2,348 [トン] 294,503 [GJ]
環境負荷物質	CO_2 NO_x SO_x PM	22,097 [トン] 14 [トン] 7 [トン] 3 [トン]	22,089 [トン] 32 [トン] 14 [トン] 1 [トン]	44,186 [トン] 45 [トン] 21 [トン] 4 [トン]

1) 軽油は，輸送プロセス以外のプロセスでの投入量を計上した．
2)「m^3_N」は，標準状態（0℃，1気圧）でのガスの体積を表す．
3) 排出物質は処理プロセスでの排出物質である．システムでは主灰，固化灰は埋立，低温蒸気は自家発電で消費される．したがって，厳密にライフサイクルインベントリを作成した場合はこれらの排出物質は計上されないが，ここでは理解を進めるために表記した．

て各プロセスの稼働量を求め，稼働量とプロセスインベントリより，プロセスの物質投入／産出量や環境負荷排出量などを計算する．プロセスごとに計算した結果を集計すれば，評価対象システムのライフサイクルインベントリ（インベントリ）となる．インベントリを作成する際，作成するだけではなく同時に，プロセスの特徴やプロセス間の関係，環境負荷排出源を確認しておくとよい．結果の解釈（次の 6.5 節で説明）の際に有用な情報となる．

6.5　解釈

解釈の段階では，インベントリ分析結果を考察することによって，重要な項目を特定するなど，有用な情報を得る．必要に応じて，追加的な分析（感度点検など）を行う．

6.5.1　インベントリ分析結果の解釈

インベントリ分析結果の解釈は，評価対象システムのインベントリ分析結

表6-5 現行システムのライフサイクルインベントリ（排出源別の整理）

分類	項目*	N地区 (1)	K地区 (2)	現行システム計 (1)+(2)
投入物質	家庭系ごみ	12,520 [トン]	13,146 [トン]	25,666 [トン]
	事業系ごみ	8,154 [トン]	7,973 [トン]	16,127 [トン]
	軽油（輸送以外）	6,199 [ℓ]	594 [ℓ]	6,793 [ℓ]
	電力	2,336,151 [kWh]	1,767,146 [kWh]	4,103,297 [kWh]
	都市ガス	24 [m^3_N][1]	4 [m^3_N]	28 [m^3_N]
	灯油	16,885 [ℓ]	4,800 [ℓ]	21,685 [ℓ]
排出物質[2]	主灰	165 [トン]	1,312 [トン]	1,477 [トン]
	固化灰	1,680 [トン]	668 [トン]	2,348 [トン]
	低温蒸気	152,224 [GJ]	142,279 [GJ]	294,503 [GJ]
環境負荷物質	CO_2（燃料製造）	107 [トン]	58 [トン]	165 [トン]
	CO_2（発電）	1,088 [トン]	850 [トン]	1,939 [トン]
	CO_2（セメント固化資材製造）[3]	177 [トン]	71 [トン]	248 [トン]
	CO_2（輸送）	39 [トン]	46 [トン]	85 [トン]
	CO_2（焼却）	101 [トン]	69 [トン]	171 [トン]
	CO_2（ごみ由来）	20,561 [トン]	20,972 [トン]	41,534 [トン]
	CO_2（その他）	23 [トン]	22 [トン]	45 [トン]
	NO_x（燃料製造）	35 [kg]	19 [kg]	53 [kg]
	NO_x（発電）	973 [kg]	760 [kg]	1,733 [kg]
	NO_x（セメント固化資材製造）[3]	349 [kg]	139 [kg]	488 [kg]
	NO_x（輸送）	550 [kg]	657 [kg]	1,207 [kg]
	NO_x（焼却）	11,460 [kg]	30,169 [kg]	41,630 [kg]
	NO_x（その他）	182 [kg]	187 [kg]	369 [kg]
	SO_x（燃料製造）	19 [kg]	11 [kg]	30 [kg]
	SO_x（発電）	666 [kg]	520 [kg]	1,186 [kg]
	SO_x（セメント固化資材製造）[3]	116 [kg]	46 [kg]	162 [kg]
	SO_x（輸送）	30 [kg]	36 [kg]	66 [kg]
	SO_x（焼却）	6,296 [kg]	13,463 [kg]	19,759 [kg]
	SO_x（その他）	43 [kg]	37 [kg]	80 [kg]
	PM（燃料製造）	0 [kg]	0 [kg]	1 [kg]
	PM（発電）	0 [kg]	0 [kg]	0 [kg]
	PM（セメント固化資材製造）[3]	6 [kg]	2 [kg]	8 [kg]
	PM（輸送）	39 [kg]	47 [kg]	86 [kg]
	PM（焼却）	2,816 [kg]	1,049 [kg]	3,865 [kg]
	PM（その他）	18 [kg]	18 [kg]	36 [kg]

*括弧内はプロセスを意味する．その他は，当該物質に関して一覧に記載されたプロセス以外のすべてのプロセスを指す．
1)「m^3_N」は，標準状態（0℃，1気圧）でのガスの体積を表す．
2) 排出物質は処理プロセスでの排出物質である．システムでは主灰，固化灰は埋立，低温蒸気は自家発電で消費される．したがって，厳密にライフサイクルインベントリを作成した場合はこれらの排出物質は計上されないが，ここでは理解を進めるために表記した．
3)「セメント固化資材製造化プロセス」は，処理プロセスの中の飛灰のセメント固化に投入される各資材の製造段階での環境負荷の排出である．

果から指摘できる事項を，目的に応じて整理する段階である．具体的には，ライフサイクルインベントリとして得られた物質投入・産出量や環境負荷排出量などについて，プロセス別に比較して環境負荷排出量の多いプロセスを抽出したり，シナリオごとに比較してどのシナリオが最も環境負荷が小さいか考察したりする．解釈を通じて，評価対象システムの改善点の把握や，環境負荷の少ない代替案の整理を行う．

◆例題：I県北部の一般廃棄物処理計画
（解釈：インベントリ分析結果の解釈）
［確認］
　ここでは，インベントリ分析の作業で得られた現行システムと集約案のライフサイクルインベントリを取り上げ，システム全体での結果の比較と，両者の差異がどこにあるのか探るためのプロセス別の比較を行う．
［解釈］
　両シナリオ（現行システムと集約案）のインベントリ分析の結果を図6-4に示す．図6-4のグラフは，両者の合計値の比較と，プロセス別の比較の双方が行えるように描いたものである．

　図6-4から現行システムと集約案の環境負荷排出量の総量を把握し，ついで，その詳細を理解するために，主要な環境負荷排出源となるプロセスを抽出したり地域的な環境負荷を分析したり，といった考察を行う．

1) システム間の環境負荷排出量の比較

　集約案のCO_2排出量は，現行システムに対して20%程度増加すると推計された．NO_x排出量は，集約案で現行システムよりも8%程度増加した．集約案のSO_x排出量は，現行システムに対して約66%の減少であった．PM排出量は，集約案で現行システムの87%を削減した．これらの結果から，I県北部地域の一般廃棄物処理システムが，現行システムから集約案に変更された場合にはCO_2およびNO_x排出量は10-20%増加し，SO_xおよびPM排出量は大きく削減されると考えられた．

2) プロセス別の環境負荷排出量

　CO_2排出量をプロセス別に見ると，現行システムと集約案に関係なくご

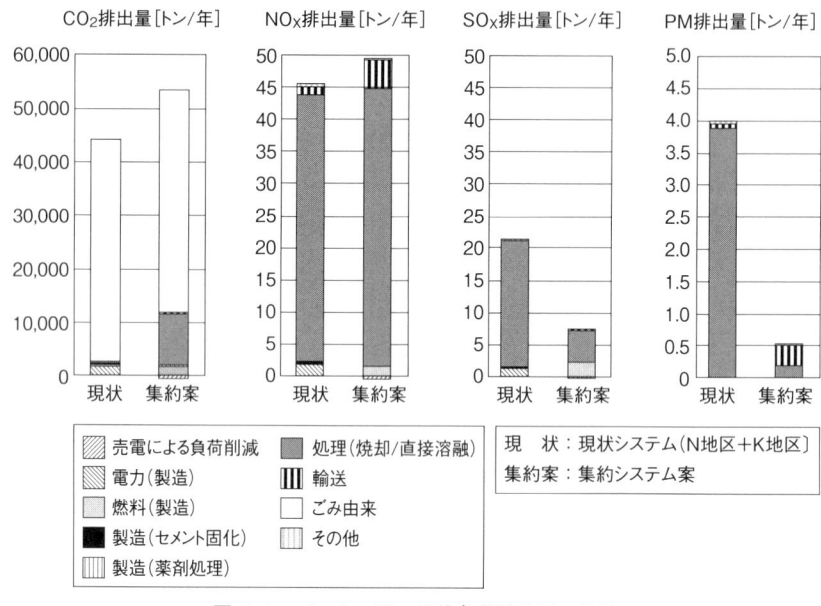

図6-4 プロセス別の環境負荷排出量の比較

み由来のCO$_2$排出量が多いことがわかる．ただし，現行システムと集約案では，処理するごみの量は同じであるため，ごみ由来のCO$_2$排出量はほとんど変化せず，両者のCO$_2$排出総量の差は処理プロセスの違いによると考えられる．集約案の処理プロセス（直接溶融炉）は，現行システム（焼却炉）と処理技術が異なり，燃料消費量（ここではコークス）が多くなるため，燃料製造プロセスおよび処理プロセスでのCO$_2$排出量が増加したと考えられる．NO$_x$排出量は，輸送に伴う排出量が現行システムに比べて集約案で多い．これは，N市とK市の2カ所で処理を行う現行システムに対して，Q村1カ所で処理する集約案ではごみ収集での輸送距離が増加し，2トンごみ収集車から排出されるNO$_x$が増加したためと考えられる．SO$_x$, PM排出量は，現行システムに比べて集約案で排出される量が減少した．ただし，NO$_x$, SO$_x$およびPMの排出量の変化は，施設に付設される排煙処理施設の処理能力の影響が大きいため，必ずしも輸送距離の増大や溶融炉への変更のみで説明されるとは考えられない．

　これらの結果より，集約案は，現行システムに対して燃料の消費増加に伴

う CO_2 排出量の増加，輸送距離の増加に伴う NO_x 排出量の微増が懸念される．集約案で環境負荷排出を低減するためには，ごみ処理プロセスでのコークス消費量の節減，ごみ収集輸送の効率化が重要であると指摘できる．

また，ごみ由来の CO_2 排出量が大きいことから，資源化可能なごみのリサイクルによって，焼却・直接溶融時のごみ由来の CO_2 排出量の削減の可能性が考えられる．ただし，本評価ではごみのリサイクルプロセスが調査範囲に含めなかったため，ごみのリサイクルが一般廃棄物処理システムの中で CO_2 排出量の削減につながるかどうかまでは判断できない．

3) 環境負荷排出の地域性

本事例では，系統電力の製造（発電）を除いた投入資材（軽油，重油および薬剤など）の製造プロセスのプロセスインベントリは，独自に調査せず，日本平均の環境負荷排出原単位を参照したため，燃料や薬剤などの製造に伴う環境負荷の排出地域は明確には特定できない[7]．しかし，発電に伴う環境負荷は，対象地域に電力を供給する発電所が存在する地域で排出されると推測できる．また，輸送に伴う環境負荷は，現行システムではN地区のごみ輸送に伴う環境負荷はN地区の市町村内で排出され，K地区のごみ輸送に伴う環境負荷はK地区の市町村内で排出されると考えられる．同様に，集約案では，輸送に伴う環境負荷はI県北部地域の市町村内で排出されたと考えられる．ただし，集約案では，I県北部地域のすべての市町村の一般廃棄物がQ村に運び込まれることから，輸送プロセスでの NO_x 排出量はQ村で増加することが推察できる．また，処理プロセスの環境負荷は，現行システムでは施設が立地されているN市およびK市で排出され，集約案ではQ村で排出されると考えることができる．

以上より，集約案では，ごみ輸送プロセスおよびごみ処理プロセスに伴う環境負荷が，Q村およびその近隣地域で比較的多くなることが考えられる．とくに， NO_x, SO_x, PM は排出源に比較的近いところでインパクトを与えることを考えると，集約案を進める場合には施設や輸送経路の周辺の住環境

---

[7] 間接的な環境排出についても，ある程度は排出地域を特定可能である．詳しくは第8章で解説する．

の保全に留意が必要だといえる．

［解説］

1）インベントリ分析結果の解釈

　インベントリ分析結果の解釈は，LCAの目的に沿って行われる．インベントリ分析では，評価対象とした施策や活動に伴って，どのプロセスでどのくらい環境負荷が排出されたかを把握できた．続く解釈では，対象システムからの環境負荷排出量の総量を把握するだけでなく，プロセス別に整理して，システムの特徴や改善すべきプロセスについて具体的に検討する．また，地域別に環境負荷排出量を定量化すれば，地理的に環境負荷の排出が多い地域（多くなると考えられる地域）を推測できるだろう．

　ただし，LCAは，目的，調査範囲（システム境界），データ品質などの各種設定や制約条件のもとで評価が行われるため，結果の解釈についても適用できる範囲が限定されることに注意が必要である．

2）結果の利用に際して

　インベントリ分析では，評価対象における投入および産出される物量，環境負荷排出量を定量的に把握できるため，これらの結果を施策や活動の検討に利用することができる．たとえば，施策や活動の実施の前後で計算した環境負荷排出量は，その施策や活動による環境面の効果の説明材料の1つとして住民に提供できるであろう．また，施策や活動の検討段階での評価結果であれば，複数ある代替案の中で環境負荷排出量を比較して，より環境負荷の少ない案を選択することが可能である．プロセス別に環境負荷排出量を把握した場合には，対象システムにおいて改善が求められるプロセスの抽出が可能であろう．地域別に環境負荷排出量を定量化した場合には，施策や活動の実施に伴って排出する環境負荷に対して，地域別の対策を検討することが期待される．

　ただし，あくまでもインベントリ分析で得られた結果は環境負荷排出量であるので，どのような環境へのインパクトがどの程度もたらされるのかという点については言及できない．

表6-6 感度分析の手法と概要

手法	概要	分析内容
要因別感度分析	分析で設定した前提条件や仮定のうち，1つだけを変動させた場合の全体の分析結果への影響を把握する方法	1つの前提条件・仮定が変動したときの分析結果がとりうる値の範囲
上位ケース・下位ケース分析	分析で設定した前提条件や仮定のうち，分析結果が有利になる主要な要因の組み合わせ（上位ケースシナリオ）と不利になる組み合わせ（下位ケースシナリオ）を設定し，分析結果の幅を把握する方法	主要なすべての前提条件・仮定が変動したときの分析結果がとりうる値の範囲
モンテカルロ感度分析	分析で設定した前提条件や仮定の主要なもの全ての変数に確率分布を与え，モンテカルロシミュレーションによって，分析結果の確率分布を把握する手法	主要なすべての前提条件・仮定が変動したときの分析結果の確率分布

6.5.2 感度分析

インベントリ分析の結果は，分析に使用したデータの品質に影響される．他のデータと出典の異なるデータ，古いデータ，大きな変動幅のあるデータなどを使用した場合は，該当するデータについて感度分析を行い，結果にどう影響するかを把握することが重要である．感度分析から重要となるプロセスや物質を特定でき，その結果を受け，必要に応じてデータの再収集やインベントリ分析の再検討を行う．

感度分析とは，どのデータの不確かさが全体的な結果に大きく影響するかを判断するための分析である（LCA実務入門編集委員会，1998）．感度分析の方法には，要因別感度分析，上位ケース・下位ケース分析，モンテカルロ感度分析などがある（表6-6参照）（Boardman *et al.*, 2006；国土交通省，2004）．

感度分析において，どの要因にどの程度の変動幅を持たせるかは，LCA実施者が目的や調査範囲，データ品質から判断する．したがって，データ収集の作業やインベントリ作成の作業などの段階で，データの変動幅やプロセス間の環境負荷排出量の大小などをあらかじめ把握しておくことが重要である．

◆例題：I県北部の一般廃棄物処理計画
（解釈：感度分析）
［確認］

　先ほどの結果の解釈より，集約案で利用する直接溶融炉では，コークスの燃焼に伴うCO_2排出量がごみ由来のCO_2排出量に次いで大きく，集約案への移行に伴うCO_2排出量増加の原因であることがわかった．また，集約案での環境負荷排出量の削減策としてコークス消費量の節減が指摘された．そこで，コークス消費量に関する感度分析を行い，その結果よりコークス節減の方向性を考える．

　直接溶融炉で消費されるコークスの量は，投入するごみの組成（含水率）やコークスの品質（発熱量）などに影響される．そこで，「1) ごみの含水率およびコークスの発熱量の変動幅の設定」で，変動要因としたごみの含水率とコークスの発熱量の変動幅のデータを収集する．また，「2) 直接溶融炉の燃焼状態（熱収支）のモデル作成」において，これらの要因の変動に対して，コークス消費量の変化を分析するための評価モデルを作成する．「3) 感度分析」において，ごみの含水率とコークスの発熱量の変動によるコークス消費量の要因別感度分析，上位ケース・下位ケース分析を行う．さらに，これらの要因の変化に伴う集約案でのCO_2排出量への影響を分析する．「4) 解釈」では，分析結果からコークス消費量を節減する方策について考察する．

［データ整理のポイント］

　直接溶融炉のコークス消費量の，ごみの含水率およびコークスの発熱量の変動に伴う影響を定量化する．そのためには，まず，ごみの含水率の変動幅およびコークスの発熱量の変動幅を設定（仮定）する必要がある．また，これらの変動要因とコークス消費量の関係を計算できるような直接溶融炉での燃焼状態（熱収支）のモデル式を作成する必要がある．

［データ整理］

1) ごみの含水率およびコークスの発熱量の変動幅の設定

　評価対象システムの直接溶融炉に投入されるのは，I県北部地域のごみである．当該地域のごみの含水率は入手できなかったが，同じくI県の隣接地域8市町村のデータを入手したため，それを用いる[8]．市町村別含水率の単

表 6-7　ごみの含水率とコークスの発熱量の変動幅の設定

	最小値	基準値	最大値
ごみの含水率　　　　[%]	24.4	45.3	57.0
コークスの発熱量　[kJ/kg]	28,500	30,100	32,700

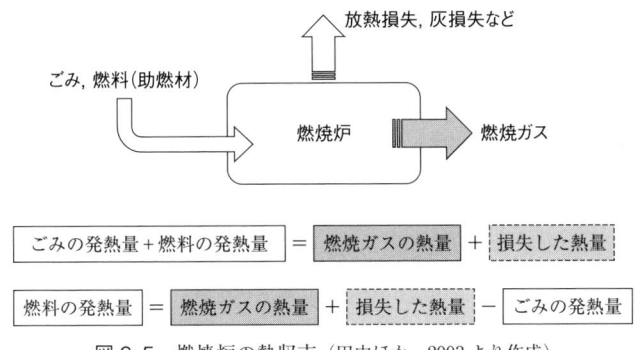

図 6-5　燃焼炉の熱収支（田中ほか，2003 より作成）

純平均値を基準値とし，最大値・最小値となる市町村別含水率から変動幅を設定した（表 6-7 参照）．

　直接溶融炉で消費するコークスの発熱量の変動幅のデータは，プロセスデータの収集（6.2 節）の際には得られなかった．そこで，日本エネルギー学会（2004）のデータを参考に発熱量の変動幅を設定した（表 6-7 参照）．コークス（石炭コークス）は，石炭を乾留して製造されるが，乾留時に除去しきれなかったガス分や冷却時に残留した水分によって発熱量に差が生じる．

2）直接溶融炉の燃焼状態（熱収支）のモデル作成

　プロセスインベントリの整備の項（6.3 節）で作成した直接溶融炉のプロセスインベントリ（表 6-3 参照）は，ごみの含水率やコークスの発熱量の変動を反映できるだけのデータ品質が確保されていない．そこで，整備したプロセスインベントリから離れて，燃焼炉における理論的な燃焼状態（熱収支モデル）からコークス消費量を計算する燃焼炉内の熱収支モデルを作成する．

---

[8] 一般廃棄物処理施設の維持管理に対して，年 4 回以上の頻度でごみ質（単位容積重，水分，ごみの種類組成，灰分，可燃分，低位発熱量など）の調査を実施することが指導されている（昭和 52 年 11 月 4 日環整 95 号，改定 平成 2 年 2 月 1 日衛環 22 号）．今回の事例では，調査結果の年間平均値をもとに，ごみの組成（含水率）の変動幅を設定した．

ただし，熱収支モデルの基準値での単位ごみ処理あたりコークス消費量が，表 6-3 とほぼ同じ値になるように設定した．

燃料や廃棄物を燃焼させたときの燃焼炉の熱収支は，図 6-5 のように表せる（田中ほか，2003）．燃焼炉内では，ごみと燃料（助燃材）に由来する熱量が投入され，投入された分だけ燃焼ガス，灰あるいはその他の損失熱の形で熱量が排出される．図 6-5 の考え方に基づいて，さらに燃焼炉内の燃焼条件，燃焼ガスの熱量，損失熱量などを集約案で利用する直接溶融炉の条件に設定し，ごみの燃焼状態の熱収支モデル式を作成した[9]．

作成した熱収支モデルを用いた基準値での計算では，単位ごみ処理量あたりのコークス消費量が 7.14×10^{-2} kg/kg であり（表 6-3 で整備したプロセスインベントリのコークス消費量に対して 3.3% 減），感度分析で利用するには十分な精度を持つと判断した[10]．

---

[9] 単位量のごみを燃焼させた場合の熱収支は次の式 (1) のように示せる（田中ほか，2003）．式 (1) から感度分析用の熱収支モデル式（式 (2)）を作成し，右辺の条件を集約システム案の直接溶融炉の燃焼状態に設定（近似）した．

$$H_L + C_f T_o + L C_{pa} T_a = V_w C_{pg} T_g + \alpha H_L \tag{1}$$

- H_L　：ごみの低位発熱量 [kJ/kg]
- C_f　：ごみの比熱 [kJ/(kg・℃)]
- T_o　：供給時のごみ温度 [℃]
- L　：燃焼空気量 [m³_N/kg]
- C_{pa}　：燃料空気の平均定圧比熱 [kJ/(m³_N/kg)]
- T_a　：燃焼空気温度 [℃]
- V_w　：湿り燃焼ガス量 [m³_N/kg]
- C_{pg}　：燃焼ガスの平均定圧比熱 [kJ/(m³_N・℃)]
- T_g　：燃焼ガス温度 [℃]
- α　：入熱に対する炉損失など諸損失の割合 [—]

$$H_{Lm} = \frac{V_w C_{pg} T_g - (C_f T_o + L C_{pa} T_a)}{1 - \alpha} \tag{2}$$

$H_{Lm}\,(=H_L)$：投入される燃料（ごみ，助燃材）の発熱量 [kJ/kg]

したがって，式 (2) では直接溶融炉の燃焼条件を満たすような H_{Lm} が求められる．H_{Lm} は，炉内に投入される「ごみ」と「コークス」の発熱量で補われる．つまり，式 (2) を利用して「ごみの含水率」や「コークスの発熱量」の変動を受けたコークス消費量を算出できる．

表6-8 ごみの含水率の変動に伴うコークス消費量の変化

	ごみの含水率 [%]	コークス消費量 [kg/kg-ごみ]
最小値	24.4	2.88×10^{-2}
基準値	45.3	7.14×10^{-2}
最大値	57.0	9.51×10^{-2}

表6-9 コークスの発熱量の変動に伴うコークス消費量の変化

	コークスの発熱量 [kJ/kg]	コークス消費量 [kg/kg-ごみ]
最小値	28,500	7.54×10^{-2}
基準値	30,100	7.14×10^{-2}
最大値	32,700	6.57×10^{-2}

3) 感度分析

(a) 要因別感度分析（ごみの含水率，コークス発熱量）

　要因別感度分析では，評価対象が持つ複数の変動要因についてそれぞれ単独での影響を把握する．ある1つの要因について分析する際には，その他の変動要因はすべて基準値に固定して，分析対象とした変動要因の影響を把握する．ここでは，ごみの含水率およびコークスの発熱量の変動がコークス消費量に与える影響をそれぞれ把握する．

　結果を表6-8，表6-9に示す．要因別感度分析の結果から，直接溶融炉での単位ごみ処理量あたりのコークス消費量は，ごみの含水率の変動の影響で6.63×10^{-2}kg，コークスの発熱量の変動に伴って0.97×10^{-2}kgだけ変化することがわかった．これより，集約案の直接溶融炉のコークス消費量には，ごみの含水率の変動がコークスの発熱量の変動よりも大きく影響することがわかった．

---

[10] 直接溶融炉を利用している他市町村の月別データ（12カ月分）では，単位ごみ処理量あたりのコークス消費量の変動係数が12.1%であった．これに対して，作成したモデルでのコークス消費量は，プロセスインベントリとして整備した値と3.3%の差であり，その違いは小さいと考えられる．評価目的や算出結果の差から考えて，今回の感度分析に用いるモデルとしては十分な精度を持つと判断した．

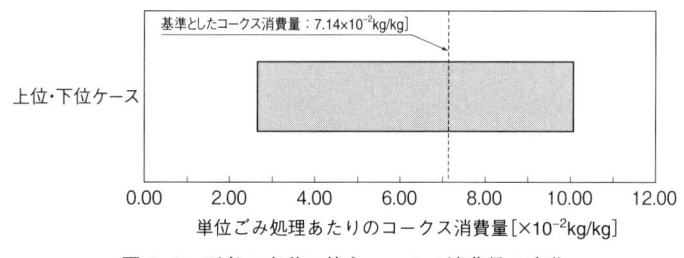

図6-6 両者の変動に伴うコークス消費量の変化

(b) 上位ケース・下位ケース分析

上位ケース・下位ケース分析では，評価対象が各変動要因のすべての影響を受けたときに取り得る値の範囲を把握する．そこで，分析結果が最良となるケース（上位ケース）と最悪となるケース（下位ケース）を，要因別感度分析の結果を踏まえて設定する．本事例では，ごみの含水率が低くコークスの発熱量が高い場合を上位ケースに，その反対の場合を下位ケースになる．

結果を図6-6に示す．上位ケース・下位ケース分析の結果から，直接溶融炉での単位ごみ処理量あたりのコークス消費量は，ごみの含水率とコークスの発熱量の変動による影響を受けて，$2.65 \sim 10.04 \times 10^{-2}$ kgの幅で変動することがわかった．

(c) 感度分析結果のまとめ

コークス消費量に関する要因別感度分析，上位ケース・下位ケース分析の結果を踏まえて，これらの変動が集約案のCO_2排出量にどの程度の影響を与えるかを整理した．結果を図6-7に示す．

図6-7より，集約案のCO_2排出量は5万1700−5万3700トンの幅（上位・下位ケースの変動幅）で変化し，とくにごみの含水率の変動に大きく影響されることがわかった．仮に，上位ケースの条件で施設が利用された場合には，集約案のCO_2排出量は1200トン削減されることになる．これは，基準ケースで排出されるCO_2の2.3％を削減する効果である．また，各要因別のCO_2排出量の低減の程度は，ごみの含水率が最小値の場合で1140トン（2.2％），コークスの発熱量が最大値の場合で150トン（0.3％）であった．

4）結果の解釈

ここでは，集約案における直接溶融炉から排出されるCO_2の低減策として，

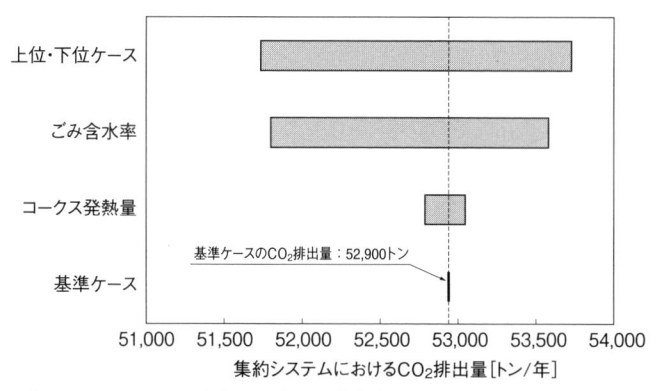

図6-7 コークス消費量の変化に伴う集約案のCO_2排出量の変化

コークス消費量を削減する2つの要因（ごみの含水率・コークスの発熱量）の影響について分析した．その結果，ごみの含水率の変動が支配的な要因であり，コークスの発熱量はあまり大きな要因ではないことがわかった．結果より，CO_2排出量をより正確に評価するためには，ごみの含水率の測定が欠かせないことがわかる．

　また，コークスの消費量を削減するには，家庭での水切りの推奨，収集したごみの含水率を上昇させない管理など含水率を低下させる対策として有効であると考えられる．今回のごみの含水率は，とくにこのような対策なしに測定された値であるため，これらの対策の導入はCO_2排出量の削減に有効であることが示唆される．ただし，ごみの含水率は，ごみ組成の季節変動や収集時の天候といった，処理システムの管理側では制御できない要因を含んでいる[11]．これに対して，発熱量の高いコークスを利用することは，管理側として取り組みやすい対策である．しかし，実際の導入に際しては，コークスのコストも考慮する必要がある．以上より，集約案においてCO_2排出量の低減策としては，発熱量の高いコークスの利用を即効的な対策として位置づけ，家庭における生ごみの水切り徹底の指導，屋根付きごみステーションの設置などをごみの含水率低減策として継続的に進めていくことが考えられる．

---

[11] ただし，今回の感度分析には，ごみの含水率の年間平均値を用いているため，季節変化や天候による変化も考慮されている．

[解説]
1）感度分析の準備

　感度分析の作業は，評価対象を構成する1つまたは複数個の要因が，全体の結果をどの程度変化させるかを把握することである．したがって，感度分析を行うには，分析の対象とした要因の変動幅のデータ，その変動を反映できる評価モデル（プロセスインベントリ）が必要になる．

　各要因の変動幅は，インベントリ分析段階で収集したデータや文献，類似事例，有識者への聞き取りなどによって設定する．文献，類似事例などの蓄積が不十分な要因については，基準値の±10％程度の変動幅を仮定することも1つの方法である（LCA実務入門編集委員会，1998；国土交通省，2004）．作成したプロセスインベントリが感度分析に対応できない場合には，感度分析用の評価モデル（プロセスインベントリ）の作成や既存プロセスインベントリの詳細化を行う．変動幅の設定に利用したデータや評価モデルに関する情報は，データの出典，論理性，妥当性などを明示して，分析内容の透明性を確保する．

　I県の事例では，ごみの含水率の変動幅は，収集した月別のごみ質分析結果資料から設定し，コークスの発熱量は関連資料から設定した．また，2つの変動要因が反映できる直接溶融炉の熱収支モデル（プロセスインベントリに相当）を作成した．作成した評価モデルの妥当性は，実績値より作成したプロセスインベントリとの比較によって検証した．

2）感度分析の実施

　感度分析には表6-6に示した手法がある．感度分析によって，各要因の変動がどのプロセスにどの程度影響し，全体の結果にどのような影響があるのか，あるいは，主要な要因すべてが変動した場合に全体の結果がどのように変化するのか，ということがわかる．感度分析は，何を目的に実施するのか考えて，手法を選択する．そして，得られた分析結果については，変動要因とその定量的な影響をまとめる．

　本事例では，要因別感度分析を行い，ごみの含水率とコークスの発熱量の変動が直接溶融炉でのコークス消費量に与える影響を分析した．また，上位ケース・下位ケース分析より，これらの要因が全体の結果（集約案からの

CO_2 排出量）にどの程度影響を与えるか評価した．いずれの分析についても，要因と定量的な結果をまとめた．

3）分析結果の利用

　感度分析は，評価対象システムから排出される環境負荷物質について，全体としてどの程度変化するのか，また，どの要因の影響が大きいのか，を明らかにできる．そして，支配的な要因が，施策や活動の実施主体によって制御できるかどうかを見極めることが重要である．これは，物理的な制約，費用面での制約などから総合的に判断する．感度分析の結果は定量的であるため，具体的な対策の立案段階や実施段階では，その対策の必要性や効果の説明材料として有効に利用できるであろう．

　本事例では，ごみの含水率を低減させる対策について，含水率の変動を引き起こす事柄を考慮してより現実的な策を提案した．

　感度分析は，さまざまな前提条件のもとで行うため，結果の適用範囲は限定的であり，実際の結果（効果）との間にずれが生じることに注意が必要である．また，景気の変動や新法の施行など，施策や活動の実施環境は将来にわたって変化していく．したがって，変動要因の変化に対応した感度分析を行い，施策や活動の実施計画を再検討することも重要であると考えられる．

6.5.3　完全性点検

　結果の解釈にあたっては，地域の施策や活動を対象とした場合においても製品を対象とした場合と同様に，対象システムの前提条件と評価内容の限界を把握し，説明可能な範囲の中で結果の解釈を行わなければならない．いいかえると，得られた解釈に至るだけの情報（システム境界，データ品質，前提条件，限界，配分手順など）であったかどうか検証する必要がある．

◆I県北部の一般廃棄物処理計画
（解釈：完全性点検）
［前提条件］
1）システム境界
　システム境界は，第5章に示したプロセスフローおよび範囲（図5-2，図

5-3,表 5-2 参照)とした.
2) データ品質

処理技術に関するデータには,平成 12 年を基本とした I 県一般廃棄物処理施設の統計資料および調査により得た処理施設の実績データを用いた(フォアグラウンドデータ).その他に関しては,各種データベースから関連する項目の原単位を利用した(バックグラウンドデータ).ただし,電力製造(発電)に伴う環境負荷排出原単位は当該地域の電力供給会社の実績値を利用した.

3) 前提条件

評価対象とした市町村は,平成 12 年現在の I 県北部地域の旧市町村を対象とした.一般廃棄物の輸送には 2 トン収集車を利用するとし,輸送距離は市町村代表点間の最短道路距離とした.計画案とした集約案での直接溶融炉のプロセスインベントリは,I 県内の類似施設のデータを利用して整備した.

[評価の限界]

1) システム境界に伴う評価結果の限界

一般廃棄物処理施設のプロセスインベントリでは,運用段階のみを調査範囲としたため,計画案での施設建設に伴う環境負荷の排出量は計上できない.

2) 前提条件の設定に伴う評価結果の限界

機能単位を「I 県北部地域で排出される一般廃棄物を処理すること」とし,年単位での評価としたため,ごみ排出の季節変動に伴う影響は検討できない.また,収集データの品質からプロセスインベントリの詳細度に限界があり,ごみの質(組成)を考慮した直接的な分析を行うことはできない.

[解説]

前提条件と評価の限界に関する内容の整理は,LCA による評価内容に透明性や客観性を持たせることができ,結果の信頼性を保証するものである.したがって,インベントリ分析を行う際には,ISO 14040 によって指示された項目に限らず,評価に関係すると思われる項目は一通り整理しておくことが大切である.

参考文献

Boardman AE, Greenberg DH, Vining AR, Weimer DL (2006): Cost-Benefit Analysis Concepts and Practice, Third Edition, Prentice Hall, pp.175-184.
伊坪徳宏，田原聖隆，成田暢彦著，稲葉 敦，青木良輔監修 (2007):『LCA 概論』，産業環境管理協会.
井原智彦，佐々木 緑，志水章夫，菱沼竜男，栗島英明，玄地 裕 (2005):環境情報科学論文集，No. 19, pp.485-490.
運輸省 (1997):『平成 7 年度自動車輸送統計』.
LCA 実務入門編集委員会編 (1998):『LCA 実務入門』，産業環境管理協会.
LCA 日本フォーラム (2004): JLCA-LCA データベース 2004 年度 2 版，http://www.jemai.or.jp/lcaforum/, 2010 年 7 月 2 日確認.
環境庁 (2000a):温室効果ガス排出量算定に関する検討結果.
環境庁 (2000b):ダイオキシン類の排出量の目録（排出インベントリー）について (2000 年 6 月 29 日報道発表資料), http://www.env.go.jp/chemi/dioxin/report. html, 2010 年 7 月 2 日確認.
国土交通省 (2004):公共事業評価の費用便益分析に関する技術指針平成 16 年 2 月，http://www.mlit.go.jp/kisha/kisha04/13/130206_.html, 2010 年 7 月 2 日確認.
産業環境管理協会 (2005): JEMAI-LCA Pro ver. 1.1, http://www.jemai.or.jp/CACHE/lca_details_lcaobj6.cfm, 2010 年 7 月 2 日確認.
田中信壽編，松藤俊彦，角田芳忠，東條安匡 (2003):『リサイクル・適正処分のための廃棄物工学の基礎知識』，技報堂出版.
東北電力 (2004):環境行動レポート 2004, http://www.tohoku-epco.co.jp/enviro/tea2004/, 2010 年 7 月 2 日確認.
南齋規介，森口祐一，東野 達 (2002):『産業連関表による環境負荷原単位データブック (3EID)』，国立環境研究所.
日本エネルギー学会編 (2004):『コークス・ノート 2004 年版』，日本エネルギー学会.
松藤敏彦 (2005):『ごみ処理システムの分析・計画・評価—マテリアルフロー・LCA 評価プログラム』，技報堂出版.

第7章 インパクトの評価

　本章では，第6章で集計した環境負荷（二酸化炭素（CO_2）や硫黄酸化物（SO_x），窒素酸化物（NO_x）など）が，人間や自然にどれだけの影響（環境へのインパクト）を与えるのか，インパクト評価（ライフサイクル影響評価）を用いて評価する．なお，インパクト評価の概要については2.5節を参照されたい．

7.1　インパクト評価での作業概要

　インパクト評価は，あらかじめ設定した目的と調査範囲の中で，評価対象に伴う環境へのインパクトを評価する段階である．

　インパクト評価は，自然科学的知見を用いて評価を行う特性化（ISO 14044では必須要素）と，価値判断を用いて単一指標にまとめる統合化（ISOでは任意要素）に大別される．

　目的および調査範囲の設定（第5章参照）で，どの環境影響領域（インパクトカテゴリ）に与えるインパクトをどのようなインパクト評価モデル（特性化モデルと統合化モデル，ただしISO 14044では統合化モデルは任意）を用いて評価するか，を設定した．続くインベントリ分析（第6章参照）にて，評価対象の環境負荷を集計した．

　インパクト評価の段階では，まず，環境負荷に対して特性化モデルを適用し，環境へのインパクトを特性化する．そして，統合化では，設定した統合化手法を用い，特性化の結果を単一のインパクト指標に統合化する．

7.2 環境へのインパクトの特性化

インパクト評価モデルは，目的および調査範囲の設定の際に選択されるものであるが，ここでは，地域性の考慮と合わせて，若干の説明を補足する．

7.2.1 特性化モデルの選択

ISO 14044 では，インパクト評価に際しては，目的および調査範囲の項で，評価する環境影響領域だけではなく，評価モデルもあらかじめ選択することになっている．インベントリ分析では，評価するシステム境界は設定するものの，インベントリ分析に用いるプロセスインベントリの収集方法やライフサイクルインベントリの作成方法までは指定されておらず，大きな違いである．ただし，実務的には，目的および調査範囲の項であらかじめインパクト評価手法を選択するのではなく，インパクト評価の段になって評価手法を選択しても構わない．

インパクト評価に用いる特性化係数は，式 (7-1) のようにプロセスインベントリと似た構造を持っている[1]．しかし，その作成には専門分野の科学的知見を要求するため，多大な労力を伴い，通常は，評価にあたって新規にモデルを作成せず，既存のモデルを選択して利用する．ISO の記述はこのことを踏まえたためであると考えられる．

$$\boxed{\text{評価対象からの環境負荷}} \times \boxed{\text{特性化係数}} = \boxed{\text{評価対象に伴う環境へのインパクト（特性化）}} \quad (7\text{-}1)$$

7.2.2 地域性の考慮

プロセスインベントリと同じく，特性化係数にも地域性が存在する．

地球温暖化やオゾン層破壊のような全球的な環境問題では地域性はほぼ存在しない．CO_2 やフロン類（CFCs）をどこで排出しても全球的に移流拡散し，その後にインパクトをもたらすためである．しかし，都市域大気汚染，

---

[1] 特性化係数だけではなく，統合化係数を含むインパクト評価係数について，同様の数式で表現できる．

酸性化や湖沼の富栄養化といった環境問題では地域性が存在する．原因物質である NO_x やリンは局地的に移流拡散し，変質，沈着する．局地的な拡散は局地気象に大きく影響を受ける．風が強ければ広域に拡散するが，弱ければ高濃度のまま留まるだろう．そのため，NO_x やリンは排出される地域によって環境へのインパクトの大きさが変化する．

一部の特性化手法では，部分的ではあるが地域性を考慮している場合もある．たとえば，LIME（伊坪・稲葉，2005）（2.6節参照）では，環境負荷物質の発生源を地域別（北海道や東北など7地域）に取り扱えるようになっている．

さらに細かい局所的な環境負荷排出に伴う環境へのインパクトを評価したい場合は，自ら特性化係数を作成する必要がある．この種の評価はおそらく局地的な環境影響のみを評価する従来の環境アセスメントで行われていたはずである．

7.2.3 特性化

特性化の計算は環境影響領域ごとに行われる．たとえば，都市域大気汚染に関しては，各都市域大気汚染の原因物質（NO_x や SO_x など）にそれぞれの都市域大気汚染への特性化係数を乗算し，乗算結果を合計したものが特性化結果となる（式（7-1）参照）．

◆例題：I県北部の一般廃棄物処理計画（井原ほか，2005）
（環境へのインパクトの特性化）
［確認］

I県北部では，現在，2カ所の焼却炉を用いて一般廃棄物を処理しているが（現行システム），直接溶融炉を建設して1カ所に処理を集約しようという計画案（集約案）が存在する．本事例のLCAの目的は，第5章で示した通り，現行システムと集約案それぞれに伴う環境へのインパクトを評価し，廃棄物処理計画を検討する上で環境面での基礎データを整備することである．

本章では，第6章で集計した環境負荷のデータをもとに，インパクト評価を行う．すでに，第5章で，地球温暖化と都市域大気汚染および酸性化を評価する環境影響領域に選定し，またインパクト評価モデルとして，LIMEを

表7-1 地球温暖化の特性化係数（伊坪・稲葉, 2005）

温室効果ガス	GWP
CO_2	1

表7-2 酸性化の特性化係数（伊坪・稲葉, 2005）

酸性化原因物質	DAP
NO_x	0.72
SO_2	1

用いることを決定した（統合化手法はLIME ver. 1）．
［データ整理のポイント］
　第6章で算出したライフサイクルインベントリを用いて，地球温暖化と大気汚染に与えるインパクトを算出するには，以下のデータが必要となる．
- CO_2 1 kg が地球温暖化に与えるインパクト
- NO_x, SO_x, 粒子状物質（PM）[2]それぞれ1 kg が酸性化に与えるインパクト
- NO_x, SO_x, PMそれぞれ1 kg が都市域大気汚染に与えるインパクト

［データ収集］
　LIMEでは，環境影響領域ごとに特性化係数がまとめられており，以下の特性化係数が掲載されている．
- 環境負荷物質が「地球温暖化」に与えるインパクト
- 環境負荷物質が「酸性化」に与えるインパクト
- 環境負荷物質が「都市域大気汚染」に与えるインパクト

［データ整理］
　「地球温暖化」と「酸性化」の特性化係数をまとめると，表7-1となる．
　表7-1のGWPは地球温暖化係数（Global Warming Potential）の略であり，地球温暖化量を示す指標である（詳細は2.5.1節を参照）．表7-2のDAPとは，沈着面からの酸性化ポテンシャル（Deposition Acidification Potential）

---

[2] LIMEでは，PMとしてPM 10とPM 2.5のインパクト評価係数を用意している．国内ではPM 10を対象に規制が行われることが一般的であるため，I県北部の事例では，PMをすべてPM 10として評価を行った．

表7-3 都市域大気汚染の被害係数（伊坪・稲葉, 2005）

大気汚染物質		人間健康 [DALY/kg]	
		東北	日本平均
NO_x	点源	9.54×10^{-6}	1.46×10^{-5}
	線源	1.11×10^{-5}	2.03×10^{-5}
SO_x		7.96×10^{-5}	1.05×10^{-4}
PM 10	点源	6.73×10^{-5}	2.53×10^{-4}
	線源	3.02×10^{-4}	1.14×10^{-3}

の略であり，LIME（伊坪・稲葉, 2005）で開発された酸性化に関する特性化係数である．DAPの値はSO_2による沈着面からの酸性化ポテンシャルによって規格化されている．

しかし，LIMEでは「都市域大気汚染」の特性化係数を開発していない[3]．そこで，特性化係数の代わりに表7-3に示す被害係数を用いることとした．表7-3にあるように，LIMEの都市域大気汚染の被害係数は東北と日本平均で異なるが，本事例では，大気汚染物質を排出するほとんどのプロセスが東北に存在するため（第6章参照），ここでは東北の値を用いる．

LIMEでは「人間健康」「社会資産」「生物多様性」「一次生産」の4つを保護対象としている．被害係数とは保護対象に対してどれだけインパクトを与えるか，といった被害評価の指標であり，インパクト評価のフローにおいては特性化と統合化の間に位置する（2.5節参照）．ただし，被害評価は，特性化と同じく自然科学的知見によってのみ評価される段階である．

「都市域大気汚染」は4つの保護対象のうち「人間健康」のみに影響を与える．表7-3のDALY（Murray, 1994; Murray and Lopez, 1996）とは障害調整生存年（Disable Adjusted Life Year）の略であり，LIMEでは人間健康に対する被害指標として用いている．なお，LIMEの「都市域大気汚染」は発生源を地域別，点源・線源別に扱うようになっている．地域別に関しては発生源と被害域との間の気象および被害域での人口密度を考慮したためであ

---

[3] NO_2やSO_2が二次汚染物質を生じるため暴露量や閾値を他の物質と単純に比較しにくいことや，NO_2やSO_2による汚染は発生源の高度の区別が必要だが両者を区別した係数を開発しにくいことを理由としている．

り，点源・線源別に関しては点源と線源では人体への暴露形態が異なるためである．

[評価]

第 6 章で求めた現行システムと集約案のライフサイクルインベントリに前述の特性化係数を乗算して環境へのインパクトを算出する（現行システムのライフサイクルインベントリは表 6-4 および表 6-5 を参照）．大気汚染物質に関しては点源・線源別にそれぞれの被害係数を乗算する必要があるが，廃棄物処理事業の場合，ごみ輸送時のトラックからの排出が線源の排出源，それ以外は点源の排出源であると考えられる．

地球温暖化，酸性化，大気汚染の順に特性化の結果を図 7-1 に示す．指標としてそれぞれ CO_2 相当，SO_2 相当，DALY を用いた．

特性化の結果より，次のことがわかる．

- 集約案（5.29×10^7 kg CO_2 eq）は現行システム（4.42×10^7 kg CO_2 eq）より地球温暖化を悪化させる．
- 集約案（4.24×10^4 kg SO_2 eq）は現行システム（5.39×10^4 kg SO_2 eq）より酸性化を軽減させる．
- 集約案（DALY: 1.24 年）は現行システム（2.61 年）より都市域大気汚染による被害を軽減させる．

[解説]

本事例では，温室効果ガスは CO_2 のみであったため，インベントリ分析による CO_2 排出量集計結果（図 6-4）と，インパクト評価による地球温暖化評価結果（図 7-1）はまったく同じとなった．しかし，酸性化原因物質は NO_x と SO_x の双方が排出され，都市域大気汚染物質としては NO_x と SO_x に加えて PM も排出される．そして，インベントリ分析から集約案は NO_x を増大させるものの，SO_x や PM は削減できることがわかった（図 7-1 参照）．このような場合，大気汚染の観点からどちらのシステムが望ましいのか，容易には判断できない．なぜならば NO_x，SO_x，PM はそれぞれ大気汚染への寄与の度合いが異なるため，1 トンの NO_x を 1 トンの SO_x や PM と同様に扱うことはできないためである（表 7-2，表 7-3 参照）．特性化を行うことによってこの種の問題を解決でき，この場合，大気汚染（酸性化および都市

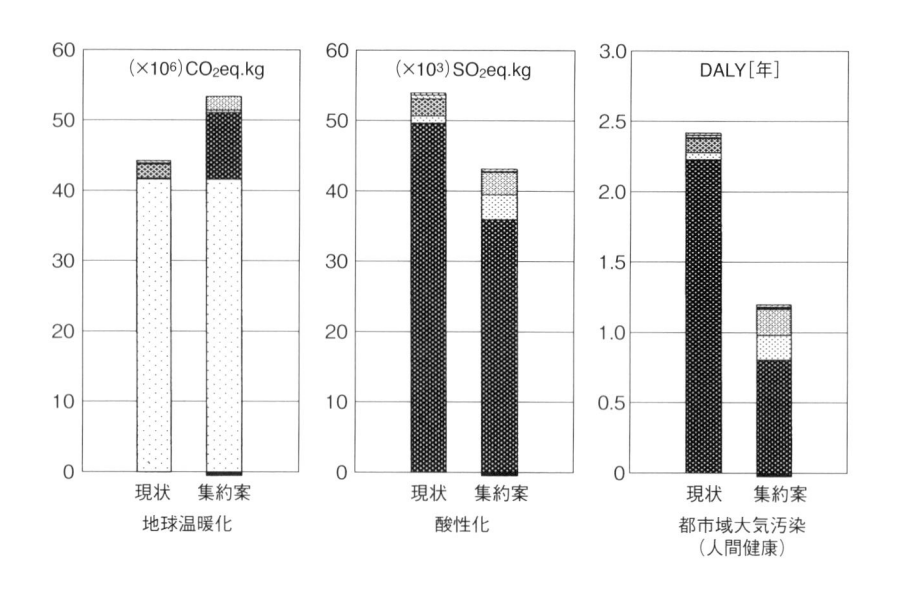

図7-1 廃棄物処理に伴う環境へのインパクト（特性化による結果）

凡例:
- 直接：輸送
- 直接：焼却/直接溶融
- 直接：廃棄物由来
- 間接：売電
- 間接：薬剤処理
- 間接：セメント固化
- 間接：焼却/直接溶融
- 間接：発電
- その他

現状：現状システム（N地区＋K地区）
集約：集約案（直接溶融）

域大気汚染）の観点では，集約案の方が現行システムより望ましいと判断できるのである．

図7-1はプロセス別の環境へのインパクトの評価であるが，この図から地球温暖化は廃棄物そのものの焼却に大きな原因があり，また集約案では，それに加えて溶融時の昇温プロセスに問題があることがわかる．一方，大気汚染は輸送や背後での火力発電の稼働も原因であるが，焼却プロセスから排出される物質が支配的な原因であることがわかった．ただし，集約案のように輸送が広範囲化すると，輸送プロセスに伴う大気汚染も増大することがわかった．

環境問題（環境影響領域）別にインパクトを算出すると，どの環境問題を防止するには，どのプロセスを改善すべきかがわかる．今回の場合，地球温

暖化の観点では廃棄物そのものからの炭素の除外（たとえば生ごみやプラスチックの分別），大気汚染の観点からは焼却プロセスの改善（脱硫・脱硝装置の一層の改善）や輸送プロセスの改善（輸送網の効率化や低公害車の採用）が必要であるといえよう．ただし，リサイクルプロセスを評価対象外としているため，生ごみやプラスチックのリサイクルがよいかどうかまでは判別できない．

なお，図 7-1 では，地球温暖化の観点からは現行システム，大気汚染の観点からは集約案が望ましいということはいえるが，では人間や自然に与えるインパクトを最小にするのはどちらなのか，ということまでは判断できない．ISO 14044 ではここまでが必須要素であるが，これを判断するには，さらに ISO では任意要素としている統合化による評価が必要である．

7.3 環境へのインパクトの統合化

7.3.1 地域性の考慮

統合化係数にも地域差は存在すると考えられる．

近年の統合化手法では，特性化の後，被害評価，そして正規化，統合化という手順を踏んでいる（伊坪ほか，2007）．この手順に沿って地域差を説明する．

たとえば，都市域大気汚染を引き起こす NO_x の場合，排出地域およびその周辺の気象条件によってその特性化係数が変化する（7.2.2 節で前述）．さらに，NO_x は沈着した先で居住人口が多ければ大きな呼吸器系疾患を引き起こすが，無人地帯ならば少なくとも人間の健康に関しては問題ないだろう．また，森林があれば酸性化による被害も考えられるが，植生がなければ少なくとも植物の被害はないと考えられる．そのため，被害評価に用いられる被害係数は，特性化係数と同じように排出地域によって変化する．

LIME では国内 7 地域別に CO_2, NO_x, SO_x, PM[4] の排出に伴う被害係数

---

[4] LIME では，PM のインパクト評価係数を PM 10 と PM 2.5 に分けて公開している（伊坪・稲葉，2005）．図 7-2 に示した PM は両者の加重平均値である．

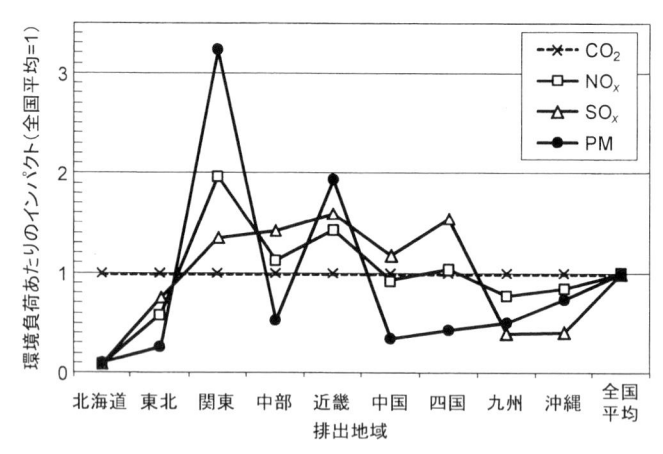

図 7-2 LIME における被害係数の地域値と全国平均値の比較

を整備している．国内 9 地域と全国平均との値の比較[5]（李ほか，2006）を図 7-2 に示す．

図 7-2 は，人間健康へのインパクト（単位：DALY）を環境負荷排出量（単位：kg）で割り，それを全国平均が 1 になるように正規化したものである．そして，特性化段階における地域性と被害評価段階における地域性の双方を含んだグラフとなっている．

地球温暖化の原因物質である CO_2 では，地域差はなく全国平均値と同じになる．一方，NO_x，SO_x，PM の被害係数は，その排出地域によって大きく変化する．拡散が小さい PM によるインパクトの大きさは，排出地域周辺の人口密度に大きく左右され，拡散の大きい SO_x はそこまでは左右されない．また，拡散先に無人の海洋が含まれる可能性があるかどうかも要因の 1 つである（李ほか，2005）．

さらに正規化の段階でも地域差は考えられる．LIME のように人々の価値観をもとに正規化・統合化する場合，その地域の人々の価値観に左右される

---

[5] LIME では，国内 7 地域別（北海道，東北，関東，中部，関西，中国四国，九州沖縄）に都市域大気汚染に関連する環境負荷物質のインパクト評価係数を公開している（伊坪・稲葉，2005）．図 7-2 に示した被害係数は，7 地域別の値を計算する過程（産業環境管理協会，2003）で作成した 49 都道府県別の値を 9 地域別に集計した値である．

ためである．ただし，人々の価値観以外にも多様な統合化手法があるため，統合化係数の変化はむしろ統合化手法自体の問題であると考えられる．

7.3.2 統合化

統合化は，特性化の結果をもとに行われる．ただし，最近の統合化手法は，LIMEのように，内部に特性化手法も含んでいるため，環境負荷から直接計算が行えるように，環境負荷からの係数が用意されていることが多い．環境負荷ごとに統合化係数を乗算して，合計すれば統合化結果となる．

$$\boxed{評価対象からの環境負荷} \times \boxed{統合化係数} = \boxed{評価対象に伴う環境へのインパクト（統合化）} \quad (7\text{-}2)$$

◆例題：I県北部の一般廃棄物処理計画
（環境へのインパクトの統合化）
［確認］
　第5章で設定したように，統合化手法にはLIMEを用いる．
［データ整理のポイント］
　本節では第6章で算出したライフサイクルインベントリを用いて，人間や自然に与えるインパクトを単一指標によって評価する．そのためには，以下のデータが必要となる．
- CO_2, NO_x, SO_x, PM 各1 kgが地球温暖化や大気汚染を通じて最終的に人間や自然に与えるインパクト

［データ収集］
　LIMEでは，環境影響領域（環境問題）ごとに統合化係数が整理されている．本事例に関連するものを抜粋すると以下の通りとなる．
- 環境負荷物質が「地球温暖化」を通じて人間や自然に与えるインパクト
- 環境負荷物質が「酸性化」を通じて人間や自然に与えるインパクト
- 環境負荷物質が「都市域大気汚染」を通じて人間や自然に与えるインパクト

これらを合算すれば各環境負荷物質が最終的に人間や自然に与えるインパクトを算出することができる．

表 7-4　LIME における統合化係数（伊坪・稲葉，2005）

環境負荷物質		特性化			統合化 [円/kg]
		地球温暖化 [円/kg]	酸性化 [円/kg]	都市域大気汚染 [円/kg]	
				東北	都市域大気汚染は東北
CO_2		1.74			1.74
NO_x	点源		4.81×10^1	9.26×10^1	1.41×10^2
	線源		4.81×10^1	1.07×10^2	1.55×10^2
SO_x			6.73×10^1	7.72×10^2	8.40×10^2
PM 10	点源			6.53×10^2	6.53×10^2
	線源			2.93×10^3	2.93×10^3

［データ整理］

　関連する統合化係数をまとめると，表 7-4 となる．

　LIME では「人間健康」「社会資産」「生物多様性」「一次生産」の 4 つを保護対象として，各保護対象へのインパクトを算出した後に，インパクトを金銭化し，金銭化したインパクトを合算して統合化を行うようになっている．

［評価］

　現行システムと集約システムのインベントリに上記の統合化係数を乗算して環境へのインパクトを算出する（現行システムのインベントリは表 6-4 および表 6-5 を参照）．

　統合化の結果を図 7-3 に示す．単位は円である．

　廃棄物処理システムに伴う環境へのインパクトを統合化した結果，現行システムは 104 百万円のインパクトを人間や自然に与えているのに対し，集約案におけるインパクトは 106 百万円となり，微増もしくはほぼ変化しないことがわかった．

［解説］

　統合化は単一指標で環境へのインパクトを示すため，結果がきわめてわかりやすいのが特徴である．その反面，いかなる統合化手法も最終的には人間の価値観によって統合化しているため，価値観の扱い方により手法によって結果に差が出てしまう（安井，2005）．LIME では 4 つの保護対象（人間健康，社会資産，生物多様性，一次生産）の被害を算定した後に，平均的日本人の

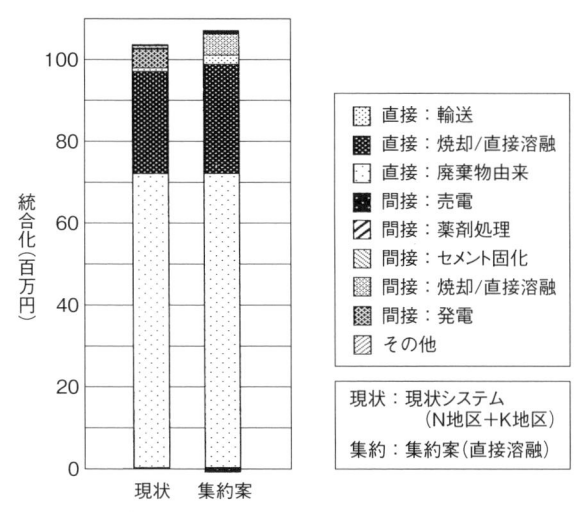

図7-3 廃棄物処理に伴う環境へのインパクト(LIMEによる統合化)

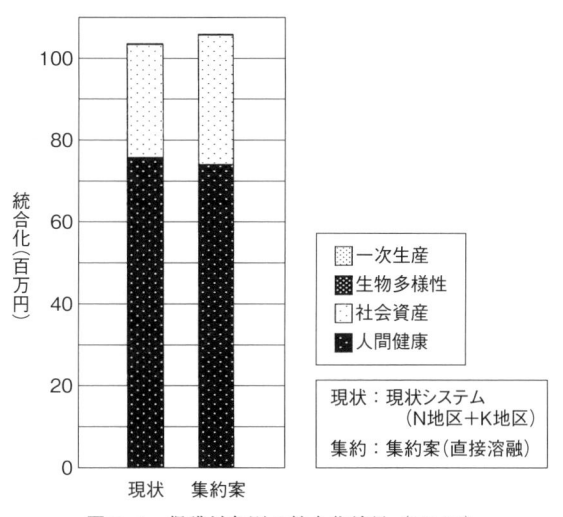

図7-4 保護対象別の統合化結果(LIME)

価値観を用いて統合化している[6]. 今回の結果(図7-3)を保護対象別に示すと図7-4となるが, 人間健康が大きな比重を占め, 一次生産や生物多様性の占める割合が小さいのは, 現在のLIMEが地球温暖化による一次生産や生物多様性の被害量を算定できないからだけではなく, 平均的日本人が最終的

第7章 インパクトの評価——165

な保護対象として人間健康に重きを置くからともいえる(表2-5参照).

統合化は環境へのインパクトを単一指標で示すため非常にわかりやすいが,どのような過程で統合化したのか理解しないと,結果を誤って解釈する可能性があることに注意したい.

参考文献

IPCC (1990): Climate Change 1990, Cambridge University Press, Cambridge and New York.

Murray CJL (1994): Quantifying the Burden of Disease, the Technical Basis for Disability Adjusted Life Years, Bulletin of the World Health Organization, Vol. 72, No. 3, pp.429-445.

Murray CJL, Lopez AD, eds. (1996): The Global Burden of Disease, Volume I of Global Burden of Disease and Injury Series, WHO / Harvard School of Public Health / World Bank, Harvard University Press, Boston.

伊坪徳宏,稲葉 敦編 (2005):『ライフサイクル環境影響評価手法― LIME-LCA,環境会計,環境効率のための評価手法・データベース』,産業環境管理協会.

伊坪徳宏,田原聖隆,成田暢彦著,稲葉 敦,青木良輔監修 (2007):『LCA概論』,産業環境管理協会.

井原智彦,佐々木 緑,志水章夫,菱沼竜男,栗島英明,玄地 裕 (2005):施設規模と輸送距離を考慮した一般廃棄物処理システムのライフサイクルアセスメント,環境情報科学論文集,No. 19, pp.485-490.

産業環境管理協会 (2003):『平成14年度新エネルギー・産業技術総合開発機構委託製品等ライフサイクル環境影響評価技術開発成果報告書』.

安井 至 (2005):社会的受容性獲得のための情報伝達技術の開発,戦略的創造研究推進事業チーム型研究平成16年度研究終了報告書.
http://www.jst.go.jp/kisoken/crest/report/sh_heisei11/, 2010年7月2日確認.

李 一石,伊坪徳宏,稲葉 敦,松本幹治 (2005):地域LCA手法の開発に向けてのアプローチ地域特性を考慮した間接効果の検討,環境情報科学論文集,No. 19, pp.479-484.

李 一石,伊坪徳宏,稲葉 敦,松本幹治 (2006):環境影響の地域性を考慮した地域LCA手法の開発,日本LCA学会誌,Vol. 2, No. 1, pp.42-47.

---

[6] ここでは都市域大気汚染に関しては東北地方の被害係数を用いた.仮に全国の被害係数を用いると現行システムでは119百万円,集約案では114百万円と逆転する.これは,東北地方では,自然条件や社会条件により,都市域大気汚染による被害が全国平均よりも小さくなるためであると考えられる(図7-2参照).

第8章 他の地域の環境負荷および環境へのインパクト

　第II部の冒頭では，地域の施策や活動に伴って，物質（資材やエネルギー）が直接使用されることに起因する地域内の直接の環境へのインパクトと，それらの物質の生産に伴う地域内外での波及効果である間接的な環境へのインパクトが引き起こされることを述べた．第5～7章では，前者の直接の環境へのインパクトについては地域性を考慮したが，後者の間接的な環境へのインパクトについては地域性を考慮しなかった．本章では，間接的な環境へのインパクトについて地域性を考慮する手法を説明する．

◆例題：国内9地域内でのセメント需要に伴う間接的な環境へのインパクト（事例の紹介）
　第8章では，地域で一般廃棄物処理施設を建設する過程で，セメントの需要が発生する事例を，ケーススタディとして想定する．セメントの需要発生に伴って，地域内外でどれだけ間接的なインパクトが引き起こされるか評価する．セメントを事例とするが，他の物質についても同様に評価できる．たとえば，筑井（2007）は，同じ概念で産業連関分析法による家庭用生ごみ処理機の地域性を考慮したLCAを行っている．

8.1　間接的な環境負荷や環境へのインパクトのメカニズム

　地域の施策や活動は，地域内の直接の環境へのインパクトだけではなく，地域内外に間接的な環境へのインパクトを引き起こす．この段階は，地域の施策や活動が環境負荷を発生するまでと，環境負荷が環境へのインパクトを

引き起こすまで，の2段階に分けられる．

8.1.1　間接的な環境負荷

地域の施策や活動が実施されてから環境負荷が引き起こされるまでのメカニズムは次の5段階で説明できる．
(1) 地域の施策や活動に伴って物質（資材やエネルギー）の需要が発生する．
(2) 需要を満たすために，地域内および地域外で物質の生産が誘発される．
(3) 生産が誘発された地域で，生産に伴って環境負荷（間接的な環境負荷）が発生する．
(4) 地域外から地域内に物質が輸送されることにより環境負荷（間接的な環境負荷）が発生する．
(5) 地域内で物質が使用されて環境負荷（直接の環境負荷）が発生する．

本章では，このうち (3) と (4) に着目する．

ここで挙げた間接的な環境負荷は，施策や活動を実施する地域の特性だけではなく，生産が誘発される地域の特性によっても変化する．具体的には，施策や活動の実施地域の域内自給率や地域間の物質流通の形態によって，生産が誘発される地域と生産される量が決定される．そして，生産が誘発される地域では，生産技術やエネルギー消費構造によって生産に伴う環境負荷排出量に差が生じる．同時に，輸送距離や輸送手段によって，輸送に伴う環境負荷排出量も変化する．そのため，直接の環境負荷だけではなく，間接的な環境負荷も地域によって変化すると考えられる．

この間接的な環境負荷については，物質フロー解析（後述）を行うことにより，地域別に解析可能である．

8.1.2　間接的な環境へのインパクト

ある地域での環境負荷物質の排出は，その地域で環境へのインパクトを引き起こすだけではなく，隣接する他の地域でも環境へのインパクトを引き起こす．このような環境へのインパクトの地理的分布は，気象条件や人口密度・植生分布などによって変化する．しかし，現段階では，間接的なインパクトの総量を評価する手法（第7章参照）はあるが，その地理的分布を評価

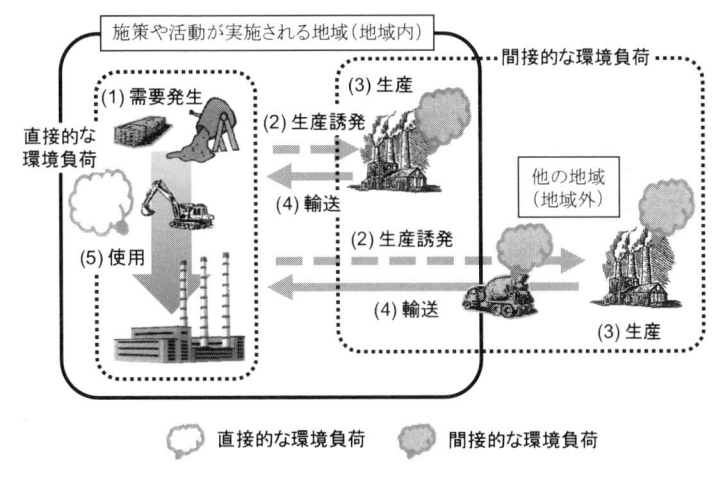

図8-1 セメント需要に伴って環境負荷が引き起こされるメカニズム

する手法は開発段階にある．そのため，ある地域の環境排出が，他の地域にどの程度のインパクトをもたらすかを把握することはできない．

◆例題：国内9地域内でのセメント需要
(間接的な環境負荷や環境へのインパクトのメカニズム)
［間接的な環境負荷のメカニズム］

　ある地域でセメント需要が発生した際に，地域内外で環境負荷が引き起こされるまでのメカニズムを図8-1に示す．

　地域の施策や活動に伴ってセメントの需要が発生する(1)．その需要を満たすため，セメントが地域内で生産されるが，地域内で自給できない分に関しては他の地域（地域外）で生産が行われる(2)．需要に生産が誘発されるため（これを生産誘発と呼ぶ），各生産誘発地域ではセメントの生産に伴って環境負荷が発生する(3)．さらにセメントを施策や活動の実施地域に輸送することによっても環境負荷が発生する(4)．同時に，施策や活動の実施地域で，セメントの使用によって直接的な環境負荷が引き起こされる(5)．

　ここでは，このうち(3)と(4)に着目し，地域性を考慮して両者を評価する手法を説明していく．

第8章　他の地域の環境負荷および環境へのインパクト──169

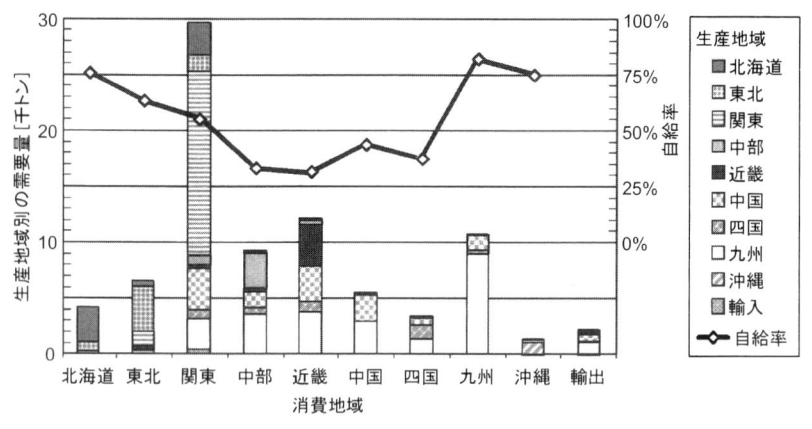

図 8-2 セメントの地域間物質フロー

8.2 物質フロー解析

　地域の施策や活動には物質（資材やエネルギー）が必要であり，それを入手する過程では，各地でさまざまな生産活動が行われ，そして必要とする地域まで生産された物質が輸送される[1]．

　この物質の流れ（material flow）をシステム的に解析することを物質フロー解析（Material Flow Analysis; MFA）という（コラム 8-1 参照）．このような地域別の物質フローのデータは，9 地域別のデータに関しては地域間産業連関表（経済産業省，2001；新井・尾形，2006）が存在する．さらに詳細な地域別の物質フローを解析する場合は各種の統計を用いて自ら作成する必要がある（コラム 8-2 参照）．

◆例題：国内 9 地域内でのセメント需要
（地域間の輸送に伴う環境負荷）
［地域間物質フローマトリックスの作成］

---

[1] 地域で必要な財は，その地域からのみ調達されるわけではなく，他の地域からも調達される．つまり各地域の生産活動は，お互いに他の地域の需要に依存し合っている．これを産業の地域間相互依存という．依存関係は，地域間産業連関表を作成し，地域間の産業別交易構造を把握することによって分析できる．

コラム 8-1
地域間の物質フロー解析

　MFAの解析結果は，物質フローマトリックス（後述）の形式でまとめられる．MFAは国際間や地域内の物質フローを対象に広く行われているが，人間活動に伴う天然資源の採取や廃棄物・環境汚染物質の排出などの分析にも有効な評価手法であり，本章で取り上げたように地域間のMFAは間接的なインパクトの地域性を評価する上で有効である（森口, 2005）．

　LCAにおいてプロセスインベントリを作成するのに，個別に物量データを調査して作成する手法と，産業連関表より作成する手法の2種類がある（第2章参照）のと同じように，MFAにおいても，物量統計や実地調査よりデータを作成する手法と，産業連関表や地域間産業連関表などの経済統計からデータを作成する方法がある．

　地域間物質フローに関する既存統計としては，国土交通省が公表する全国貨物純流動調査（物流センサス）が挙げられる．物流センサスは都道府県レベルでの物質の流動を把握する物量統計であるが，3日間調査を基本とするため，得られるデータの信頼性に課題が残る．さらに，物流管理の視点から整備されているため，対象となる品目の分類数は限られており，またサービスなどの物量で表現できない取引は対象外となっている．一方，全体的な動向を把握できる経済統計として，『地域間産業連関表』（経済産業省, 2001）が存在したが，国内9地域別であり，さらに1995年のデータを最後に公式には作成されなくなった（新井・尾形, 2006）．

　そのため，地域間MFAを行う際は，各種の統計をもとに，自ら次図のような地域間物質フローマトリックスを作成する必要がある．

　上図の地域間物質フローマトリックスは，産業ごとに，当該産業の生産した物質の生産（地）と消費（地）をつなぐフローを表現している．マトリックスを横（行）方向に見ると，各地域で「生産」された物質がどの地域に販売されたか把握できる．また，縦（列）方向に見ると，各地域においてどの地域から物質を「消費」しているかわかる．行列それぞれに「海外」という地域を設けることで，日本国内のフローだけでなく，日本国内の各地域と海外との間の輸出入フローも扱えるようにしている．

　経済統計に基づく地域間物質フローマトリックスは，産業連関表（コラム2-2参照）のフレームを用いることが多い．産業連関表は，国および地域の

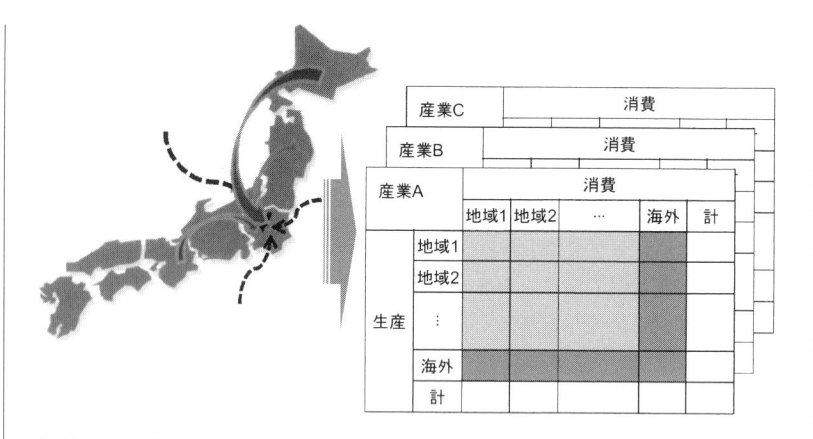

経済活動で扱われるすべての物質のフローを金額ベースで把握している．このため，異なる物量単位を持つ産業や物量単位を持たないサービス産業も含めた，国内のすべての産業を対象とすることが可能となっている．地域間物質フローマトリックスでも，産業連関表と同様に「産業」「生産」「消費」などの用語が用いられ，また値も貨幣単位とすることが多い．

　セメントに関する地域間物質フローマトリックスを作成する．ここでは，国内9地域間のセメントのフローを解析する．国内9地域の物質フローは地域間産業連関表にまとめられている．図8-2に，国内9地域および国外別にどの地域のセメントがどの地域にどれだけ輸送されているかを示す[2]．

　図8-2よりわかるように，地域ごとに自給率は大きく異なり，近畿の30％から九州の81％まで大きくばらつく．自給率の低い近畿や中部での需要発生は，九州や中国での生産誘発につながっていることがわかる．

---

[2] 図8-2では，セメントの需要量の単位として物量を表すトンを用いている．物質フローマトリックスを，物量統計ではなく，経済統計である産業連関表（コラム2-2参照）や地域間産業連関表などに基づいて作成した場合は，物質フローも貨幣単位である円を用いて表されることが多い．しかし，ここでは理解しやすくするため，『平成12年産業連関表』（総務省，2004）の物量表を用いて，円からトンに換算した．

コラム 8-2
地域間物質フローマトリックスの作成例

コラム 8-1 で説明した地域間物質フローマトリックスを作成する．

まず，取り扱う地域区分は都道府県単位（47 都道府県別）とする．産業区分は，各都道府県の産業連関表の整備状況を勘案し，可能な限り詳細な産業小分類を基本とし，186 部門（経済産業省による産業連関表の部門分類）とする．また，5 年おきに作成される産業連関表の状況に対応して，対象年は 2000 年とした．

186 産業を対象にした都道府県間の物質フローマトリックスの作成方法について概観する．作成方法の全体フローを以下に示す．

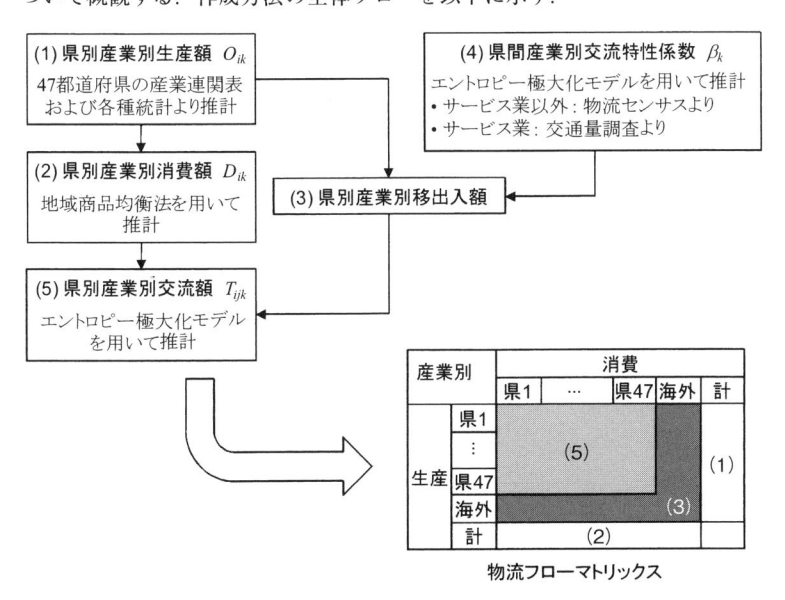

(1) 県別産業別生産額 O_{ik}
47 都道府県の産業連関表および各種統計より推計

(2) 県別産業別消費額 D_{ik}
地域商品均衡法を用いて推計

(3) 県別産業別移出入額

(4) 県間産業別交流特性係数 β_k
エントロピー極大化モデルを用いて推計
・サービス業以外：物流センサスより
・サービス業：交通量調査より

(5) 県別産業別交流額 T_{ijk}
エントロピー極大化モデルを用いて推計

産業別		消費			
		県1	…	県47	海外	計
生産	県1					(1)
	⋮	(5)				
|県47|				
	海外				(3)	
	計		(2)			

物流フローマトリックス

物質フローマトリックスは，図中の (1)〜(5) の手順にしたがって作成される．最初に (1) 県別産業別生産額（マトリックスの行和），続いて (2) 県別産業別消費額（マトリックスの列和）と (3) 県別移出入・輸出入額（マトリックスの内部）の推計を行う．同時に (4) 産業別県間交流特性係数を抽出する．(2) の推計には地域商品均衡法 (Isard, 1953) を用いる．以上で推計した地域別の生産額，消費額，移輸出および移輸入額，地域間交流特性係数をエントロピー極大化モデル（杉浦，2003）に入力して，(5) 産業別

地域間交流額を推計する．エントロピー極大化モデルの目的関数と制約条件は次式で表される．

目的関数： $T_{ij} = A_i O_i B_j D_j C_{ij}^{-\beta}$

制約条件： $A_i = \dfrac{1}{\sum_j B_j D_j f(C_{ij})}$, $B_j = \dfrac{1}{\sum_i A_i O_i f(C_{ij})}$

ここで

T_{ij}：i 地域（発地）から j 地域（着地）までの交通量
O_i：交通量の発地和
D_i：交通量の着地和
β_k：移動抵抗係数（交流特性係数）
C_{ij}：輸送費用

である．

作成方法の詳細は環境省（2007）を参照されたい．各手順で使用する統計を以下に示す．

作成手順	統計	発行者
(1) 県別産業別生産額	都道府県産業連関表	47都道府県
	地域産業連関表	経済産業省
	工業統計調査	経済産業省
	商業統計調査	経済産業省
	石油等消費構造統計	経済産業省
	ガス事業生産動態統計	経済産業省
	本邦工業の趨勢	経済産業省
	電力需給の概要	経済産業省
	木材需給報告書	農林水産省
	農業構造動態調査報告書	農林水産省
	漁業・養殖業生産統計年報	農林水産省
	特用林産関係資料	農林水産省
	建設工事受注動態統計	国土交通省
	人口統計	総務省
	事業所・企業統計調査	総務省
	全国水道施設調査	厚生労働省
	テレコムデータブック	電気通信事業者協会
(2) 県別産業別消費額	都道府県産業連関表	47都道府県
(3) 県別産業別移出入・輸出入額	地域産業連関表	経済産業省
(4) 県間産業別交流特性係数	全国貨物純流動調査（物流センサス）	国土交通省
	交通量データ	松橋ほか（2004）
	電力需給の概要	経済産業省

8.3 間接的な環境負荷の集計

8.3.1 生産誘発段階の環境負荷

生産段階の環境負荷について地域別に評価するためには,それぞれのプロセスについて地域別にプロセスインベントリを作成する必要がある.実際,地域の生産技術やエネルギー消費構造によってプロセスインベントリは変化すると考えられる.

第5章では,直接プロセスに対し,詳細にデータを収集して積み上げ法で地域性を反映したプロセスインベントリを作成した.しかし,このような間接的なプロセスに対しては,地域別にデータを収集するのは困難である.本章では,地域別の産業連関表(経済産業省の各経済産業局による地域産業連関表や各都道府県による都道府県産業連関表など)を用い,製造プロセスにおけるエネルギー消費量プロセスインベントリを作成する.

8.3.2 輸送段階の環境負荷

8.2節において地域間の物質フローを解析した.解析結果より地域間の物質の輸送量がわかるので,これに輸送距離,輸送手段,さらに単位輸送量あたりの環境負荷排出量を乗算すれば,地域間輸送に伴う間接的な環境負荷を算出できる.

8.3.3 地域性を考慮した間接的な環境負荷の集計

8.3.1節の生産段階における環境負荷と,8.3.2節の輸送段階における環境負荷を消費地域別に集計すれば,地域性を考慮した間接的な環境負荷が求まる.

◆例題:国内9地域内でのセメント需要
(間接的な環境負荷の集計)
[生産に伴うCO_2排出量の算出]

セメント生産に伴う二酸化炭素(CO_2)排出量を国内9地域別に評価する.まず,各地域でセメント生産に投入される石油製品,石炭製品,電力,都

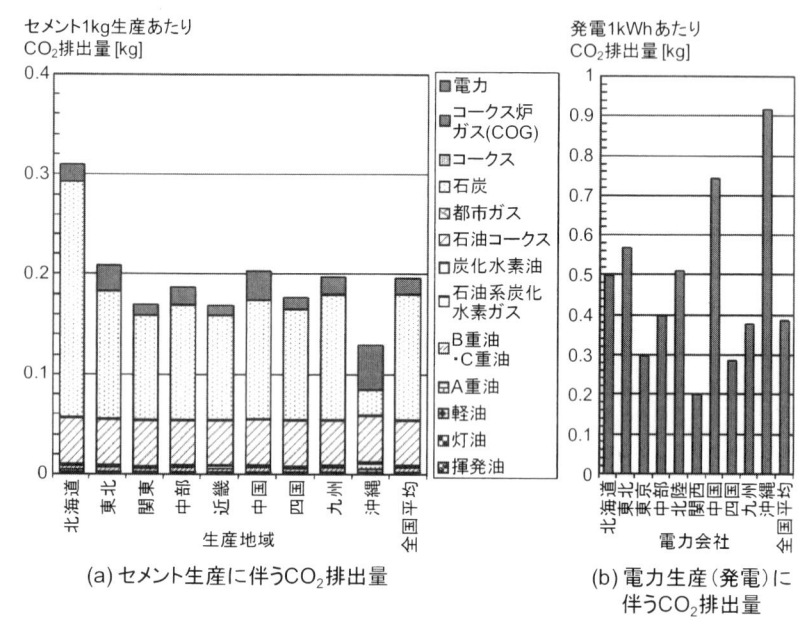

図 8-3 各地域のセメントおよび電力生産に伴う CO_2 排出量

市ガスの量を地域産業連関表から作成した．また，3EID（南齋・森口，2006）を参照して燃料種別単位燃焼量あたり CO_2 排出量を整理した．両者を乗算し，集計すると，地域別の CO_2 排出量が算出できる（図8-3 (a)）[3]．ただし，炭化水素油・石油系炭化水素ガス・石油コークスは，地域産業連関表ではその他の石油製品としてまとめられているのを，3EID にある全国での投入割合を用いて3製品に按分したため，そこでは地域性は考慮されていない．また，地域産業連関表に存在しない石灰石や廃タイヤによる CO_2 排出量を結果に含めていないことに留意されたい（全国平均値ならば 3EID に存在する）．

図8-3 (a) から，セメント生産に伴う燃料種別 CO_2 排出量は地域によっ

---

[3] 実際には，石油製品・石炭製品・電力・都市ガス以外の製品もセメント製造プロセスに投入されており，それらも間接的には CO_2 を排出している．ここでは，簡単のため，また，セメント製造プロセスはエネルギー多消費プロセスであり，環境負荷のほとんどはエネルギー製品起源であるため，エネルギー製品のみ分析対象とした．

て変化することがわかる．沖縄では石炭が少なく電力が多い．これは生産技術の違いによるものだと考えられる．また北海道と沖縄を除く他の地域では石炭由来の CO_2 排出量はほぼ等しいが，電力由来の CO_2 排出量は変化する．これは，図8-3 (b) にまとめたように，電力会社によって電源構成が異なり単位発電あたりの CO_2 排出量が変化するためであると考えられる（李ほか，2008）．

[輸送に伴う CO_2 排出量の算出]

セメントを使用する際に，生産されるセメントが使用される地域までに運搬される際の環境負荷を国内9地域別に評価する．

それぞれの地域間の輸送について，地域間の輸送距離と輸送手段別分担率を，『産業連関表』（総務省，2004）をもとに作成した．輸送手段ごとの単位輸送量あたりの環境負荷排出量は 3EID（南齋・森口，2006）に基づいた．輸送距離は都道府県の県庁所在地間の直線距離を求め，輸送する物質量に応じて加重平均した．輸送する物質量と輸送距離，そして単位輸送量[4] あたりの環境負荷排出量がわかれば，輸送段階に伴う環境負荷排出量が計算できる．輸出入に関しては，産業連関表より輸出入に伴う輸送手段別稼働量がわかるため，それに単位輸送量あたり環境負荷排出量を乗算して求めた．

図8-4に，国内9地域と国外（輸出）におけるセメントと地域間輸送に伴う CO_2 排出量を示す．ある地域でセメント需要が発生した際，各地でセメントが生産され，消費地域に輸送される．図に示した CO_2 排出量は，それらの輸送に伴う CO_2 排出量を，消費地域におけるセメント1kg需要あたりに換算した値である．

自給率（図8-2参照）が最も高く輸送距離が小さい九州でのセメント輸送に伴う CO_2 排出量は，全国平均の40％となった．北海道や沖縄は，自給率が高いにもかかわらず，本土と離れているため輸送距離が大きくなり，全国平均に近い．一方，近畿は自給率が低いが，隣接する中国からの輸送が多くを占めるため，やはり全国平均に近い．そして，自給率の低い中部での CO_2

---

[4] 本書では，「輸送距離」（たとえば km 単位）と輸送する「物質量」（たとえばトン単位）を乗算した値を「輸送量」（たとえばトンキロ単位）として用いている．

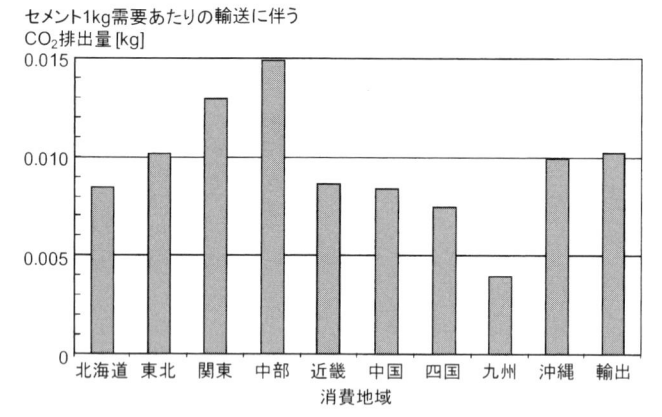

図8-4 各地域のセメント需要をまかなう際に発生する輸送に伴うCO_2排出量

排出量は最大となった.自給率や地理的な位置により,輸送に伴うCO_2排出量は変化し,中部では九州の3倍にも達する.

[間接的なSO_x排出量(生産段階および輸送段階)の集計]

窒素酸化物(NO_x),硫黄酸化物(SO_x),粒子状物質(PM)もCO_2と同じように消費地域別の輸送段階の排出量と生産地域別の生産段階の排出量を計算できる.消費地域別の生産地域は冒頭のMFAで図8-2として求めてあるため,消費地域別に両者を集計でき,間接的な環境負荷排出量の地域差を評価できる.SO_xの評価結果を図8-5に示す.

SO_xは石油製品の燃焼によって排出されるため,石油製品の消費量によって地域差が生じる.輸送段階では,使用されるエネルギーのほとんどがガソリンや軽油であるため,SO_x排出量は図8-4に示したCO_2排出量とほぼ同じ結果となり,中部は九州の3倍に達した.一方,生産段階は,各地域の生産技術やエネルギー消費構造の差が結果に現れる.

両者を集計すると,地域性を考慮しない全国平均値では,セメント1kg需要あたりの間接的なSO_x排出量は3.53×10^{-6}kgであるのに対し,地域性を考慮した場合,九州でのセメント消費に伴うSO_x排出量は2.83×10^{-6}kg,一方,沖縄では4.24×10^{-6}kgと大きな幅があることがわかった.

そして,たとえば,近畿で1kgのセメント需要が発生した際,その生産に伴って,近畿で0.70×10^{-6}kgのSO_xが排出されるが,同時に九州で0.72

セメント1kg需要に伴う
SO$_x$排出量 [10^{-6}kg]

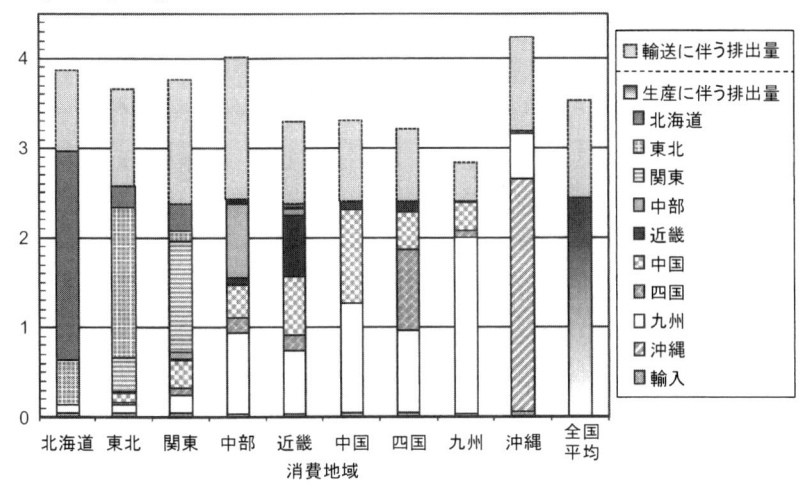

図8-5 各地域のセメント需要に伴う間接的な SO$_x$ 排出量

$\times 10^{-6}$ kg，中国で 0.64×10^{-6} kg の SO$_x$ が排出されることがわかった（さらに輸送段階で 0.72×10^{-6} kg の SO$_x$ 排出）．つまり，近畿でセメントを使用すると，九州や中国での大気汚染に影響する可能性があることが示唆される．一方で，東北，関東，沖縄への影響はほぼ皆無であることも予想される（ただし輸送段階を除く）．

［解説］

このように MFA を用いると，間接的な環境負荷に関しても，ある程度排出される地域を限定することができる．

8.4 間接的な環境へのインパクトの評価

8.1 節において説明したように，環境へのインパクトを地域別に評価することは現段階では難しい．しかし，地域別のインパクト評価係数は一部開発されているため（第7章参照），地域性を考慮したインパクトの総量を知ることはできる．ある地域の施策や活動がどこに環境負荷をもたらし，最終的にどこにどのような環境へのインパクトをもたらすかは，施策や活動の担当者

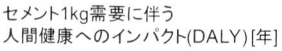

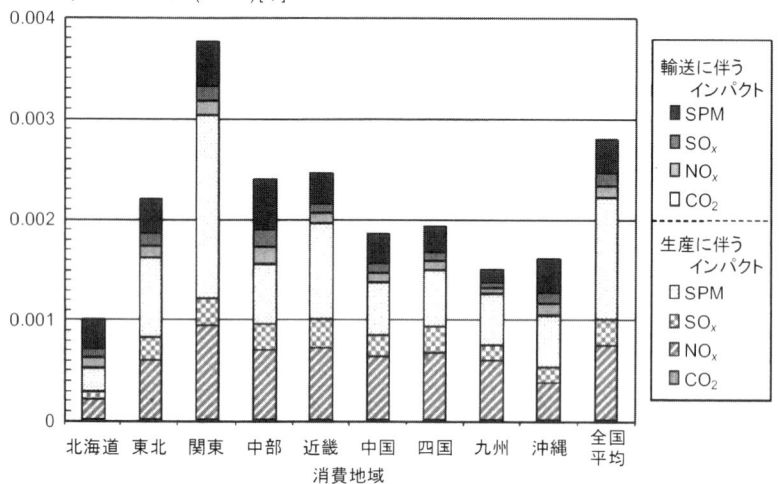

図8-6 各地域でのセメント需要に伴う環境へのインパクトの総量

にとっては興味深い事項であると考えられるが，現段階ではそこまでは解析できないのが現状である．

◆例題：国内9地域内でのセメント需要
(間接的な環境へのインパクトの評価)

　図8-6に，地域別のセメント消費における，環境へのインパクトの結果を示す．この結果は，8.3節で集計した環境負荷に，LIMEの地域性を考慮した被害係数（7.3節参照）を乗じて，環境へのインパクトとしたものである．各地域でセメントを消費した際の間接的なインパクトのうち，人間健康に影響するものを障害調整生存年（DALY）の損失余命で示した．

　輸送段階のインパクトは，地域間物質フローに基づいて算出した輸送段階の環境負荷に，インパクト評価係数を用いて計算した．ただし，環境負荷の排出地域が輸送手段・経路によって変化するため，全国平均値のインパクト評価係数を用いた．一方，生産段階のインパクトは，生産地域を特定できるため，地域ごとのインパクト評価係数を用いて計算した．

　同量のセメント需要でも，地域によって環境へのインパクトの大きさは異

なることがわかる．北海道では全国平均値の35％，一方，関東では同135％となり，その差は全国平均値に達する．すなわち，地域性を考慮せずに評価すると，北海道では65％過大に，関東では35％過小にインパクトが評価されてしまうといえる．

［解説］

　地域の施策や活動は他の地域と密接に関係しており，それに伴って環境負荷や環境へのインパクトも発生している．したがって，地域の施策や活動を検討する際，地域内での環境へのインパクトの削減をはかるだけではなく，同時に，地域外の各地域でもインパクトが増大しないように配慮することが望ましい．地域間MFAは，地域外のインパクトを評価する上で有用なツールである．

参考文献

Isard W (1953): Regional Commodity Balances and Interregional Commodity Flows, The American Economic Review, XL, pp.167-180.
新井園枝，尾形正之（2006）：平成12年試算地域間産業連関表，
　http://www.meti.go.jp/statistics/tyo/tiikiio/result/result_s1.html，2010年7月2日確認．
環境省地球環境局研究調査室（2007）：『物質フローモデルに基づく持続可能な生産・消費の達成度評価手法に関する研究，地球環境研究総合推進費最終研究成果報告書』．
経済産業省（2001）：平成7年地域間産業連関表，
　http://www.meti.go.jp/statistics/tyo/tiikiio/，2010年7月2日確認．
杉浦芳夫（2003）：『地理空間分析』，朝倉書店．
総務省（2004）：『平成12年産業連関表』．
筑井麻紀子（2007）：地域間廃棄物産業連関分析（IR-WIO）による家庭用生ごみ処理機のLCA，日本LCA学会誌，Vol. 3, No. 4, pp.212-220.
南齋規介，森口祐一（2006）：産業連関表による環境負荷原単位データブック（3EID）─ Web edition，国立環境研究所，
　http://www-cger.nies.go.jp/publication/D031/，2010年7月2日確認．
松橋啓介，工藤祐揮，上岡直美，森口祐一（2004）：市区町村の運輸部門 CO_2 排出量の推計手法に関する比較研究，環境システム研究論文集，No. 32, pp.235-242.
森口祐一（2005）：人間活動と環境をめぐる物質フローシステム的把握，環境科学会誌，Vol. 18, No. 4, pp.411-418.
李 一石，布施正暁，玄地 裕（2008）：地域LCAにおける地域特性を考慮したデータベースの検討，環境情報科学論文集，No. 22, pp.291-296.

第III部
LCAから地域環境マネジメントへ

第9章 広域の廃棄物処理を考える
——立地・配置問題への対応

9.1 一般廃棄物処理の広域化

　地域における消費の結果として生じる一般廃棄物は，基礎自治体たる市町村にその処理責任がある．しかし，行財政の合理化の観点から，あるいは省資源・省エネルギーの観点から，市町村より広域の枠組みで処理を行うべきである，という意見がある（由田, 1987）．とくに，1990年代後半に注目されたダイオキシン問題は各都道府県の広域化計画の策定に寄与し（厚生省, 1997；安田, 1998），現在でもスケールメリットによる効率化を目的として広域化が推進されている（中央環境審議会, 2005）．その一方で，過度の広域化は，収集範囲・輸送距離の増大に伴う環境へのインパクトや処理コストをかえって増大させてしまう可能性がある．

　こうした廃棄物処理の広域化を考える際の，どの程度の広域化を進めればよいか，どこに処理施設を建設すればよいか，どういった処理技術を利用すればよいか，といった問題も，LCAの考え方を用いることで答えを出すことができる．

9.2 LCAを用いた廃棄物処理システムの設計

9.2.1 LCAによるシステムの設計手順

　第II部で見てきたように，既存の廃棄物処理システムやすでに仕様が確定している廃棄物処理システム案の場合，プロセスインベントリ（および地

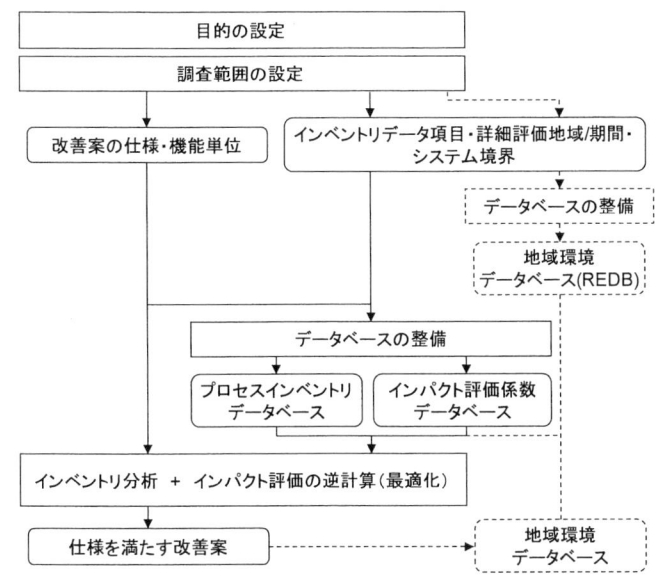

図9-1 LCA手法を用いたシステムの設計手順

域環境データベース）を作成して環境負荷を集計し，さらにインパクト評価係数を用いて環境へのインパクトを評価できる．

　これに対し，評価係数やプロセスインベントリおよび地域環境データベースをあらかじめ整備しておくことができれば，図9-1のように環境へのインパクトを最も小さくするシステムを計算によって設計することも可能である．このように，ある目的とする数値を最小化したり，最大化したりする数値を求める計算を最適化計算という．

9.2.2　最適化の手法

　廃棄物処理には，焼却やガス化溶融などさまざまな技術が存在する．また，どこに処理施設を建設するのか（立地），どのように廃棄物などを収集・輸送するのか，といったことにも数多くの選択肢がある．これらすべての選択肢をプロセスインベントリや地域環境データベースとしてデータベース化するが，すべての可能性を考慮しようとすると，技術・立地・輸送の組み合わせは膨大になってしまう．その膨大な組み合わせから，低減すべきインパク

コラム 9-1
施設配置問題

　環境へのインパクトを考慮しつつ，処理施設（技術と立地）および輸送や収集を考慮してシステムを設計する問題は，施設配置問題という古くから存在する問題に帰着する．施設配置問題は一般に混合整数計画法（mixed integer programming）の形式となる．混合整数計画法とは，整数変数を含む線形計画法である．
- 線形計画法（linear programming）
　いくつかの一次不等式および一次等式を満たす変数の値の中で，ある一次式を最大化または最小化する値を求める方法
- 整数計画法（integer programming）
　最適解の取り得る範囲を整数に限定した線形計画法

制約条件として施設の特徴，立地場所，輸送経路などを複数の数式を設け，その上で，目的関数として環境へのインパクトの最小化（CO_2 排出量の最小化など）を設定する．この問題を解くと，環境へのインパクトを最小化する施設選択や配置が得られる．
　物質の輸送が実数変数であるのに対し，施設の立地は整数変数となる．実数変数のみならばシンプレックス法など確立したアルゴリズムがあり比較的高速に演算できるが，整数変数に関しては高速なアルゴリズムが存在しない．配置する施設を決定してから実数変数の線形計画問題を解くことになるが，施設数を n とすると，$2n$ 個の線形計画問題を解かなければならない．

　以下に簡単な施設配置問題を挙げる（松井，1999）．
　A 社は各地の需要を満たすために，工場を建設することになった．工場の建設候補地点は3地点あり，それぞれ生産可能容量が異なる．また，需要は5地点に分散しており，それぞれ需要量は異なる．また，3点ある建設候補地点から5点ある需要地点への輸送距離はそれぞれ異なる（そのため，輸送費が変化する）．では，それぞれの建設候補地点にどのくらいの規模の工場を建設し，かつ，どの工場からどの需要地点に輸送すれば，最も総コストを小さくすることができるだろうか？
- 建設：固定費用
　「配置する」か「配置しない」の離散変数（整数計画問題）

• 輸送：運転費用

輸送量という非負連続変数（線形計画問題）

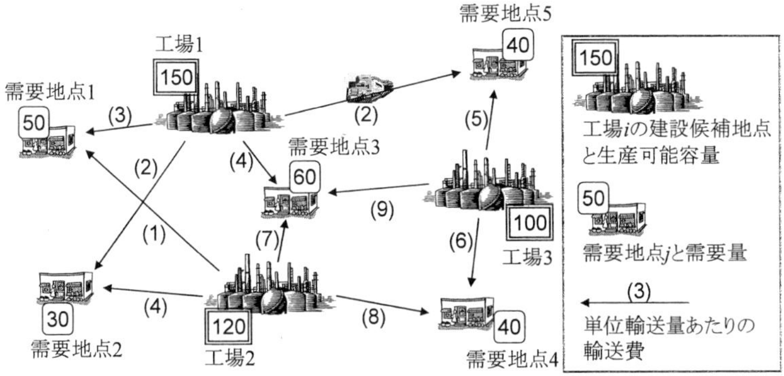
需要地点5
40
工場1
150
需要地点1
50
(3)
(2)
(5)
150
工場iの建設候補地点と生産可能容量
(2)
(4)
需要地点3
60
(9)
100
工場3
50
需要地点jと需要量
(1)
(7)
(6)
(4)
(8)
30
需要地点2
120
工場2
40
需要地点4
(3)
単位輸送量あたりの輸送費

候補地 i に工場を建設するかどうかを y_i という整数変数（1：工場を建設，0：工場を建設しない），工場 i から需要地点 j への輸送量を x_{ij} という変数でおけば，以下のように定式化される．

$$
\begin{aligned}
\text{min.}\quad & 500y_1+300y_2+400y_3 \\
& +3x_{11}+2x_{12}+4x_{13}+2x_{15}+1x_{21}+4x_{22}+7x_{23}+8x_{24} \\
& +9x_{33}+6x_{34}+5x_{35} \\
\text{s. t.}\quad & x_{11}+x_{12}=50,\ \ x_{12}+x_{22}=30,\ \ x_{13}+x_{23}+x_{33}=60, \\
& x_{24}+x_{34}=40,\ \ x_{15}+x_{35}=40, \\
& x_{11}+x_{12}+x_{13}+x_{15}\leq 150y_1,\ \ x_{21}+x_{22}+x_{23}+x_{24}\leq 120y_2 \\
& x_{33}+x_{34}+x_{35}\leq 100y_3, \\
& x_{ij}\geq 0,\ \ y_i\in\{0,1\}
\end{aligned}
$$

なお，min. に続く項は最小化の対象項，s. t. に続く数式群は制約条件を意味する．この問題を解くと，各地の需要を満たす施設配置と輸送経路が求まる．

トが最も小さい組み合わせを手計算で求めるのは難しく，通常はコンピュータを用いて計算を行う（コラム 9-1 参照）．著者らは，こうした最適化と呼ばれる計算を行うソフトウェア RCACAO を開発し，実際の地域施策の研究に活用している（志水ほか，2005）[1].

[1] 最適化ソフトウェア RCACAO は，産業技術総合研究所より入手可能である．

本章では，C県南部の地域を事例として，最適化計算を用いたLCAに基づく一般廃棄物処理システムの設計手法を紹介する（楊ほか，2006）．

9.3 設計するシステムの仕様および調査範囲の設定

9.3.1 目的と調査範囲

検討対象はC県南部で排出される一般廃棄物のうち，当該地域の地方自治体（市町村および一部事務組合）が処理を行っている廃棄物（生活系可燃ごみ，不燃・粗大ごみおよび事業系可燃ごみ）[2]の処理システムである．検討の目的は，最適化計算を行い，ライフサイクルの観点から，処理に伴う環境へのインパクトやコストが最も小さいシステムを設計し，評価することである．

ここでは，現在の焼却施設をそのまま活用するシナリオ（現状焼却シナリオ）と，すべての焼却施設を閉鎖して，1カ所のガス化溶融施設に集約するシナリオ（溶融シナリオ）を想定する．また，溶融シナリオとして，温室効果ガス（GHG）排出が最も小さいシナリオ（GHG最小化・溶融シナリオ）と，処理費用（コスト）が最も小さいシナリオ（コスト最小化・溶融シナリオ）の2つを検討する．なお，最終処分場とエコセメント[3]製造施設（セメント原料化）は，既存施設の利用を想定する．

機能単位は，当該地域で1年間に発生する廃棄物の処理とする．また，システム境界は，廃棄物の排出から収集・輸送，中間処理，最終処分（再資源化）までの各プロセスとする．運用段階に関するシステム境界を図9-2に示す．粗大ごみの破砕によって生じる不燃処理残渣は，現状焼却シナリオではそのまま最終処分場で埋め立てられるが，溶融シナリオでは溶融処理される．

---

[2] C県南部地域では，生活系資源ごみは集団回収を経て自治体以外によって処理される．また，事業系不燃・粗大ごみは許可業者が回収し処理する．以下では，自治体が処理する廃棄物についてのみ扱う．
[3] エコセメントとは，ごみや下水汚泥の焼却灰と，石灰石など従来のセメント原料を混ぜて作ったセメント．

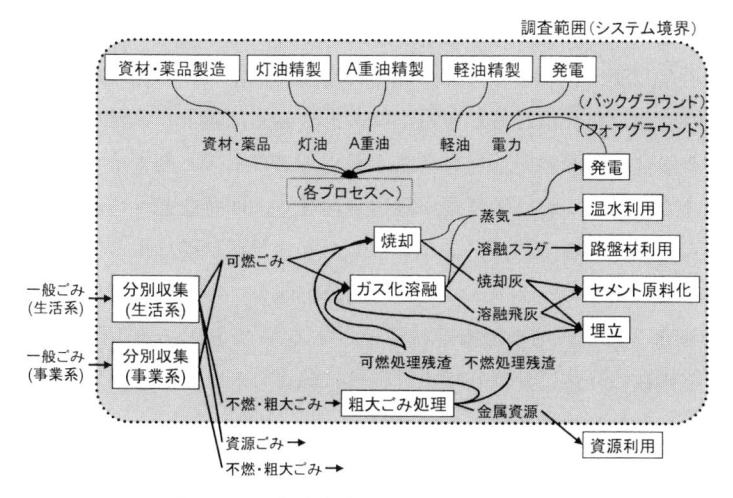

図 9-2 一般廃棄物フローとシステム境界

対象とする環境へのインパクトは地球温暖化とし，二酸化炭素（CO_2），メタン（CH_4），亜酸化窒素（N_2O）を対象環境負荷物質とする．焼却・溶融処理の場合，廃棄物の炭素分に由来する CO_2 排出量が最も多いことが従来の研究で指摘されているが，今回の検討ではシナリオごとに廃棄物の炭素量には差異が生じないため，分析からは除く．

中間処理施設や最終処分場については施設導入段階および運用段階のエネルギー・物質収支を，輸送プロセスについては運用時の物質収支のみ考慮する．なお，各プロセスで消費されるエネルギー・資材に関しては，当該プロセスでの使用時の環境排出のみではなく，それらの製造段階における環境排出も考慮する．また，焼却（溶融）施設で発電された余剰電力は系統電力を，焼却灰や溶融飛灰をセメント原料としたエコセメントや溶融スラグを原料とした再生路盤材もそれぞれ通常のセメントや路盤材をそれぞれ代替すると考え，代替される対象の環境負荷の削減分として計上する avoided impact 法（コラム 5-2 参照）で評価を行う[4]．

同じく処理に伴うコストも評価対象とする．ライフサイクルコスティ

---

[4] 金属資源の代替効果は評価対象外とする．

（LCC；第3章参照）の観点から，各施設の導入・運用段階で必要となる費用，輸送費用ならびに各プロセスで消費されるエネルギー・資材の購入費用・余剰電力の売却益を評価対象とする．コスト評価では粗大ごみ処理施設での副産物である金属資源の売却益も考慮する．各プロセスともエネルギー・資材費用だけではなく，委託処理費，設備管理費，人件費なども含めて評価する．施設導入費用は減価償却法によって年あたりの費用に換算する．

また，地域環境データベースの地理的分解能を，平成の大合併（1999年3月～2006年3月）以前の旧市町村単位とする[5]．なお，ある市町村の同種の廃棄物を複数の経路に分割して市町村外に輸送したり，複数の施設で処理したりすることを今回は想定しない．

9.3.2　評価方法

地球温暖化へのインパクトは，地球温暖化係数（GWP；第7章参照）の重み付けを用いて特性化する．

溶融シナリオでは，どこに溶融施設を建設するとGHGやコストが最も小さくなるのか（その場合，どこからどこへ廃棄物を輸送するのか），という問題を解く必要がある．次節で説明するデータベースを整備した上で，先述のRCACAOを用いて最適化計算を行う．

9.4　データベースの整備

9.4.1　プロセスインベントリ・コストデータベース

本事例では，コストデータも合わせたプロセスインベントリを整備する．

---

[5] 平成の大合併とは，1995年に改正された「市町村の合併の特例に関する法律（旧合併特例法）」の特例措置が適用された1999年度～2005年度末までの市町村合併を指す．栗島（2007）によれば，合併後も旧市町村単位で中間処理を行う事例が多く見られることから，今回の分解能も旧市町村単位とする．

表 9-1　焼却（溶融）施設のプロセスインベントリ（コストを含む）の設定概要

施設種類	運転方式	施設数	処理能力
焼却炉（ストーカ式）	バッチ／准連続／全連続	7	60-100 トン／日
焼却炉（流動床式）	全連続	2	69 トン／日
ガス化溶融炉（シャフト式）	全連続	1	201 トン／日
粗大ごみ処理施設		2	30-50 トン／日
最終処分場		6	残余容量 118,000 m^3
エコセメント製造施設		1	受け入れ可能容量　16 トン／日

(1) 中間処理・最終処分（再資源化）プロセス

　C県で稼働している焼却（溶融）施設および最終処分場について，環境負荷を含む物質収支および事業費用や処理費用などコストに関する調査を実施し，結果を解析してインベントリデータを整備する．整備するインベントリの概要を表 9-1 に示す．

　導入段階に関しては，施設事業費から求めた減価償却費（定額法，耐用年数 20 年）を用い，運用段階における修繕費（減価償却費の 10% と仮定）との合計を単年度あたりの固定費とする．また，その固定費に産業連関表による環境負荷原単位データブック（南齋ほか，2002）の「廃棄物処理（公営）」の環境負荷排出係数を乗じて建設・修繕時の環境負荷量を算出し，単位処理量あたりの値とする．

　運用段階に関しては，調査より得られた単位処理量あたりのエネルギー・資材投入量に，環境負荷原単位（LCA 日本フォーラム，2003；産業環境管理協会，2005；松藤，2005）を乗じて環境負荷量を算出する．また，発電によって代替される系統電力，セメント原料利用によって代替される主原料である石灰石それぞれの製造時の環境負荷量の削減分を計上する（松藤，2005）．売電による収益も考慮する．

(2) 輸送プロセス

　可燃ごみの収集を 2 トンパッカー車，焼却残渣の輸送を 4 トントラックで行うと設定する．運搬に伴う環境負荷排出係数（産業環境管理協会，2005）およびコストデータ（交通日本社，2001；経済調査会，2004）を用いて単位輸送量・輸送距離（トンキロ）あたりの環境負荷量とコストを整備する．

表9-2 一般廃棄物処理システム評価のための地域環境データベースの項目

分類	項目	参考資料と作成方法
地域基盤データ	市町村行政界	第5章を参照
	市町村代表点	市町村役場を代表点とする.
	道路網	デジタル道路地図（日本デジタル道路地図協会，2002）を用いてGISソフトで市町村間の輸送距離として市町村代表点間の最短道路距離を算出する．各市町村内の輸送距離は，三次メッシュ重心から役場までの加重平均距離と設定する．
対象関連データ	廃棄物発生量	調査結果より解析
	廃棄物処理状況	調査結果より解析

9.4.2 地域環境データベース

対象地域における廃棄物の発生量・分布，処理施設分布，道路ネットワークとプロセス間移動の輸送距離などを，地域環境データベースとして市町村単位でGIS上に整備する．整備するデータを表9-2にまとめる．

また，地域基盤データと対象関連データの例として，図9-3 (a) に各市町村の代表点と市町村間道路網を，図9-3 (b) に市町村別廃棄物発生量を示す．

9.5 評価結果

9.5.1 一般廃棄物処理システム案の設計

(1) 各シナリオにおけるごみ処理広域圏

現状焼却，GHG最小化溶融，コスト最小化溶融の各シナリオにおけるごみ処理広域圏を図9-4に示す．

セメント原料化されない焼却残渣のほとんどは，図9-4に示す地域内の6カ所の最終処分場で処分されるが，処分できない分は地域外の最終処分場に搬出される（遠方のため図示していない）．

図9-4 (a) において，網かけが施されている市町村では，一部事務組合を構成して可燃ごみの共同処理を行っている．網かけが施されていない市町村

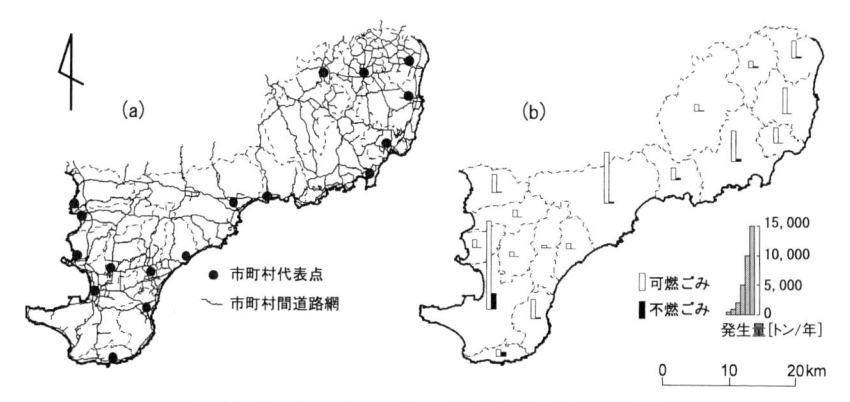

図9-3 評価対象地域の地域環境データベースの例
(a) 市町村代表点と道路網，(b) 市町村別一般廃棄物発生量．

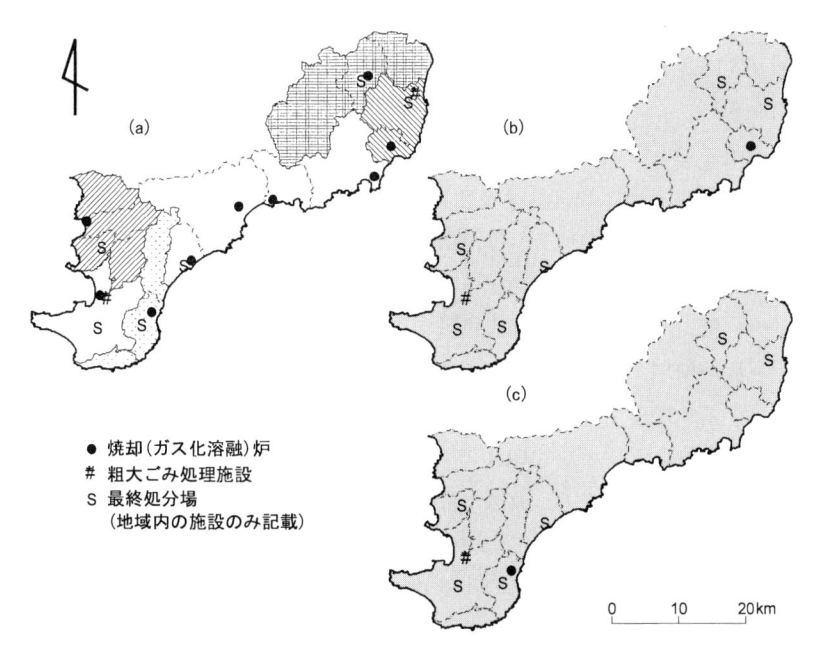

図9-4 各シナリオにおける中間処理施設の立地
(a) 現状焼却，(b) GHG最小化・溶融，(c) コスト最小化・溶融．網かけの範囲が収集範囲である．(b) と (c) は，全域が収集範囲である．

第9章 広域の廃棄物処理を考える──193

は単独処理の自治体である．

　図9-4（b）および（c）は，それぞれGHG最小化・溶融シナリオおよびコスト最小化・溶融シナリオの計算結果であり，いずれの場合も地域内の可燃ごみ・不燃ごみは，1カ所の溶融施設と1カ所の粗大ごみ処理施設で処理される．ただし，GHG最小化とコスト最小化では，溶融施設の立地場所が変化する．GHG最小化シナリオでは，溶融飛灰のエコセメント製造施設への輸送に伴うGHG排出量を小さくするために，よりエコセメント製造施設に近い地点が建設される．これに対し，溶融飛灰をそのまま最終処分場で処分するコスト最小化シナリオでは，溶融施設までの輸送に伴うコストを最小にするために，可燃ごみの排出量が大きい地点に建設されるためである．

(2) 各シナリオにおけるGHG排出量および処理コスト

　図9-5に各シナリオのGHG排出量および処理コストを示す．

　図9-5（a）に示すように，各シナリオとも焼却（溶融）施設の導入および運用段階でのGHG排出量が全体の過半を占める．溶融施設を導入するシナリオはいずれも現状焼却シナリオに比べて，GHG排出量が2倍以上に増加する．これは，高温処理を行う溶融施設の燃料消費量が焼却施設よりも多いことや，中間処理施設の集約化によって輸送距離が増大することが原因である．集約化に伴って施設の導入段階での排出量が削減され，大規模化に伴って発電量が増加するために系統電力代替分の排出が削減されるが，それでも増加分を補うには至らない．

　2つの溶融シナリオを比較すると，GHG最小化では溶融飛灰のセメント原料化が選択される一方，コスト最小化では埋立が選択される．そのため，GHG最小化はコスト最小化と比較して，輸送に伴う排出量が若干増加するが，それ以上にセメント原料の代替効果による排出削減量を得る．

　次に処理コストの計算結果を見る．図9-5（b）より，処理コストはGHG排出量とは異なり，輸送の占める割合が大きいことがわかる．ここでは可燃ごみの輸送をすべて2トンパッカー車で行うと想定したことも，その割合が大きくなる原因である（実際の集約化では，中継施設を建設して積載容量の大きいトラックに詰め替えて運搬することが考えられる）．また，集約化に

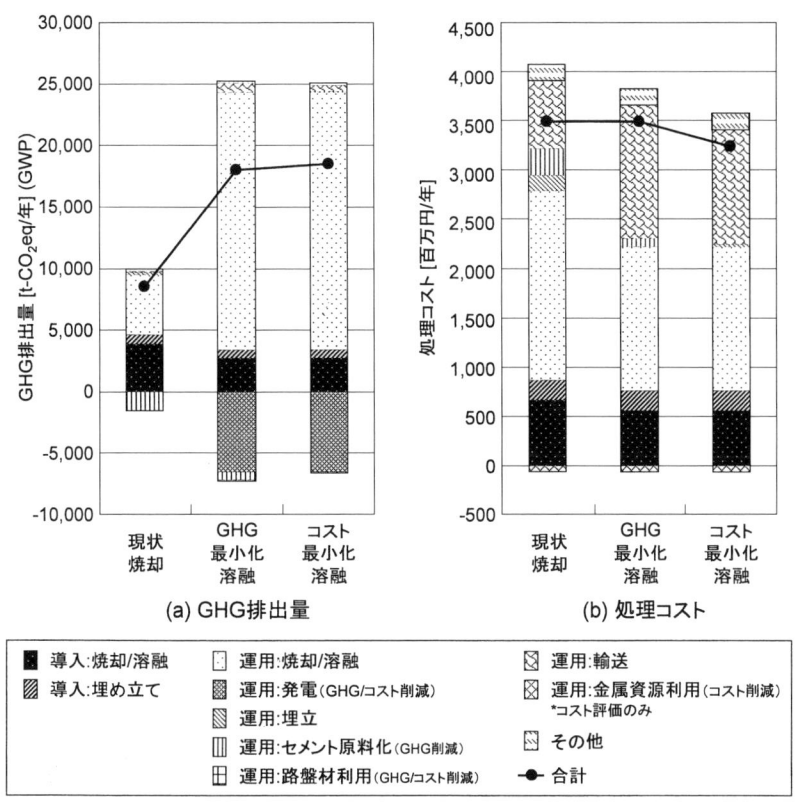

図9-5 各シナリオにおけるGHG排出量および処理コスト

よって人件費の削減が見込めるため，いずれの溶融シナリオも現状焼却シナリオよりも処理コストが削減される．言い換えれば，処理コストにおけるエネルギー・資材の占める割合は小さいといえる．また，発電，セメント原料化および路盤材利用などのリサイクルによるコスト削減効果も小さく，金属資源利用によるコスト削減効果のみが一定の割合を占める．

2つの溶融シナリオを比較すると，セメント原料化はコスト増を招き，輸送コストもかかることから，コスト最小化では埋立が選択される．

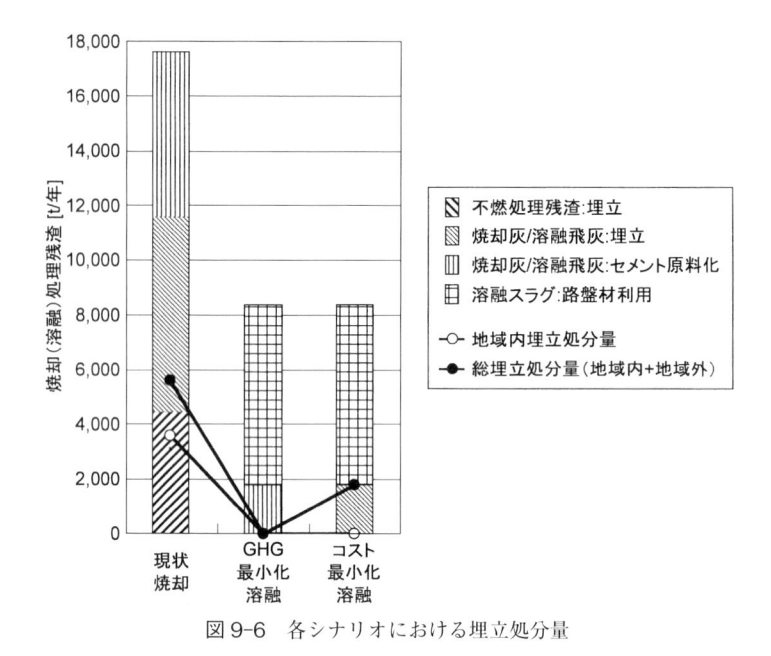

図 9-6　各シナリオにおける埋立処分量

9.6　一般廃棄物処理が抱える諸問題の評価

　前節では，環境へのインパクトとして地球温暖化を取り上げ，GHG 排出量を評価した．その結果，溶融施設を導入するシナリオは現状焼却シナリオよりも環境へのインパクトが大きいことが示された．しかし，一般廃棄物処理においては，最終処分場の残余不足も重要な問題である．そこで各シナリオにおける埋立処分量も同時に評価する．結果を図 9-6 に示す．

　現状焼却シナリオで発生する焼却残渣は，エコセメント製造施設の受け入れ可能容量を上回るため，一部を埋立てざるを得ない．加えて粗大ごみ処理右施設から発生する不燃処理残渣の量も多いため，その一部は地域外の最終処分場で処分されている．しかし，図 9-6 に示すように，溶融炉を導入すれば，処理残渣の大半が再利用可能な溶融スラグとなるため，埋立処分量が減少する．そして，さらに溶融飛灰の全量をセメント原料化することが可能なため，セメント原料化を選択する GHG 最小化溶融シナリオでは，埋立処分量はゼロとなる可能性がある．以上から，最終処分場の延命化に対しては溶

融施設の導入が有用であるといえよう．

これまで見てきたように，一般廃棄物処理システムを設計する上では，少なくとも3つの評価軸（GHG排出量，処理コストおよび埋立処分量）を設定することが望ましい．しかし，評価軸の数が増えるとそれだけ最適化することは困難になる．たとえば，埋立処分は，環境問題の1つであることから，LIME（第7章参照）を用いてGHG排出量と合わせて単一指標にすることが可能である．また，最終処分場の建設コストから処理コストに含められるという考え方もある（前節の計算ではすでに含まれている）．しかし，最終処分場の建設は局所的な環境問題であるため，地球温暖化と単純に統合化するのが難しい．また，最終処分場は現実には多額のコストを投じても，住民感情から建設が困難な場合が多い．以上から，埋立処分を環境や経済とは別に社会問題の1つとして捉える研究もなされている（栗島ほか，2008）．

9.7 LCAを用いた地域施策の設計手法の有用性と限界

本章では，最適化計算を用いて，環境へのインパクトあるいはコストの面から望ましい一般廃棄物処理システムを設計する手法について説明し，実際の評価を行った．

あらかじめ詳細が決定しているシステムの評価は，対象システムに含まれるプロセスに関連するデータベースのみを整備すればよい．しかし，最適化計算を用いてシステム設計を行う場合には，含まれうるすべてのプロセスのインベントリを整備する必要がある．たとえば，焼却施設のインベントリのみを整備し，溶融施設のインベントリを整備しない中で最適化計算を行えば，当然ながら溶融施設を含んだシステムは設計されない．また，焼却施設の規模ごとにインベントリを整備しない場合，得られる案は焼却施設のスケールメリットが考慮されない案となる．その一方で，初めから詳細なプロセスインベントリあるいはその他のデータベースを整備するのは労力が大きい．そこで，順次計算を行ってシステム案を設計し，少しずつデータベースを詳細にしていくことが考えられる．最終段階では，詳細な要素を考慮できるよう，最適化計算ではなく通常のLCAで試行錯誤した方がよいだろう．

参考文献

LCA 日本フォーラム (2003): JLCA-LCA データベース.
井原智彦, 佐々木 緑, 志水章夫, 菱沼竜男, 栗島英明, 玄地 裕 (2005): 施設規模と輸送距離を考慮した一般廃棄物処理システムのライフサイクルアセスメント, 環境情報科学論文集, No. 19, pp.485-490.
栗島英明 (2007):「平成の大合併」に伴う環境行政の変化―愛知県・岐阜県・三重県の合併市町村を事例に―, 栗島英明編『「平成の大合併」に伴う市町村行財政の変化と対応に関する地理学的研究報告書』, pp.21-32.
栗島英明, 楊 翠芬, 玄地 裕 (2008): ごみ減量化施策のフルコスト評価を目指した表明選好法による処分場延命化の評価, 第3回日本 LCA 学会研究発表会講演要旨集, pp.258-259.
経済調査会 (2004):『月刊積算資料』.
厚生省 (1997):「ごみ処理の広域化について」, 平成9年5月28日付衛環第173号厚生省生活衛生局水道環境部環境整備課長通知.
交通日本社 (2001):『貨物運賃と各種料金表』.
産業環境管理協会 (2005): JEMAI-LCA Pro.
志水章夫, 楊 翠芬, 井原智彦, 玄地 裕 (2005): ライフサイクルを考慮した家畜排せつ物の地域内処理システム設計手法, 環境システム研究論文集, Vol. 33, pp.241-248.
中央環境審議会 (2005): 循環型社会の形成に向けた市町村による一般廃棄物処理の在り方について (意見具申).
南齋規介, 森口祐一, 東野 達 (2002):『産業連関表による環境負荷原単位データブック (3EID) ― LCA のインベントリデータとして―』, 国立環境研究所.
日本デジタル道路地図協会 (2002): 平成14年版デジタル道路地図.
松井知己 (1999): 組合せ最適化問題入門,
http://www.simplex.t.u-tokyo.ac.jp/~tomomi/Lecture/MP.html, 2008年12月1日確認.
松藤敏彦 (2005):『都市ごみ処理システムの分析・計画・評価』, 技報堂出版.
安田憲二 (1998): ごみ処理の広域化に向けて, 廃棄物学会誌, Vol. 9, No. 7, pp.462-469.
楊 翠芬, 志水章夫, 井原智彦, 栗島英明, 玄地 裕 (2006): 地域性を考慮した可燃ごみ処理のライフサイクル評価―千葉県を事例, 土木計画学研究・講演集, Vol. 33, (CD-ROM).
由田秀人 (1987): 今後における廃棄物処理の広域処理について (1), 環境技術, Vol. 16, No. 4, pp.212-220.

第10章 地域での畜産廃棄物処理を考える
──局所的な環境へのインパクトの考慮

10.1 家畜ふん尿処理・利用に関する環境問題

現在，畜産農家には，「家畜排せつ物の管理の適正化及び利用の促進に関する法律」に準拠して，適切に家畜ふん尿の管理を行うことが義務づけられている[1]．これは，ふん尿の不適切な管理による悪臭やふん尿の河川流出などの環境問題への対策として，家畜ふん尿の管理基準を定めたものである．しかし，法令に準拠した管理によってふん尿処理に伴う環境問題がすべて解消されたわけではなく，処理・利用に伴うメタンや亜酸化窒素などの温室効果ガスやアンモニアの揮散など課題は残っている．

また，ふん尿の利用面にも課題がある．ふん尿を原料とした堆肥や液肥は，農作物の成長に必要な栄養塩類（肥料成分）を含んでいるため，農地で有効に利用することができる．しかし，農地で利用される堆肥や液肥中の窒素すべてが農作物に吸収されるわけではなく，雨水に伴って土壌の深部へ移動して地下水を汚染する可能性がある[2]．

したがって，ふん尿処理・利用システムでは，処理に伴う環境負荷を低減

---

[1] 家畜ふん尿処理は，野積みや素掘りなどの不適切な管理によって地域環境へ影響を与えていたことから問題となり，家畜排せつ物の管理の適正化及び利用の促進に関する法律（1999年施行）によってその適正な管理が義務づけられた．現在では，対象となる畜産農家の99.9%が管理基準に適合したふん尿管理となっている（2007年2月現在）．

[2] 窒素（硝酸性窒素および亜硝酸性窒素）が過剰に含まれた水を摂取すると，乳幼児を中心にメトヘモグロビン血症を引き起こすことが知られている．環境省の調査報告によると，硝酸性窒素および亜硝酸性窒素による地下水汚染の事例は増加傾向にあり，その原因は施肥や生活排水，家畜排せつ物など多岐にわたり，汚染は広範囲に及ぶ場合があるとされる．

させるのと同時に，堆肥や液肥などのふん尿利用における地下水の窒素汚染を避けることが求められる．

10.2　局所的な環境へのインパクトの取り扱い

　環境問題には地域的な依存度の高い事象が数多く存在する．したがって，地域環境マネジメントの場面ではしばしば，地球温暖化や枯渇性資源の消費などの地球規模でのインパクトだけでなく，地下水汚染や悪臭，ヒートアイランド現象といった局所的な地域に限定されるインパクトも評価することが求められる．

　インパクト評価手法の1つであるLIMEは，異なる環境へのインパクトを統合できるため，地球規模と局所的な地域へのインパクトを同じ枠組みで評価することができる．たとえば，ふん尿処理に伴う地球温暖化や酸性化などのインパクトは，LIMEを用いて統合的に評価できる．しかし，LIMEはすべての局所的なインパクトを扱っているわけではなく，たとえば，先の地下水の窒素汚染をカバーできていない．このような場合，許容できる窒素の浸透量に対する肥料からの流出窒素量がどのくらいか，という観点からの法律等で定められた環境基準が利用して評価することは1つの方法である．

　ここでは，I県Q村の乳牛ふん尿処理・利用システムのLCA事例において，LIMEでは考慮されていない地下水の窒素による汚染のインパクトの評価事例を紹介する（菱沼ほか，2006）．

10.3　目的および調査範囲の設定

10.3.1　目的と調査範囲

　本事例における目的は，I県Q村で飼養している乳牛のふん尿処理・利用システムを対象として，共同型メタン発酵施設（共同メタン施設）の導入による，地球規模，地域規模と局所の環境へのインパクトの低減効果を定量的に把握することである．

■現状シナリオ

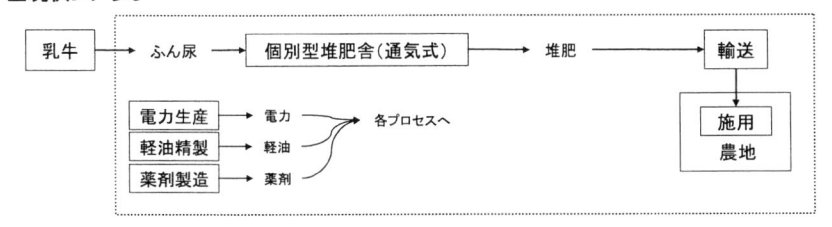

■代替シナリオ（共同メタン施設の導入案）

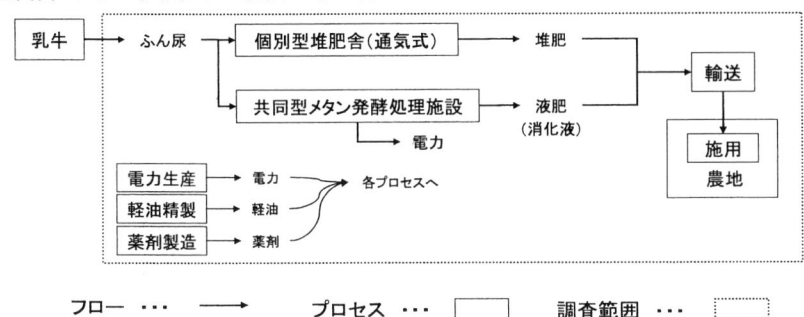

図10-1　乳牛のふん尿処理・利用システム評価のプロセスフローと調査範囲

そのため，現状のふん尿処理システム（現状シナリオ）と共同メタン施設を導入したシステム（代替シナリオ）の2つのシステムを比較検討した（図10-1）．現状シナリオでは，各農家で堆肥舎によるふん尿の堆肥化処理が行われ，生産された堆肥が農地で利用される．代替シナリオでは，先の現状シナリオに共同メタン施設が1基だけ導入される．また，共同メタン施設で発生する消化液は農地で利用されるとする[3]．

機能単位は，当該地域で1年間に発生した乳牛ふん尿量の処理・利用と設定する．また，システム境界は，ふん尿が施設で処理されてから農地に散布されるまでとする．評価対象とするライフサイクルは，各施設の導入段階と運用段階，ふん尿の利用段階および消費される各種資材の生産段階，利用段

---

[3] 本事例では，農地での液肥利用の可否を考慮せず，すべての農地で利用可能とする．しかし，現状の農作業は，堆肥利用に基づいた作業体系であり，液肥である消化液を利用するのは容易ではない．したがって，今回の評価とは別に消化液利用の作業体系の確立について検討が必要である．

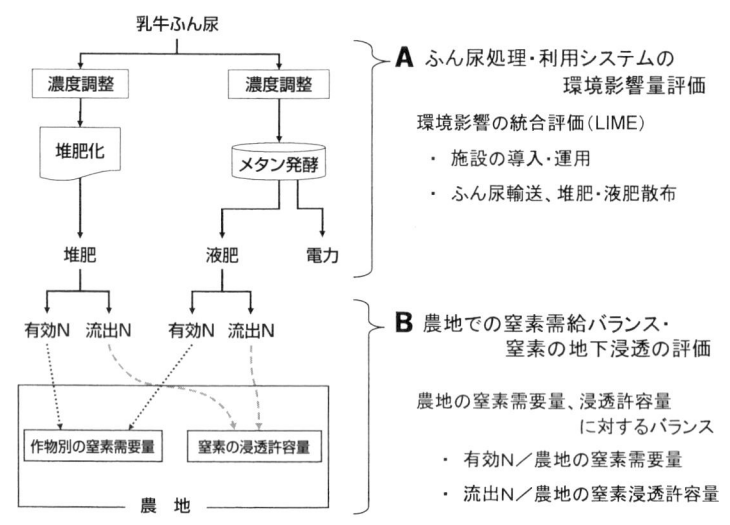

図10-2 乳牛のふん尿処理・利用システムの評価モデルの概要

階とする．なお，共同メタン施設で発電された余剰電力は系統電力を代替するとし，系統電力分の環境負荷の削減も計上する．

対象とする環境へのインパクトは，地球温暖化，酸性化，地下水汚染とし，対象とする環境負荷は，二酸化炭素（CO_2），メタン（CH_4），硫黄酸化物（SO_x），窒素酸化物（NO_x），ばいじん（PM），アンモニア（NH_3），亜酸化窒素（N_2O），窒素流出量（N）とする．

10.3.2 評価方法

評価方法は図10-2に示すように，Aにおいてふん尿処理・利用システムの環境へのインパクトのうち，地球温暖化と酸性化についてLIMEを用いてインパクト評価を実施する．なお，ふん尿利用での窒素による地下水汚染のインパクトはLIMEで考慮されていないため，作物別の窒素需要量と地下に浸透する窒素量の上限値（浸透許容量）を設け，その範囲内でシステムの設計を行う．

その上で，Bにおいて，農地における窒素の地下浸透許容量に対する流出量の割合（流出量／許容量）を評価する．また，ふん尿利用による窒素施肥の効果は，農地の窒素需要量に対する施用窒素の供給量の割合（供給量／需

表10-1 ふん尿処理施設のプロセスインベントリの設定概要

施設種類	施設設定	施設概要
堆肥化施設（堆肥舎）	混合槽 10 m² 発酵槽 250 m² 貯蔵庫 260 m²	30-50 頭規模，ショベルローダによる切返し 通気装置，一次処理期間（6週間），貯蔵期間（90日）
共同型メタン発酵施設	発酵槽 1000 m³ 貯留槽 4000 m³	400頭規模程度，中温発酵，滞留日数（25日間） 消化液貯留期間（6カ月），発電設備 メタンガス発生量（40 m³/トン），メタンガス濃度（65%）

要量）で評価する．

10.3.3 農地における窒素の浸透許容量の設定

農地における窒素の浸透許容量は以下の手順で作成する（北海道立中央農業試験場，2004）．まず，気象庁ホームページの気象統計情報から当該地域の年降水量を求める．次に Thornthwait 法[4]を用いて蒸発散量を求め，これを降水量から減じて地下への平均浸透水量を推計する．これに，地下水の硝酸性窒素および亜硝酸性窒素濃度の環境基準値である 10 mg/ℓ[5] を乗じたものを，浸透許容量とする．

10.4 データベースの整備

10.4.1 プロセスインベントリ

本事例では，表10-1に示すふん尿処理施設に関するプロセスインベントリを作成する．プロセスインベントリでは，現状シナリオの代替案として共同メタン施設導入案の評価を行うため，運用段階だけでなく導入段階も考慮する．プロセスインベントリは，楊ほか（2006）や菱沼ほか（2007）の整理

---

[4] Thornthwait 法は，「植物で完全に覆われた地表面に十分な水を供給した場合に失われる蒸発散量」を蒸発散位（与えられる気象，地形等の条件化での蒸発散量の最大値）と定義して，月平均気温の関数で月平均蒸発散位を推定する（農業土木学会，1989）．
[5] 地下水の環境基準は，環境基本法に基づいて，平成9年に26項目（カドミウム，鉛，砒素ほか）について基準が設定された．窒素成分については，硝酸性窒素および亜硝酸性窒素が 10 mg/ℓ 以下と定められている．

表 10-2 乳牛ふん尿処理システム評価のための地域環境データの項目

分類	項目	参考資料（一部）
地域基盤データ	市町村行政界	第5章を参照
	農業集落界	農業集落カード2000（I県）
	三次メッシュ（1km×1km）	第5章を参照
	土地利用	日本水土図鑑GIS
	道路網	数値地図25000国土空間基盤（I県）
地域施策関連データ	乳牛ふん尿発生量	農業集落カード2000（I県），家畜ふん尿処理・利用の手引き，堆肥化施設設計マニュアル
	農地の窒素需要量	農林水産関連の市町村別データ（農林水産関係市町村別データ，作物統計，野菜生産出荷統計，果樹生産出荷統計，花き生産出荷統計など），I県土壌施肥管理指針
	農地の地下浸透窒素許容量	気象統計情報，地下水の水質汚濁に係る環境基準

方法を参考にして，年間の単位処理量を基準量として整備する．各施設の物質収支に関するデータは，施設利用の事例や施設設計マニュアル，施設メーカによる設計値を参考に収集する[6]．また，環境負荷原単位は，施設導入段階に南齋ほか（2002），各種処理に伴って排出されるふん尿由来の温室効果ガスの原単位に環境省（2002）のデータなどを利用する．

ふん尿処理施設の運用段階での消費資材のプロセスインベントリは，産業環境管理協会（2005）のデータベースから整理する．ただし，発電プロセスは，I県の地域性を反映するためにI県の属する地域の電力会社の実績値より環境負荷排出原単位を整備する．

10.4.2 地域環境データベース

地域的なシステムとしてふん尿処理・利用を検討するには，①乳牛ふん尿の発生量とその分布，②農地面積および窒素需要量，③農地ごとの地下浸透許容量とその分布を考える必要がある．そこで，本評価では，表10-2で示すデータを収集し，地域環境データベースとして三次メッシュを単位として整理する．

---

[6] データがないものについては，乳牛のふん尿用に補正を行って整理するなどの工夫も必要な場合がある．

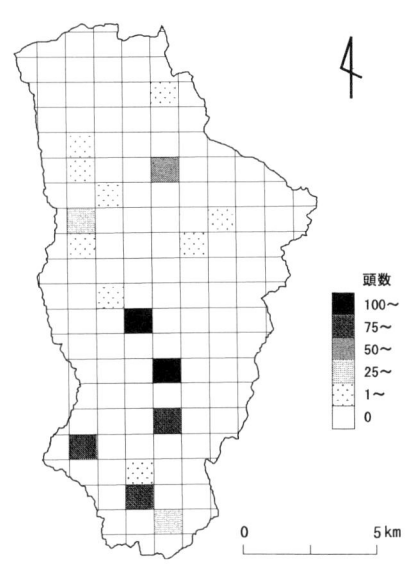

図 10-3　地域環境データベース（当該地域の乳牛飼養頭数と分布）

(1) 乳牛ふん尿発生量と分布の推計

　乳牛のふん尿発生量は，I県の農業集落カードと畜産統計を用いて求めた当該地域の乳牛飼養頭数に乳牛のふん尿排せつ量の原単位を乗じて推計する．その分布は，農業集落カードの農業集落の位置データから乳牛の飼養位置を仮定し，乳牛飼養頭数を三次メッシュ単位のデータとして整理する（図10-3）．

(2) 農地面積と窒素需要量および分布の推計

　当該地域の農地面積は，土地利用三次メッシュデータを基本として，農林水産関係市町村別データを利用して算出する．窒素需要量については，作物統計などから作付作物を特定し，これにI県の土壌施肥管理指針の作物別の窒素施用量データを乗じて推計する．また，この窒素需要量を三次メッシュ単位で整理する．

(3) 農地での窒素の地下浸透許容量および分布

　10.3.3節で作成した農地における窒素の地下浸透許容量を三次メッシュ単位のデータとして整理する．

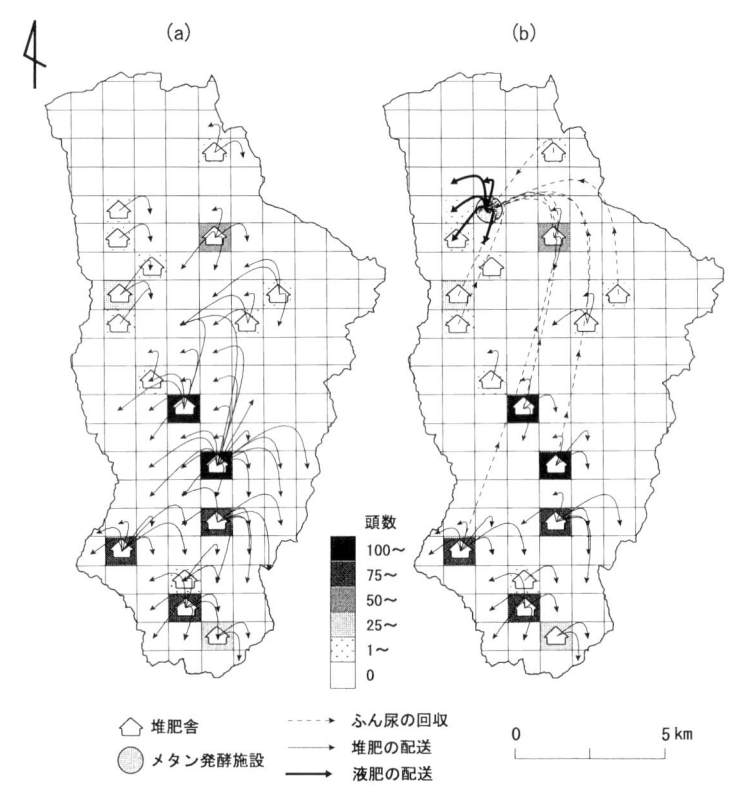

図10-4 各シナリオのふん尿の収集と堆肥・液肥配送の推計結果
(a) 現状シナリオ，(b) 代替シナリオ．

10.5 現状シナリオおよび代替シナリオのLCA評価

10.5.1 乳牛ふん尿の収集と堆肥・消化液の輸送

現状シナリオでは，堆肥舎を利用してふん尿発生場所で処理された．一方，堆肥は流出窒素量が多いため[7]，浸透許容量による制約を受けて近隣農地ではすべての堆肥を散布できず，配送先が比較的広範囲となった（図10-4）．

代替シナリオでは，共同メタン施設での処理量の確保のために比較的遠方からふん尿を収集していた．一方，消化液は施設の近隣農地に散布していた．個別農家での堆肥の輸送は，比較的ふん尿発生場所から近い農地で行われて

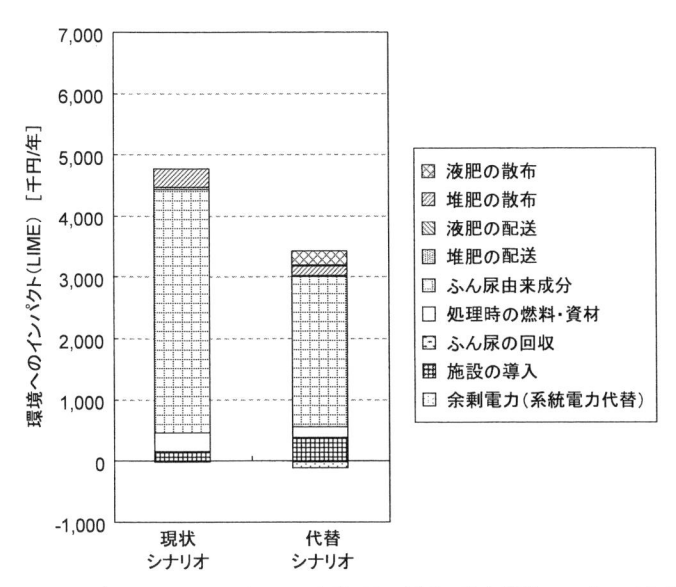

図 10-5　各シナリオにおけるふん尿処理・利用に伴う環境へのインパクト

いた（図 10-4）．

10.5.2　LIME による統合化の結果

　代替シナリオの環境へのインパクトは，現状シナリオに対して約 30% 少なかった（図 10-5）．内訳を見ると，現状シナリオでは，堆肥舎を利用したふん尿処理に伴うインパクト（とくに，CH_4，ふん尿由来の温室効果ガス）が大きかった．一方，代替シナリオでは，施設の導入や消化液（液肥）の散布に伴うインパクトが現状シナリオより大きいものの，共同メタン処理施設の利用によってふん尿処理のインパクトが少なくなり，結果的に現状シナリオよりも環境へのインパクトが少ない結果となった．また，代替シナリオで

---

[7] 堆肥は遅効性の窒素分が多く作物吸収に時間がかかる（利用されづらい）．一方，消化液は即効性の窒素分が多く作物吸収が早い（利用されやすい）．通常，遅効性の窒素は水にも溶けにくいため流出しづらいと考えられる．しかし，ここでは施肥資材の違いと地下水汚染のポテンシャルを把握することから，作物に即効的に吸収されなかった窒素分は地下へ流出すると仮定する．

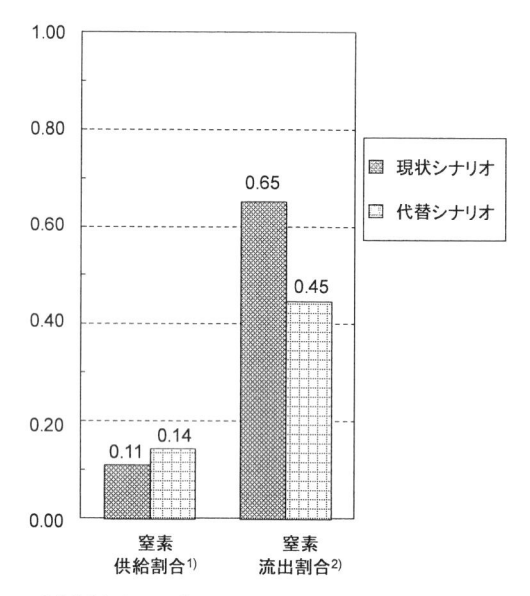

1)窒素供給割合 ＝ （農地への供給窒素量）／（農地における窒素需要量）
2)窒素流出割合 ＝ （農地への流出窒素量）／（農地における浸透窒素許容量）

図10-6　農地における施用窒素の需給バランスと地下浸透割合

のふん尿収集（回収）に伴う環境へのインパクトは，システム全体の環境へのインパクトに対して非常に小さいことがわかった．

これらの結果より，乳牛ふん尿処理・利用システムに伴う環境へのインパクトの低減方法として，共同メタン施設を導入することは有効であると考えられた．

10.6　農地の窒素需給バランスと地下水汚染のポテンシャル評価

当該地域の農地の窒素需要量と浸透窒素許容量に対する施用窒素からの供給窒素，流出窒素の割合を図10-6に示す．

現状シナリオで利用している堆肥は，作物に窒素分が利用されにくく，地下に流出してしまう．そのため，作物への供給窒素の割合が低く，浸透窒素許容量に対する流出窒素の割合が高くなった．

一方で，代替シナリオにおいて，共同メタン施設からの消化液を利用して

いる地域では作物への供給窒素割合が高い．そのため，システム全体での供給窒素の割合は，現状シナリオよりも若干ながら高くなった．また，流出窒素の浸透窒素許容量に対する割合は，現状シナリオに比べて低くなり，浸透窒素許容量に対して半分以下の窒素流出量であった．

　これらの結果より，作物が利用しやすい窒素分の多い消化液の利用が可能な代替シナリオは，現状シナリオに比べてふん尿由来の窒素利用を改善し，かつ農地でのふん尿利用に伴う窒素による地下水汚染のポテンシャルを低減する可能性があると考えられた．ただし，この結果は，施肥基準に準じた施肥が行われた場合を前提にしており，農地においてふん尿の過剰な利用が行われる場合では，結果が異なる可能性がある．

10.7　地域の環境問題への対応

　本章で取り上げた家畜ふん尿処理・利用のLCA事例では，地下水の硝酸態窒素濃度の環境基準値から窒素の地下浸透に許容量としての制約を設定し，乳牛ふん尿処理・利用システムの検討を行った．これによって，地球温暖化や酸性化などのインパクトはLIMEで統合的に評価でき，さらに地下水汚染のインパクトは，窒素浸透許容量に対する流出窒素量の割合という形で評価することができた．しかし，地域的な環境へのインパクトと地球規模での環境へのインパクトの評価方法としては，以下のような課題が残っている．

　まず，今回の評価の中で窒素浸透許容量の制約を設定したことは，評価対象とした環境へのインパクトの中で，窒素による地下水汚染を最も重大な環境へのインパクトとして位置付けたことになる．つまり，本評価では，第1に家畜ふん尿による地下水の窒素汚染を防止するふん尿処理システムを検討し，その上でシステムからの温室効果ガス排出量を低減することに着目している．したがって，本評価からは，窒素による地下水汚染のインパクトと地球温暖化や酸性化など他の環境へのインパクトとの間の関係（環境へのインパクトの大小やトレードオフなど）を議論することはできない．地球規模の環境へのインパクト，地域に限定した環境へのインパクトの関係を整理した評価を行うには，両方のインパクトを同じ評価枠組みの中で整理する必要が

ある．

　一方で，被害算定型のインパクト評価において，地球規模での環境へのインパクトと地域に限定した環境へのインパクトを同じ評価枠組みで取り扱うことについては，森口（2001）が以下のような懸念を述べている．

> 「…同じ量の汚染物質であっても，人口密度の低い地域で排出される方が被害量は少なく計算され，汚染排出元を人口密度の低い地域に立地させることを正当化することにつながりかねない．LCIA を進めていくと，従来明確な判断を避けてきた問題に対する判断を下さなければならないことが多い．また，一見，自然科学的手法に見える被害算定手法に，暗黙のうちにこうした価値判断を含めてしまう場合がある」

　LCA は本来，地球温暖化のような地球規模での環境へのインパクトの評価を得意とする．しかし，地域環境マネジメントにおいては，地球規模での環境問題だけでなく，地域に依存した環境問題を考慮することが求められる．それぞれの環境へのインパクトをどのように位置付けて評価を行うかについては，今後とも検討が必要である．

参考文献

環境省（2002）：平成 14 年度温室効果ガス排出量算定方法検討会農業分科会報告書，
　http://www.env.go.jp/earth/ondanka/santeiho/kento/h1408/，2010 年 7 月 8 日確認.
産業環境管理協会（2005）：JEMAI-LCA Pro.
南齋規介，森口祐一，東野 達（2002）：『産業連関表による環境負荷原単位データブック（3EID）―LCA のインベントリデータとして―』，国立環境研究所.
農業土木学会（1989）：『改訂五版農業土木ハンドブック』．
北海道立中央農業試験場（2004）：地下水の硝酸汚染を防止するための窒素管理方策―北海道農耕地の窒素環境容量 Ver. 2―，農業環境部環境保全科，北海道農業試験会議（成績会議）資料平成 14 年度.
菱沼竜男，井原智彦，志水章夫，楊 翠芬，栗島英明，玄地 裕（2006）：地域性を考慮した家畜ふん尿処理・利用システムの環境影響評価，農業環境工学関連 7 学会 2006 年合同大会講演要旨集（CD-ROM）.
菱沼竜男，井原智彦，志水章夫，楊 翠芬，玄地 裕（2007）：LCA 手法を用いた肥育豚糞尿処理システムの環境影響の比較，農業施設，Vol. 38, No. 1, pp.43-56.
森口祐一（2001）：LCA における環境影響の評価手法，化学工学，Vol. 65, No. 3, pp.123-125.

第11章 産業誘致を考える
――間接的・波及的インパクトの考え方

11.1 産業誘致と環境問題

　2007年に施行された「企業立地促進法」は，地域による主体的・計画的な企業立地促進の取り組みを支援し，地域経済の自律的発展の基盤の強化を図ることを目的とする．同法の施行に限らず，産業誘致は地域にとって，主要な戦略の1つとなっている．

　なぜならば，産業誘致は，直接的にも，間接的にもさまざまな効果をもたらす．たとえば，製造業を誘致すれば，そこにまず雇用が生まれ，所得の向上につながるほか，誘致した産業と地域内の他産業と間に取引が生じる（一次波及）．行政にとっては，法人税収だけでなく，住民所得の向上による税収増加が期待される．さらには，生み出された所得が，新たな取引や雇用，所得を生み出す（二次波及）．

　一方で，産業誘致，とりわけ製造業の立地については，さまざまな環境問題を地域にもたらした過去もある．関連法規の制定や環境対策技術の確立，環境アセスメントの実施などによって，誘致産業からの直接的な環境負荷は従来と比べて減少している．しかし，産業誘致によって生じる環境負荷は，そのような直接的なものだけでない．たとえば，系統電力を大量に消費する半導体工場を誘致しても，その電力を発電している場所では間接的に環境負荷が生じている（一次波及）．つまり，経済と同様に，環境負荷も間接的・波及的に誘発される．環境負荷が経済活動によって生じていることを考えれば，それは自明のことである．

11.2　間接的・波及的な環境へのインパクトの考え方

　第II部で見てきたようにLCAは，対象のライフサイクル全体（システム境界内）の環境負荷や環境へのインパクトを扱うため，直接その場所で生じない間接的・波及的に生じる負荷・インパクトについても，これを定量的に評価する手法である．その際，直接的な環境負荷や環境へのインパクトについては，その場所が特定できるため，その地域の特性を反映させることが容易である．しかし，間接的な環境負荷・環境へのインパクトについては，その場所を特定することが困難であるため，地域の特性を反映させることは容易ではない．たとえば近年，再資源化やバイオマス利活用による資源・エネルギーの消費削減効果などの静脈産業の政策検討や評価が行われている（松本ほか，2005；楊ほか，2006）．しかし，従来の評価は，直接的な環境負荷・環境へのインパクトについては当該地域の特性を反映させているものの，間接的な環境負荷・環境へのインパクトについては，そこまでの検討がなされていない．

　そもそも間接的・波及的な環境へのインパクトは，誘致される産業を含めた企業間の連関に影響される．そして，企業間の連関は，地域内外の産業構造や地域間の距離・物流，取り引きされる製品・サービスの種類に起因すると考えられる．このように考えるならば，間接的・波及的な環境へのインパクトを考える上で，経済波及効果を分析するのと同様に，相互に依存する産業間の連関を整理した産業連関表の利用が有効である．ただし，全国産業連関表（以下，全国表）は日本全体を1つの空間単位としており，第8章で取り上げたような地域間の相互依存を考慮できない．つまり，間接的な環境負荷・環境へのインパクトに地域の特性を反映させることができない．この問題については，産業間・地域間の連関を整理した地域間産業連関表（以下，地域間表）を利用する方法が考えられている．以下では，半導体産業の誘致を事例に，地域間表を用いて，間接的・波及的な環境へのインパクトに地域の特性を反映させた評価事例を紹介する．なお，考慮する間接的・波及的なインパクトは一次波及までとする．

11.3 目的および調査範囲の設定

11.3.1 評価対象と調査範囲

評価対象は，日本のある地域での半導体産業の誘致とする．その際，誘致する地域の異なる複数案を評価する．

評価の前提条件は，半導体の年間生産額を 3,000 億円[1]，その操業期間を 15 年間とする．今回の検討では，生産技術や地域間の経済関係などの産業構造は変化しないと仮定する．また，産業誘致のプロセスのうち，工場の導入（建設・補修含む），運用段階を調査範囲とする．さらに，間接影響に焦点を絞るために，同産業の誘致により直接消費される物質やエネルギー，それに伴う直接的な環境負荷排出は地域に関係なく一定とする．

本事例は，環境負荷物質として二酸化炭素（CO_2），窒素酸化物（NO_x），硫黄酸化物（SO_x），浮遊粒子状物質（SPM）を，環境へのインパクトとして人間健康への被害（DALY）を取り上げる．

11.3.2 分析方法とデータ

(1) 評価の流れ

間接的な環境へのインパクトの地域間相互依存を考慮するために地域表を用いたモデル（地域モデル）による評価を行う．そして，評価の各段階で，全国表を用いた全国モデルと地域モデルの結果を比較する．全国モデルと地域モデルの計算の詳細については，コラム 11-1 を参照されたい．

図 11-1 に，各分析方法における評価手順を示す．

まず，半導体産業誘致の各活動段階（導入，運用）での最終需要額を推定し，産業連関表の投入係数の逆行列に乗じて地域ごともしくは全国での生産誘発額を計算する．

次に，インベントリ分析を行い，環境負荷を求める．半導体産業誘致による直接の環境負荷排出量は，エネルギー需要量にエネルギー種ごとの排出係

---

[1] 日本の半導体生産額の約 5％相当，大規模な半導体工場を仮定した．

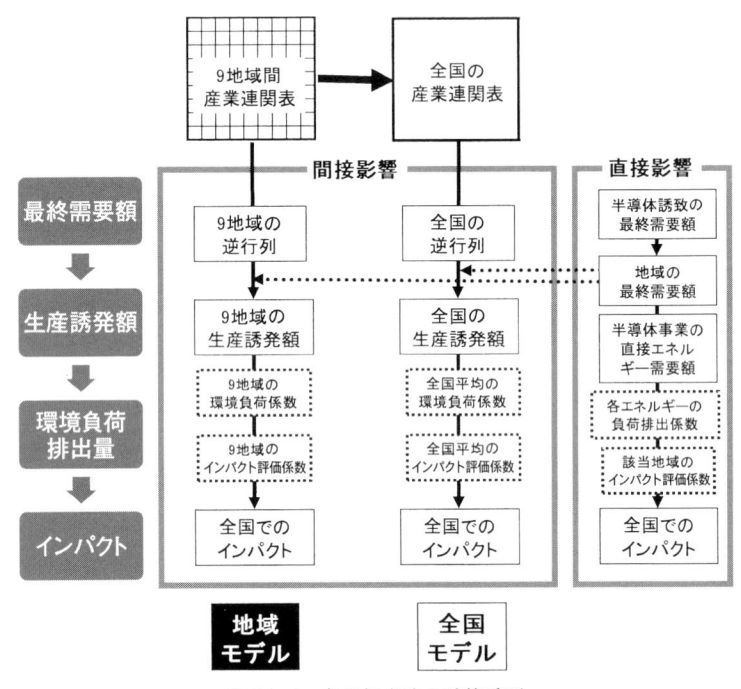

図11-1 各分析方法の計算手順

数を乗じて求める．間接的な環境負荷排出量は，地域ごと（もしくは全国）の生産誘発額に地域別（もしくは日本平均）の環境負荷排出係数［環境負荷量 / 生産額］[2] を乗じて求める．

最後に，インパクト評価として，環境負荷排出量に地域別（もしくは日本平均）のインパクト評価係数［インパクト / 環境負荷量］を乗じて環境へのインパクトを求める．

(2) 使用データ

地域間の相互依存を考慮する地域モデルでは，経済産業省作成の9地域間産業連関表を用いた（経済産業省，2000）．これは，全国を9地域（北海道，東北，関東，中部，近畿，中国，四国，九州，沖縄），産業を46分類に分け

---

[2] 製造業や電力など環境負荷の地域差が大きいものについては，産業別・地域別ごとの環境負荷排出係数を利用し，地域差の小さいサービスなど，その他の産業については全国平均値を利用する．

コラム 11-1
全国モデルと地域モデル

　式 (1) は全国表の基本構造で，左側の中間需要 $A_N X_N$（他の産業への投入）と最終需要 F_N（民間や行政への投入）の和が右側の国内生産とイコールとなっている．それを生産に対して整理したのが式 (2) の産業連関分析の基本モデル（全国モデル）である．

　地域の活動によってモノやサービスの 1 単位の需要が生じた場合に，直接・間接の波及効果によって，各産業の生産額が最終的にどのくらいになるかを示すレオンチェフの逆行列 $(I-A_N)^{-1}$ に最終需要額 F_N を乗じることによって，誘発される国内生産額（生産誘発額）X_N を得ることができる．ここまでは，経済波及効果の分析と同じである．ここで式 (3) のように，得られた生産誘発額に各産業部門の生産活動の環境負荷排出係数 b_N を乗じることによって，間接的・波及的な環境負荷排出量を求めることができる．これが，産業連関法による地域間の相互依存を考慮しないインベントリ分析である．さらに，式 (4) のように，全国平均のインパクト評価係数 z_N を乗じることで，環境へのインパクトを求めることができる．

　これに対し，式 (5)～(7) は地域間表から得られたモデル（地域モデル）の基本式である．このモデルでは，産業間の取引だけではなく，地域内への移入・移出を通しての波及影響，すなわち地域間の相互依存が考慮できるため，各地域別での生産誘発 $X_{R1}, \cdots, X_{Rn}$，環境負荷排出量 $B_{R1}, \cdots, B_{Rn}$，環境へのインパクト $Z_{R1}, \cdots, Z_{Rn}$ を区分して計算できる．

$$A_N X_N + F_N = X_N \tag{1}$$

$$X_N = (I - A_N)^{-1} F_N \tag{2}$$

$$B_N = b_N X_N \tag{3}$$

$$Z_N = z_N B_N \tag{4}$$

$$\begin{bmatrix} X_{R1} \\ \cdots \\ X_{Rn} \end{bmatrix} = \begin{pmatrix} 1-a_{11} & \cdots & -a_{1n} \\ \vdots & \ddots & \vdots \\ -a_{n1} & \cdots & 1-a_{nn} \end{pmatrix}^{-1} \begin{bmatrix} F_{R1} \\ \cdots \\ F_{Rn} \end{bmatrix} \tag{5}$$

$$\begin{bmatrix} B_{R1} \\ \cdots \\ B_{Rn} \end{bmatrix} = \begin{bmatrix} b_{R1} & \cdots & 0 \\ \vdots & \ddots & \vdots \\ 0 & \cdots & b_{Rn} \end{bmatrix} \begin{bmatrix} X_{R1} \\ \cdots \\ X_{Rn} \end{bmatrix} \tag{6}$$

$$\begin{bmatrix} Z_{R1} \\ \cdots \\ Z_{Rn} \end{bmatrix} = \begin{bmatrix} z_{R1} & \cdots & 0 \\ \vdots & \ddots & \vdots \\ 0 & \cdots & z_{Rn} \end{bmatrix} \begin{bmatrix} B_{R1} \\ \cdots \\ B_{Rn} \end{bmatrix} \tag{7}$$

X：生産額
A：産業連関表の投入係数行列　　$a_{11}, \cdots, a_{nn}$：地域間産業連関表の投入係数行列
F：最終需要額
B：環境負荷排出量　　　　　　b：直接環境負荷排出係数
Z：環境へのインパクト　　　　z：インパクト評価係数
N：全国
$R_1, \cdots, R_n$：地域 1 から地域 n

て産業間および地域間の取引関係が整理されているデータである．

また，比較条件をそろえるために，地域間の相互依存を考慮しない全国モデルでは，既存の全国表ではなく，9地域間産業連関表を統合して新たに作成した全国表を用いて分析を行った．

11.4　地域間の相互依存を考慮した場合

11.4.1　産業誘致における需要額

半導体産業の誘致による直接・間接的な影響を求めるためには，産業誘致に直接投入されるモノやエネルギーの種類と大きさ，すなわち最終需要額を把握する必要がある．導入段階における建設時の最終需要額は，全国産業連関表の付帯表の「固定資本形成マトリックス」[3]を用いて推定する（栗山，2003）．耐用年数が操業年数の15年より短いものに関しては，補修分を導入段階に追加する．運用段階については，年間生産額3,000億円に，全国産業連関表の投入係数[4]を乗じて年間需要額を求め，これに操業年数15年を乗じて，事業の全運用期間における最終需要額を求める．

---

[3] 政府および民間が1年間に行った国内総固定資本形成について，資本財の種類ごとに産出先の部門の内訳を計上したマトリックスである．
[4] 半導体産業の単位生産に投入される各産業の投入割合．

表 11-1　半導体産業誘致における産業別の最終需要額

産業名	需要額（百万円） 導入段階	需要額（百万円） 運用段階	産業名	需要額（百万円） 導入段階	需要額（百万円） 運用段階
繊維製品	9	25,231	その他の輸送用機械	183	0
製材・木製品	55	2,703	精密機械	44,818	130
家具・装備品	0	1,667	その他の製造業	40	51
パルプ・紙・紙加工品	0	5,216	建築・建設補修	22,870	3,333
出版・印刷	0	29,125	その他の土木建設	21,920	0
化学製品	0	57,394	電力	0	109,273
石油・石炭製品	0	6,524	ガス・熱供給	0	2,293
プラスチック製品	0	74,433	水道・廃棄物処理	0	5,931
ゴム製品	0	19,826	商業	101,393	245,441
皮革・同製品	0	280	金融・保険	0	39,711
窯業・土石製品	0	24,583	不動産	0	6,592
鉄鋼製品	0	7,501	運輸	9,549	55,797
非鉄金属製品	0	44,114	通信・放送	0	8,313
金属製品	33	18,480	教育・研究	0	341,907
一般機械	318,866	16,447	医療・保険その他の公共サービス	0	0
事務用・サービス用機器	3,769	0	その他の公共サービス	0	1,972
民生用電気機械	24	0	対事業所サービス	94,733	216,628
電子・通信機械	65,231	710,852	対個人サービス	0	986
その他の電気機械	4,360	302,780	その他	0	23,146
自動車	1,052	0	総計	688,905	2,408,661

　表 11-1 に半導体産業誘致に対する導入段階と運用段階の最終需要額の推定額を示す．内訳は，導入段階が約 22%，運用段階が約 78% である．

　詳細を見ると，導入段階では一般機械，電子・通信機械の需要が中心となり，運用段階では電子や電気機械の需要が大きいことがわかる．また，運用段階の電力への依存度が高く，消費電力の電源構成や使用エネルギーの地域差が結果に大きく影響すると予想される．

11.4.2　産業誘致における生産誘発

　図 11-2 は，半導体産業が中国地方に誘致されることを想定し，生産誘発額の結果を示したものである．半導体産業誘致に必要な最終需要額をマイナス方向に表し，最終需要によって誘発される生産（生産誘発額）をプラス方向に表している．

　地域モデルと全国モデルの最終需要額には変わりがないため，その生産誘

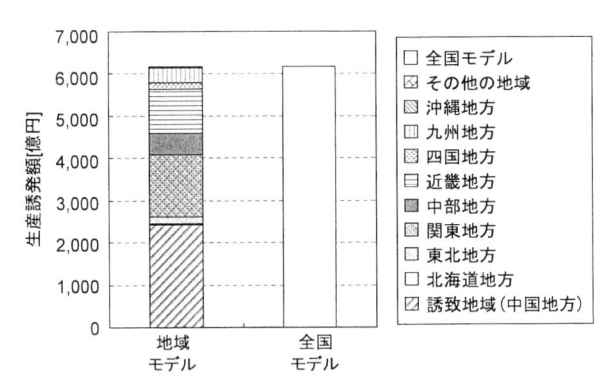

図11-2　半導体産業誘致における生産誘発額（中国地方に誘致した場合）

発の総額も差はほとんど表れない．しかし，全国モデルは，波及効果の生じる地域が不明であるが，地域モデルでは，関東地方・近畿地方と中部地方などの波及効果の生じる地域を区分できるほか，誘発額全体に占める各地域の割合も明らかとなる．他の地域に産業誘致がなされれば，地域間相互依存関係によってこの割合は変化する．

11.4.3　産業誘致における環境へのインパクト

次にインベントリ分析およびインパクト評価の結果のうち，中国地方に半導体産業を誘致した場合のSPMの排出量と，それに伴って生じる人間健康への被害量を図11-3に示す．

生産誘発額では，全国モデルと地域モデルの差がほとんどなかったが，環境負荷やインパクトに関してはその差が明確である．たとえば，SPM排出量を比較すると，地域モデルの結果は全国モデルの結果の1.25倍となっている．同様に，人間健康への被害量も差が生じている．このような差が生じる原因は次のように推定している．

まず，地域モデルの生産誘発額（図11-2）とSPM排出量のグラフに注目すると，両者における各地域の占める割合が異なっている．たとえば，生産誘発額では誘致地域の割合が約39％であるが，SPM排出量を見ると約51％となっている．これは，同じ生産誘発額であっても，地域によって生じるSPMの量が異なることを意味している．この原因として考えられるのは以

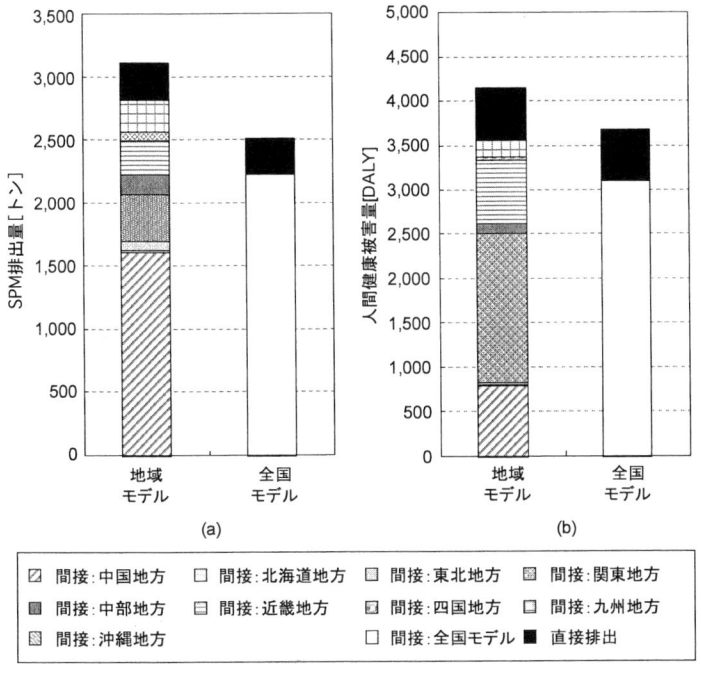

図 11-3 環境負荷排出と環境へのインパクトにおける分析方法間の比較
(a) 環境負荷排出（SPM），(b) 環境へのインパクト（DALY）．

下の2点である．

1点目は，産業構造の差である．たとえば，中国地方ではSPM排出量の多い産業（電力，鉄鉱，輸送など）が盛んであり，産業活動で消費財の多くが地域内から供給されることが考えられる．2点目は，技術やエネルギー消費の差に起因する単位生産額あたりの環境負荷排出量の地域差である．たとえば，中国地方で供給される電力の環境負荷原単位は，全国平均値より大きい．

次にSPM排出量と人間健康へのインパクトのグラフに注目すると，やはり両者の各地域の全体に占める割合に違いがあることが見てとれる．たとえば，誘致地域の割合は約51％（SPM排出量）に対して約20％（人間健康被害量），関東地域の割合は約20％（SPM排出量）に対して約58％（人間健康被害量）など，大きな違いが見られる．これは，第8章で説明したように，同じ環境負荷排出量でも，地域の自然的・社会的特性（地形，地質，人口密

度など）によって，環境へのインパクトに差が生じるためである．

以上のような地域の特性が反映された結果，今回の評価においては，地域レベルで見積もられた環境負荷排出量や環境へのインパクトの総量は，全国モデルで評価した場合よりも大きくなると考えられる．地域モデルと全国モデルで結果に差異が生じたことは，地域環境マネジメントの場面において，地域間の相互依存や地域の特性を考慮することの重要性を示唆するものといえる．

11.4.4　産業誘致における影響の地域間比較

地域間の相互依存や地域の特性を考慮した地域モデルで検討することによって，産業誘致が行われる地域の違いによる環境負荷排出量や環境へのインパクトの違いについても明らかとなる．

図11-4は，異なる9地域で同じ条件の半導体産業の誘致が行われた場合を想定し，それぞれの案のCO_2排出量を示している．その結果，どの地域に誘致を行うかによって，排出量が異なっている．全国モデルの結果を基準にすると，中国地方と沖縄地方は約26%多く，逆に近畿は8%少なく，両地域の差は約35%となる．排出量で見るならば，その差は直接的に排出される量の約1.4倍となり，インベントリ分析において間接的・波及的な影響を評価する際に，地域特性の考慮が重要であることを裏付ける[5]．この差は，先述のように，地域内の産業構成や生産技術とエネルギー消費構造の違いに起因する．

次に人間健康へのインパクトの違いを見てみよう．図11-5は，インベントリ分析で計算された9地域ごとの対象物質の排出量（CO_2, NO_x, SO_x, SPM）に地域別のインパクト評価係数を乗じた人間健康への被害量（DALY）を示している．こちらもCO_2排出量と同様に，誘致地域ごとに異なる結果を示している．たとえば，同じ半導体産業の誘致を北海道地方と関東地方で試みていると仮定すると，全国平均値で評価した場合には，北海道

---

[5] Lenzen & Wachsmann (2004) は，間接影響が大きい地域活動の場合，従来の直接影響に焦点を絞ったアプローチでは，地域の現状に基づいた評価が困難であることを指摘した．

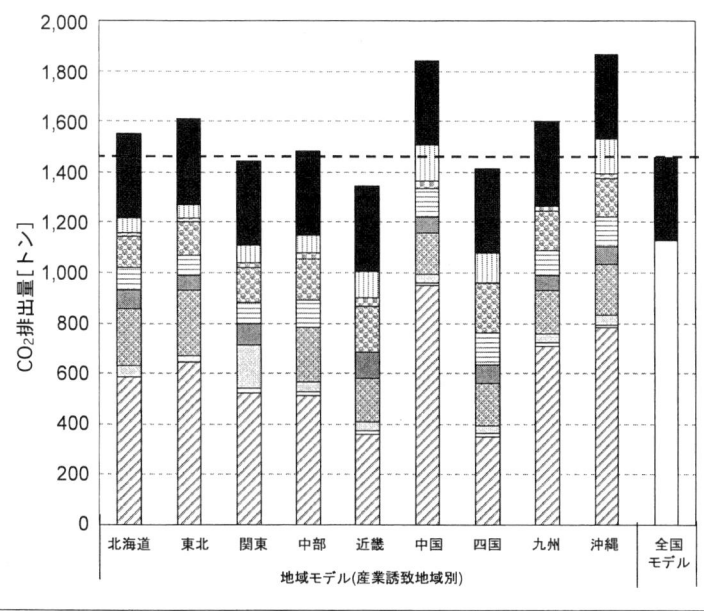

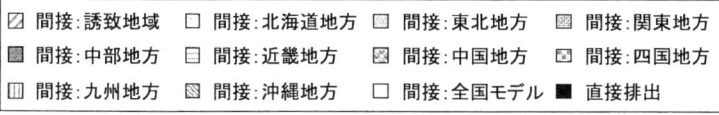

図11-4 異なる産業誘致地域における環境負荷排出量の比較（CO_2排出量）

地方に誘致する場合は約19％の過大評価に，関東地方に誘致する場合は約36％の過小評価となり，その差は55％にもなってしまう．

また，近畿地方への立地は，CO_2排出量では最も少ないが，人間健康へのインパクトではむしろ全国平均よりも被害量が多く，北海道地方に立地することが最も被害量が少ない．先述したように，インパクトの算定にあたっては，地域の自然的・社会的特性に影響される．すなわち，この結果は，インパクト評価の時点においても，環境負荷が排出される地域の差を考慮することが重要であることを示唆している．

11.5 まとめと今後の展開

本章では，産業誘致に伴う環境負荷排出や環境へのインパクトについて，

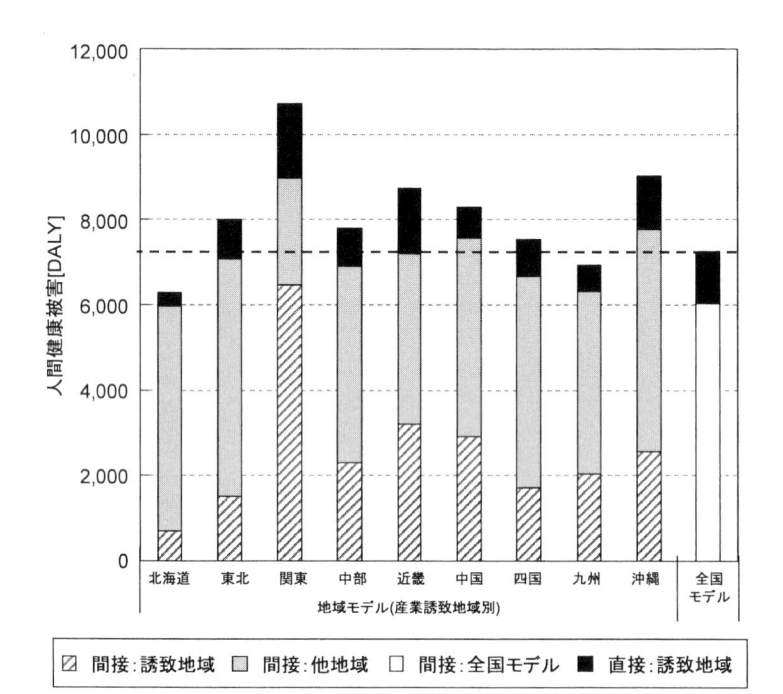

図11-5 異なる産業誘致地域における環境へのインパクトの比較(DALY)

　全国モデルと地域モデルによる評価を行った．産業活動は，地域内外のさまざまな産業との連関によって成り立っている．産業誘致の環境へのインパクトを考える場合には，このような産業活動の特性である，地域・産業を超えた物質・エネルギーのやり取りを踏まえなければならない．今回の地域間の相互依存を考慮した地域モデルと全国モデルの比較や，誘致地域の異なる複数案の比較から明らかなように，インベントリ分析においては地域の産業構造や技術やエネルギー消費の差の影響が，インパクト評価においては地域の自然的・社会的特性による影響が大きく，これらを反映させることが，産業誘致の評価には必要である．

　今回の検討で用いた地域間表を用いたモデルは，こうした地域ごとの違いや地域間の相互依存関係を，さまざまな地域活動の評価に反映させる有用な方法ではあるが，膨大なデータを収集・整理・加工することが必要となり，現実の評価で利用するにはまだ制約が多い．こうした評価が容易に実施可能

になるようなデータベースの構築が望まれる.

　最後に，地域間の相互依存を考慮することは，単に産業誘致の評価に有効であることにとどまらず，地域間の広域的な連携のあり方や国全体への影響をも視野に入れた，よりよい地域政策の評価につながることが期待される.すなわち「どこの地域とどのような連携することが地域の活性化につながるか」や「どの地域でどんな政策を実施することが国全体の便益につながるのか」といった俯瞰的な政策の評価には，地域間の相互依存を考慮することが必要不可欠である.

参考文献

Lenzen M, Wachsmann U (2004): Wind turbines in Brazil and Germany: an example of geographical variability in life-cycle assessment, Applied Energy, Vol. 77, pp.119-130.
栗山規矩 (2003)：情報産業誘致の経済効果, Innovation & technique, Vol. 11, No. 1, pp. 55-71.
経済産業省 (2000)：『平成7年地域間産業連関表』, 経済産業調査会.
松本 亨, 鶴田 直, 柴田 学 (2005)：マテリアルフロー分析とLCAによる北九州エコタウン事業の評価, 環境情報科学論文集, Vol. 19, pp.473-478.
楊 翠芬, 志水章夫, 菱沼竜男, 玄地 裕 (2006)：ライフサイクルでの環境面と経済面を考慮した生ごみ再資源化技術評価, 日本LCA学会誌, Vol. 2, No. 4, pp.370-378.

第12章 まちづくりを考える
──価値と環境負荷の効率

12.1 まちづくりの評価とその視点

12.1.1 まちづくりの課題

「まちづくり」とは,「ある地域のニーズに対して,都市開発のようなハード面あるいは地域社会の活性化のようなソフト面の多様なアプローチを通じて応えようとするプロセス」と定義できる.従来のまちづくりは,都市活動規模の拡大に伴う量的ニーズに対応するための社会インフラや施設,住宅の整備などが最重要課題であったが,現在ではその課題は大きく変化している.

第1に,情報化,少子高齢化,国際化など社会経済状況は大きく変化しており,地域のニーズは量から質へと変化している.まちづくりには,生活の質や安心・安全といった多様で質的な価値の向上が求められている.

第2に,現在の地域活動は,大気汚染や廃棄物問題といった地域環境問題から地球温暖化を始めとした地球環境問題までの大きな原因となっている.したがって,地域内のみならず地域外を含めた広い範囲での環境へのインパクトに配慮したまちづくりが求められている.つまり,まちづくりの地域環境マネジメントが必要とされている.

12.1.2 価値と環境負荷の効率

(1) 実施しないことが最良なのか

LCAはインベントリ分析による環境負荷の絶対量と,インパクト評価による潜在的な環境へのインパクトの多寡で評価する手法である.一方,まち

づくりは,環境負荷や環境へのインパクトを多少なりとも生じさせる.では,まちづくりをしないことが最良なのか.

実際はそれほど単純ではない.LCA には「機能」という考え方がある.乗用車の LCA では,「人を運ぶ」という機能を果たすことが前提であるので,乗用車を製造しないのが最良という結論には通常はならない.まちづくりについても,対象の機能=まちづくりの価値を同定することで,実施しないという結論には単純にならない.

(2) 機能がそろわない

まちづくりの地域環境マネジメントにおける最大の疑問は,「どのようなまちづくり(種類・規模など)がよいのか」あるいは「そもそもまちづくりをすることが環境面から許されるのか」といった問題であろう.しかし,LCA を用いてこの疑問に答えることはきわめて難しい.LCA の結果を比較に利用する際には,比較する対象同士の機能の等価性を確保することが必要である.機能の異なるもの同士の環境負荷を求めて,どちらが環境的に優れているかを比較するのは意味がないからである.しかし,たとえば,市民病院を整備するとして,大規模の総合病院と小規模の総合病院とでは,ベッド床数や受診できる診療科の種類,救急対応,その他医療機器の充実度などが異なり,まちづくりの価値=機能がそろわない.つまり,機能の等価性が確保されないので,どちらの病院を建設すればよいかを判断できない.

12.2 まちづくりの価値と環境負荷の効率

こうした課題に対して有効な考え方の1つが,「環境効率 (eco-efficiency)」(コラム 12-1 参照)の概念である.環境効率の定義である「製品・サービスの価値÷環境負荷」をまちづくりにあてはめると,「まちづくりの価値÷まちづくりの環境へのインパクト(環境負荷)」となる.つまり,環境へのインパクト1単位あたりのまちづくりの価値となり,価値の異なる複数のまちづくりを比較できる.

では,まちづくりの価値とは何か.製品や企業の環境効率の分子には,付

コラム 12-1
環境効率

　環境効率は，1992 年に「持続可能な発展のための世界経済人会議（WBCSD）」が開発した「資源消費及び環境負荷を最小化し，サービスを最大化させる」ための概念，Eco-Efficiency の訳語である．WBCSD（2000）は，Eco-Efficiency を以下のように定義している．

　Eco-Efficiency = Product or Service value / Environmental influence
　（環境効率＝製品・サービスの価値÷製品・サービスに伴う環境影響）

　すなわち，環境影響 1 単位あたりの製品の価値（便益）を示し，その逆数を取れば価値 1 単位あたりの環境影響となるため，LCA で困難とされる機能（便益）の異なるもの同士の環境影響の比較が可能となる．日本においては企業や製品の評価を中心として導入されているが，何を環境効率の分母，分子とするかは定まっていない．たとえば，分母の「製品・サービスに伴う環境影響」には，エネルギー消費量，資源消費量，水使用量，温室効果ガス排出量など，分子の「製品・サービスの価値」には，販売量や生産量，売上高，営業利益などが利用されている．
　また，この概念の有用性は，企業や製品にとどまらない．OECD 編（1999）においても，地域社会や政府部門への環境効率の導入が提唱されているが，日本ではそうした取り組みは少ない（いくつかの地方自治体で導入されている建築物の環境性能評価「CASBEE」は，広義の環境効率指標といえる）．
　本来の目的に沿えば，環境効率は 1 度だけでなく継続的に測定されることが望ましい．ある年の環境効率を基準とし，改善量の評価や目標設定に利用する「ファクター」という概念もあり，ファクター 4 やファクター 10 などが有名である．

加価値（経済価値）が用いられてきた．しかし，一部を除いては，まちづくりの価値が具体的な経済価値（金銭）として顕在化することはない．まちづくりの多くは公共部門によるものであり，経済価値に直結するものではないからである[1]．そこで注目されるのが，公共事業の投資効率を評価する手法

として定着しつつある費用便益分析における事業便益の考え方である．

費用便益分析では，経済価値のみではうまく表現されない公共事業の効果の部分を「便益（社会的便益）」として測定する．もっとも，間接的・波及的な便益（外部経済性）の測定は難しく，後述するいくつかの方法が提案されているが，どんなまちづくりにも精度高く適用可能な手法はない．したがって，取り上げるまちづくりに応じた評価法を選択したり，複数の評価法を組み合わせたりして，便益を測定することになる．こうして測定された便益は，環境効率の分子として適当と考える[2]．

ここでは，M県T町の複合型商業施設の誘致事業に対して，LCAによる環境へのインパクト算定と便益評価によるまちづくり便益の推計，その結果を用いたまちづくりの環境効率による評価を試みた事例を紹介する（栗島ほか，2006）．

12.3　目的および調査範囲の設定

12.3.1　目的と調査範囲

本事例の対象は，ショッピングセンターを中心とした生活関連施設の誘致・整備であり，各種施設誘致の価値とそれに伴う環境へのインパクトの効率という観点から，誘致案を提案することを目的とする．今回想定した施設の種類・規模は表12-1の通りであり，評価するライフステージは各施設の導入段階と運用段階（20年）とする．

---

[1] 公共部門の「施策」による介入と調整は，正負の外部性の存在や効率性の追求によって生じる不公平性などによって，市場でその経済価値が正しく評価されないという「市場の失敗」を前提とする．事業が経済価値に直結するものであれば，その供給を公共部門が行うまでもなく，民間部門が自ら行うであろう．

[2] ちなみに，費用便益分析で用いられる指標のうち，費用便益比と呼ばれるものは「便益÷費用」と定義される．この「費用」の部分を「環境へのインパクト」に置き換えれば，「便益÷環境へのインパクト」となり，環境効率となる．

表 12-1　想定した施設の概要

施設種類		想定規模・構造	施設概要
物販施設		4,000-32,000 m^2・S	スーパーを中心とした物販施設
余暇施設	公園	2,000 m^2・S	公衆トイレ（男女），水飲器，街灯
	飲食街	980 m^2・S	ファミレス（350 m^2），ファーストフード（260 m^2）×2，そば（50 m^2），中華料理（60 m^2）
	カラオケボックス	600 m^2・S	33室
	温浴施設	2,600 m^2・S	各種風呂，サウナ
	カルチャー・学習教室	1,200 m^2・S	5教室，会議室，事務室
	映画館	2,500 m^2・S	シネマコンプレックス（5館，ロビー）
	スポーツジム	1,500 m^2・S	プールなし
医療施設	診療所	200 m^2・S	入院設備なし
	メディカルモール	870 m^2・S	入院設備なし　内科，外科，耳鼻咽喉科，小児科（200 m^2×4），歯科（70 m^2）
	総合病院	4,000 m^2・S	入院設備あり　80床
賃貸集合住宅		720-7,200 m^2・RC	10-100戸

S：鉄骨造，RC：鉄筋コンクリート造

12.3.2　評価方法

　まず，環境効率の分母となる事業の環境へのインパクトを算定するためにLCAを実施する．今回対象とする環境へのインパクト（括弧内は環境負荷）は，地球温暖化（二酸化炭素（CO_2），メタン（CH_4），亜酸化窒素（N_2O）），酸性化（硫黄酸化物（SO_x），窒素酸化物（NO_x）），都市内大気汚染（SO_x，NO_x，粒子状物質（PM）），廃棄物問題（埋立廃棄物），資源消費（石油，石炭，天然ガス，鉄鉱石，銅鉱石，ボーキサイト，石灰石）である．環境へのインパクトの算定は，想定した施設の種類・規模に応じて，インベントリ分析を行い，LIMEを用いてインパクト評価を行う[3]．

　図 12-1 に対象のシステム境界を示す．

　次に，環境効率の分子となる施設誘致の価値を測定する．本事例では，施設誘致の価値を住民の便益とする．便益を受ける対象を町内の住民に絞った

---

[3] 施設誘致が予定されている約10 haの用地の土地造成と約900 mの取り付け道路，敷地内駐車場の整備による環境へのインパクトについても同様に求めた．

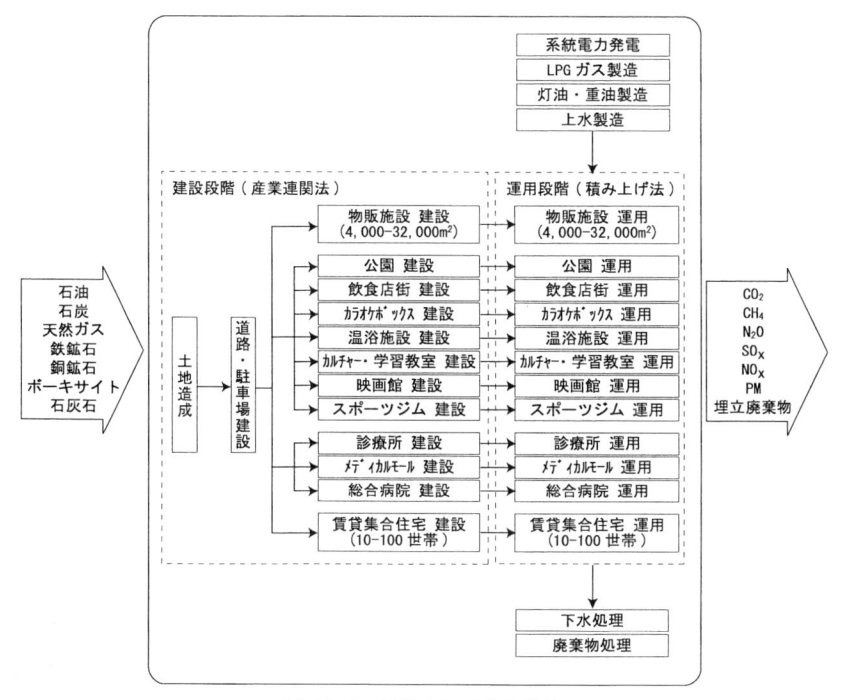

図 12-1 対象のシステム境界

のは，今回の誘致事業を実施する自治体の納税者であり，施設整備によって大きな影響を受ける住民の意向を正しく把握することがまず重要と考えたからである．

12.4　施設誘致の LCA 評価

本事例のインベントリ分析に用いた資料を表 12-2 に示す．また，図 12-2 に LCA の結果を示す．

物販店を始めとして業務施設は，「照明・動力ほか」「空調」といった運用時の電力消費が，環境影響の主要因である．物販店は，電力消費がほとんどであり，廃棄物処理のインパクトも大きい．公園は，他の施設と比較してインパクト自体が非常に小さい．飲食店街は，導入段階と比べて運用段階のインパクトが大きく，単位面積あたりの環境へのインパクトも他の施設よりも

表12-2 インベントリ分析に用いた資料

段階	項目	部門	出典
建築	建築資材環境負荷原単位	家庭・商業	日本建築学会（2003），南齋ほか（2002），瀬戸山・栗島（2005）
	建築物環境負荷原単位	家庭・商業	同上
運用	エネルギー使用量	家庭	住環境計画研究所（2003）
		商業	日本エネルギー経済研究所(2003)，東急建設（2005）
	水使用量・排水量	家庭	M県「水道事業概要」
		商業	日本ビルエネルギー総合管理技術協会（2003）
	廃棄物量	家庭	T町実績データ
		商業	羽原ほか（2002）
	エネルギー環境負荷原単位	家庭・商業	JLCA-LCAデータベース（LCA日本フォーラム，2003），JEMAI-LCA Proデータベース（産業環境管理協会，2005）
	廃棄物処理負荷原単位	家庭・商業	T町，M県環境保全事業団実績データ
	排水処理負荷原単位	家庭・商業	日本環境整備教育センター（2002），M県下水道公社，T町を含む衛生組合実績データ

大きい．とくに調理に伴う熱需要の割合が他の施設よりも大きい．カラオケボックスは，カラオケ機器や換気動力が大きいので，照明動力のインパクトも大きい．スポーツジムは，ルームランナーなどの屋内トレーニング機器を使用するものを想定しているため，空調の割合が高めである．映画館と温浴施設も同様の傾向を示す．医療施設は，建設・照明・空調の比率はほぼ同じであるが，総合病院は入院設備のインパクトで熱需要の割合が大きくなる．集合住宅は，業務施設と比べて，熱需要と廃棄物処理の割合が大きい．

12.5 コンジョイント分析による施策の便益の測定

12.5.1 便益の測定方法

公共事業の費用便益分析における便益（社会的便益）の測定方法はいくつかの手法がある（国土技術政策総合研究所，2005）．本事例では，人々の選好を測定してこれを基準に便益を算定する選好依存型のうち，対象の価値を直接尋ねる表明選好法のコンジョイント分析を用いた例を紹介する．

コンジョイント分析は，対象を構成する属性を組み合わせた選択肢（プロ

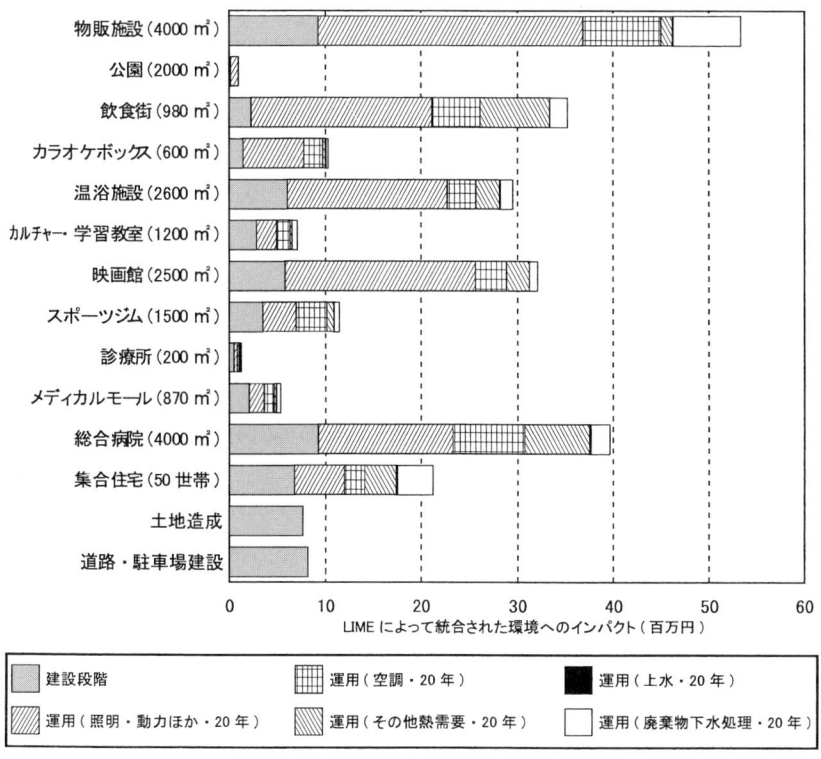

図 12-2　各施設のインパクト評価結果

ファイル）に対する選好行動から，個々の属性の価値と対象全体の価値を求めることができる．また，税金などの金額負担を属性項目に含めることで，各属性に対して住民が支払ってもよいと考える金額＝支払意思額（Willingness To Pay: WTP）を求めることができる（栗山，2003）．本事例の場合，誘致する施設を属性とすれば，個々の施設の種類・規模ごとの便益を，貨幣価値として推計できる．

12.5.2　コンジョイント分析による便益の測定

表 12-3 に示した属性と水準から，直交計画法[4]を用いて 32 の誘致計画案（プロファイル）を作成し，そこから任意に選ばれた計画案 4 つと「どれも選ばない」の計 5 つの選択肢の中から 1 つを選択する選択型実験という方法

表12-3 コンジョイント分析の属性と水準

	属性1	属性2	属性3	属性4	属性5
	誘致する物販施設の規模	誘致する余暇施設	誘致する医療施設	整備する賃貸集合住宅	1世帯あたりの負担金額
水準1	食品スーパー ($4,000\,\mathrm{m}^2$)	整備しない	整備しない	整備しない	10,000円
水準2	小型総合スーパー ($8,000\,\mathrm{m}^2$)	公園	診療所	10世帯分	20,000円
水準3	中型総合スーパー ($16,000\,\mathrm{m}^2$)	飲食街	メディカルモール	50世帯分	50,000円
水準4	大型総合スーパー ($32,000\,\mathrm{m}^2$)	カラオケボックス	総合病院	100世帯分	100,000円
水準5	—	温浴施設	—	—	—
水準6	—	カルチャー・学習教室	—	—	—
水準7	—	映画館	—	—	—
水準8	—	スポーツジム	—	—	—

で調査を実施する（図12-3）．なお，選択型実験は，表計算ソフトExcelで結果の計算を行うことができる（栗山，2003；農業工学研究所，2004）．

次にコンジョイント分析による便益の推定結果を表12-4に示す．

表中のβは，推定された各施設に対する住民の評価の重み付けを表している．また，WTPは，各世帯が各施設の誘致に支払ってもよいと考える額であり，住民の総便益は，WTPに町内世帯数（今回は3,520世帯）を乗じることで求めることができる．

物販店の規模は，極大値を持つ二次関数と推定される．これは，施設規模が大きくなるにつれて取り扱う商品等が質量ともに増加し，住民の利便性が向上する一方で，それに伴う渋滞や犯罪の増加が懸念されたためと考えられる．したがって，商業施設の誘致に際しては，周辺交通や治安の悪化への対

---

[4] コンジョイント分析では，属性と水準を組み合わせてプロファイルを作成するが，あらゆる組み合わせを想定すれば数が膨大となる．事例では，物販施設の水準が4，余暇施設が8，医療施設が4，賃貸住宅が4，負担金額が4であり，$4 \times 8 \times 4 \times 4 \times 4 = 2048$通りのプロファイルができてしまう．直交計画では，どの列を取っても，同じ組み合わせが同じ数だけあるという性質を持つ直交表を用いて，プロファイル数を減らすことができる．なお，統計ソフトSPSSの拡張機能であるSPSS Conjointでは，簡単な操作で直交計画によるプロファイル作成が可能である．

属性　　　　　　　　水準

	計画案1	計画案2	計画案3	計画案4	
物販施設	4,000㎡	16,000㎡	32,000㎡	8,000㎡	どれも よくない
余暇施設	誘致しない	飲食店街	映画館	公園	
医療施設	診療所	総合病院	誘致しない	メディカルモール	
賃貸集合住宅	整備しない	10世帯	100世帯	10世帯	
一世帯あたり支出額	10,000円	50,000円	100,000円	20,000円	

問2-1. 以下の4つの計画案のうち、あなたが最もよいと思うものを1つだけ選んでください。

回　答　1つだけ選んで○　　1　②　3　4　5

問2-2. 以下の4つの計画案のうち、あなたが最もよいと思う

プロファイル

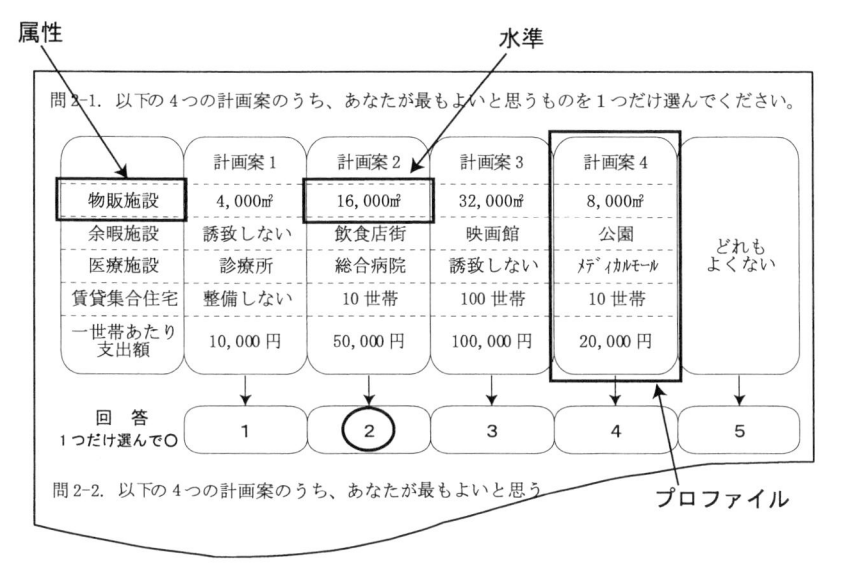

図12-3　選択型実験の質問例

策が必要である．また，当該地域の自動車所有率が高く，周辺自治体に立地する既存の大型商業施設で需要が満たされていることも，WTP が低い原因と考えられる．一方，医療施設は，35,200-70,500円の高い WTP である．これは町内に医療機関が少ない現状（調査時点で診療所は9件，一般病院は0件）を反映している．さらに結果を精査すると高齢者世帯の総合病院へのWTP が，一般世帯のWTP よりも 17,100 円のプラスと推定される．高齢化の進む町内において，設備の整った医療機関の誘致を望んでいる現状が定量的に示された結果と考えることができる．

12.6　環境効率による計画案の比較

　環境へのインパクトと住民の便益が，それぞれ同じ施設の種類・規模ごとに推定されたため，環境効率による複数の事業計画案の相対的な比較が可能となる．その比較例を表12-5に示す．
　計画案1は，便益が44,100万円と例示した計画案の中では最も高い値であるが，施設規模が大きいために環境へのインパクトも大きくなり，環境効

表12-4 コンジョイント分析による推定結果

		β	MWTP（円）	
世帯あたり支出額		-0.201		***
商業施設の規模（1000 m²）		0.047		***
商業施設の規模（1000 m²）の二乗項		-0.001		***
余暇施設	公園	0.460	22,900	***
	飲食店街	0.458	22,800	***
	カラオケ	-0.648	-32,300	***
	温浴施設	0.573	28,500	***
	カルチャー・学習教室	-0.130	-6,490	
	映画館	0.534	26,600	***
	スポーツジム	0.142	7,060	
医療施設	診療所	0.708	35,200	***
	メディカルモール	1.142	56,900	***
	総合病院	1.415	70,500	***
総合病院と高齢者世帯の交差項		0.343	17,100	**
賃貸住宅の規模（10世帯）		-0.017	-1,020	**
コンジョイントサンプル数		1966		
LRI（尤度比）		0.122		

：5%水準で有意，*：1%水準で有意

表12-5 環境効率による複数計画案の比較例

	計画案1	計画案2	計画案3
物販施設（m²）	20,000	25,000	8,000
余暇施設	温浴施設	カラオケボックス	公園
医療施設	総合病院	診療所	メディカルモール
賃貸住宅（世帯）	なし	100	50
便益（万円）	44,100	5,700	31,600
環境影響（万円）	35,100	40,300	15,000
環境効率	1.256	0.141	2.107

率は1.256となる．また，計画案2のようにカラオケボックスなどの望まれない施設が含まれると，便益は5,700万円と小さくなる一方，環境へのインパクトは40,300万円と大きくなり，環境効率は0.141と低くなる．計画案3は，物販施設の規模は8,000 m²と大きくないため，環境へのインパクトは15,000万円と低く抑えられる．一方，メディカルモールが便益を大きく向上

させることから，環境効率は 2.107 と例示する計画案のなかで最も高い値となる．以上より，環境効率においては，計画案 3 が例示した中で最も優れた案であるということができる．複数案について比較可能な定量データが提供されることによって，意思決定の透明性が高まることが期待される．

12.7 地域施策の環境効率に関する課題

複数のまちづくり案の検討を，施策の便益と環境へのインパクトを用いた環境効率を用いて実施した．環境効率は，計画段階における環境を配慮した施策設計や意思決定に寄与することが期待される．一方で，本手法は発展途上の手法であり，課題も多く存在する．

最も大きな課題は，施策の便益の算出方法である．今回は住民の便益をコンジョイント分析で定量化している．表明選好法の課題として，バイアスの問題がある．たとえば，住民は普段あまり関わりがなく，あまり知識を有していない施設についてはその評価を低くする傾向がある．そうした偏った知識での評価はフェアではない．また，そうした状況を回避するために，事前に施設に関する情報を与えるが，与え方によっては回答を誘導するおそれがある[5]．今回の事例では，事前説明において対象施設に関する情報を詳細に与え，被験者の施設に対するイメージに差が出ないように努めたが，アンケート票の郵送という方法の制約上，全員が同じイメージを持ったとはいえない．

また，まちづくりによる便益を享受するのは住民だけではない．今回の事例で推計されたのは T 町に住む住民のみの便益であるが，実際に施設は T 町以外の住民にも利用される可能性がある．このことは，便益を計測する範囲が LCA ほど明確に定まっていないこと，つまり LCA のシステム境界とは厳密に一致していないことを意味する．

さまざまな課題はあるものの，環境に配慮した地域施策を実施していく上で，施策の便益と環境へのインパクトを定量化し，これを環境効率で比較す

---

[5] このようなバイアスを避けるために，アメリカ商務省国家海洋大気管理局（NOAA）は SP 法のガイドラインを作成している．

るというコンセプトの持つ可能性は大きいと考える．今後は，さまざまな課題に対して広く議論を重ねながら，よりよい評価手法にしていくことが必要である．そのためにも，さまざまな施策にこの手法を適用し，その成果を蓄積していくことが望まれる．

参考文献

LCA 日本フォーラム（2003）：JLCA-LCA データベース．
OECD 編，樋口清秀訳（1999）：『エコ効率―環境という資源の利用効率』，インフラックスコム．（OECD (1998): Eco-Efficiency, OECD Paris）
WBCSD (2000): Eco-Efficiency Creating More Value with Less Impact, WBCSD.
栗島英明，瀬戸山春輝，田原聖隆，玄地 裕（2006）：LCA 手法と住民選好調査を利用した地方自治体のまちづくりの環境効率評価，環境システム研究論文集，Vol. 34, pp.21-28.
栗山浩一（2003）：EXCEL でできるコンジョイント 1.1，環境経済学ワーキングペーパー #0302（早稲田大学政治経済学部），
http://www.f.waseda.jp/kkuri/wpapers/wp0302.pdf，2010 年 7 月 8 日確認．
国土技術政策総合研究所（2005）：『公共事業評価手法の高度化に関する研究』，国土技術政策総合研究所．
産業環境管理協会（2005）：JEMAI-LCA Pro.
住環境計画研究所（2003）：『家庭用エネルギー統計年報 2002 年版』，住環境計画研究所．
瀬戸山春輝，栗島英明（2005）：産業連関表による原単位を用いたライフサイクル環境影響評価の試み，2005 年日本建築学会大会学術講演梗概集 D-1, pp.1063-1064.
東急建設（2005）：東急建設内部資料（非公開）．
南齋規介，森口祐一，東野 達（2002）：『産業連関表による環境負荷原単位データブック（3EID）―LCA のインベントリデータとして―』，国立環境研究所．
日本環境整備教育センター（2002）：『浄化槽のライフサイクルアセスメントに関する報告書』，日本環境整備教育センター．
日本建築学会（2003）：『建物の LCA 指針―環境適合設計・環境ラベリング・環境会計への応用に向けて』，日本建築学会．
日本エネルギー経済研究所（2003）：『民生エネルギー消費実態調査（総括編）』，日本エネルギー経済研究所．
日本ビルエネルギー総合管理技術協会（2001-2005）：『建築物エネルギー消費量調査報告書（平成 12～16 年度）』，日本ビルエネルギー総合管理技術協会．
農業工学研究所（2004）：表計算ソフトを利用した選択実験の計測手順，
http://ss.nkk.affrc.go.jp/library/yakudati/tekudasu/38_013_01.pdf，2010 年 8 月 9 日確認．
羽原浩史，松藤敏彦，田中信壽（2002）：事業系ごみ量と組成の事業所種類別発生・循環流れ推計法に関する研究，廃棄物学会論文誌，Vol. 13, No. 5, pp.315-324.

おわりに

　本書では，技術システムと社会システムの両者を互いに連携させながら，地域および地球環境にとって望ましい姿で，地域の経済活動や市民生活を運営することを「地域環境マネジメント」と呼び，地方自治体だけでなく地域住民や企業，NPOといったステークホルダーの連携（協働）を念頭におき，合意形成や意思決定の材料となる環境負荷や環境へのインパクトといった「環境側面」の定量的なデータの測定・推計手法について解説してきた．

　環境側面の定量化には，とくに企業での利用が先行しているLCAを中心に，第I部ではISO規格による手順と使い方について例を示しながら解説した．第II部では，一般廃棄物処理計画を例題として地域性を考慮してLCAを実施した具体例を示し，第III部ではISOに準拠したLCAの枠にこだわらず，地域環境マネジメントを実践する上で役に立つと思われる4つの先行事例を紹介した．

　ここで注意していただきたいのは，LCA（とくにISO規格に準拠したLCA）はあくまでも地域環境マネジメントを行う上での1つの手法であり，LCAを実施することが目的ではないという点である（もちろん，ISO規格にしたがったLCAを行うことができれば，最もよい）．LCAを初めとするライフサイクル思考は，さまざまな地域施策や活動の環境側面を定量化する上で重要であるが，ISO規格に基づくことが重要なわけではなく，地方自治体，地域住民，企業，NPOといったステークホルダー間で納得のいく合意形成や意思決定の材料を提供することが重要なのである．広い意味でのLCAの優れている点の1つは，さまざまな事柄の連鎖を考慮することで，将来の方向性を大局的な立場から俯瞰できる点であろう．LCAには当然，技術的な限界もある．インベントリデータは，ある期間の平均データを元にしているため生産が定常的に行われている状態の値であり，大きく生産量が変わったり，技術革新により産業構造が変化するような局面は，考慮されて

いない．将来の方向性を俯瞰的に示すというLCAの優れた点を生かすためには，技術革新などのインベントリデータをどのように推定するかなどの技術的な課題も存在する．また，インパクト評価には，どの地域でも特性化モデルが用意されているわけではないという地域性の問題，影響領域に関する連鎖が一部未完成であるという網羅性の問題，さらに不確実性などの課題もある．これらの課題を理解した上で，大胆な仮定や数値的に大きな誤差はあったとしても，施策や活動の大きな将来の方向性が間違っていなければよしとする大胆さも必要なのである．

　本書の読者には，ぜひLCAのISO規格を理解し，しかし規格にこだわることなく，定量的な議論が可能な手法に基づき，本書で示したライフサイクル思考や地域環境マネジメントの考え方を利用しながら，具体的な環境に配慮した地域施策や活動の立案，設計，実行に携わっていただければと思う．

　最後に，本書では，主に環境側面を中心に地域環境マネジメントを紹介したが，地域環境マネジメントという観点からは，社会的側面や経済的側面，あるいは地域固有の視点の考慮などの合意形成や意思決定に必要な視点が，多数存在するであろう．筆者らは，これらの視点と環境側面を考慮した合意形成や意志決定の方法論までは残念ながらまだ到達できていない．地域環境マネジメントの今後の課題として指摘しておきたい．

索引

ア行

アジェンダ21　4, 8
アドレスマッチング　114
意思決定の透明性　235
委託費　50
一次生産量　37, 158
一次波及　211
一般廃棄物処理計画　89, 94
緯度・経度座標　118
インパクトカテゴリ　32
インパクト評価　19, 31, 96, 154
　　──係数　38, 180
インベントリ分析　18, 22, 120
運用年数　53
栄養塩　199
エコロジカルフットプリント　68
エネルギー消費構造　220
エネルギーペイバックタイム　66
エントロピー極大化モデル　173
汚水処理　66
温室効果ガス　22, 31, 188

カ行

解釈　19, 89, 137
外部経済　45
　　──性　227
外部不経済　45
開ループリサイクル　105
カットオフ　22
　　──規準　103, 121
カテゴリエンドポイント　34
カーボンフットプリント　39
環境アセスメント　12, 156
環境影響評価法　12
環境会計　59
環境ガバナンス　8, 9
環境効率　225, 226
環境自治体会議　14
環境側面（environmental aspect）　5

環境配慮設計（DfE）　18
環境負荷単位データブック（3EID）　29, 191
環境負荷排出原単位　130
環境マネジメント　3
　　──システム（EMS）　4, 13
含水率　147
感度分析　19, 143
起債　45
　　──償還金　46
規準物質　125
季節単位　99
機能　21, 95, 225
　　──単位　21, 95, 133
　　──の等価性　225
基本フロー　24
協働　8, 70
局所的なインパクト　200
金銭化　164
均等償却　54
空間の範囲　43
空間分解能　114
経済波及効果　212
限界削減費用　58
減価償却費（depreciation expense）　48
現価法　57
現在価値　56
広域化計画　184
コジェネレーションシステム　66
固定費　47
ごみ施策　6
混合整数計画法　186
コンジョイント分析　230

サ行

再開発　67
最終需要　215
最適化計算　185
産業構造　219
産業連関型　27

239

産業連関表　28, 177
産業連関分析法　167
三次メッシュ　98, 115
　——番号　110
産出物質項目　128
酸性化ポテンシャル　157
残存価額（residual value）　54
視覚化　110, 118
時間範囲　43
事業アセスメント　13
資源作物　65
自己適合宣言　14
資産の利用可能総量　55
システム境界　102
　——の拡張　103
施設建設費　46
施設配置問題　186
持続可能な生産と消費　11
実稼働年数　53
実施者　20, 94
指定管理者　8
支払意思額（WTP）　37, 231
社会資産　37, 158
社会資本　44
社会的費用　45
社会的便益　227
社会的割引率　56
重量濃度　129
上位ケース・下位ケース分析　143, 148
償還利子　46
焼却炉　90
将来変化　70
処分量　61
処理プロセス　140
人口重心　117
浸透許容量　202
図形データ　109
ステークホルダー　3, 8, 70
ストック量　51
正規化　33, 161
生産誘発　169
　——額　213
製品評価法　39
生物多様性　37, 158
線源　158

全国貨物純流動調査　171
潜在的影響力　34
選択型実験　231
戦略的環境アセスメント（SEA）　13
相互依存　68
属性データ　109
損失余命　180

タ行

第1期LCAプロジェクト　29, 124
代替案　142
第二次環境基本計画　2
耐用年数　51
建物のLCA指針　64
ダブルカウント　29
単位コスト　130
単一指標　164
　——化　37
単位プロセス　24
　——型　26
地域依存　69
地域外　97
地域環境（local environment）　6
　——データベース（REDB）　108, 122, 192, 204
　——マネジメント　2, 224
地域間産業連関表　68, 170
地域間相互依存　213
地域商品均衡法　173
地域性　88, 155
地域内　97
地域の差　221
地球温暖化係数（GWP）　31, 157, 190
中間処理施設　101
直接溶融炉　90
直交計画法　231
地理情報システム（GIS）　108, 109, 192
地理的分布　98
月単位　99
積み上げ法　175
ツリー状　24
定義　16
データ品質　143
デフレータ　56, 130
点源　158

統合化　33, 154, 161
　　――係数　38, 161
　　――手法　35
投資蓄積量　51
特性化　32, 154, 155
　　――係数　32, 38, 155
土地利用の評価　63
トンキロ　63

ナ行

二次波及　211
250％定率法　55
日本版被害算定型影響評価手法（LIME）　36
ニュータウン　67
人キロ　63
人間健康　37, 158
熱収支モデル　146
ネットワーク型のガバナンス　9
熱量単位　129
年価法　57
燃料製造プロセス　140
農業集落　98

ハ行

バイアス　235
バイオマス・ニッポン総合戦略　4
廃棄物処理（公営）　191
ハイブリッド法　30
配分　103
バックグラウンドデータ　26, 112, 121
パネル法　34
被害係数　38, 158, 161
被害算定型　34
比較主張　33
比較評価　21
備忘価額　54
評価軸　197
費用・便益　7
　　――の変化　7
費用便益分析　227
フォアグラウンドデータ　26, 112, 121
不確実性　57
複数シナリオ　104
複数の機能　95

物質フロー解析（MFA）　14, 168, 170
物流センサス　171
プロセス　23, 102
　　――インベントリ　120, 125, 190, 203
　　――合算型　26
　　――単位　125
　　――の稼働量　132
分類化　32
閉ループリサイクル　105
ベクトル形式　109
変動幅　143
変動費　47
報告対象者　19, 20, 94
保護対象　35, 158
保全　5

マ行

マイナス計上　48
埋立処分量　62
3つのP　13
面積重心　117
目的の設定　93, 94
問題比較型　34
モンテカルロシミュレーション　57

ヤ行

輸送経路　116
要因別感度分析　143, 147
溶融スラグ　107
ヨハネスブルクサミット（WSSD）　11
ヨーロッパ環境毒物化学学会（SETAC）　32

ラ行

ライフサイクル　9
　　――アセスメント（LCA）　10, 16
　　――コスト（LCC）　42
　　――コスティング　189
　　――思考　10
ライフステージ　18
ライフタイム　43, 99
ラスター形式　109
リサイクルプロセス　105, 141
リスクアセスメント（RA）　14
リスクコミュニケーション　15

立地場所　101
林地残材　65
レオンチェフの逆行列　215

アルファベット

avoided impact 法　104, 189
basket 法　104
CASBEE　64, 226
DALY　158
DfE（Design for Environment）　18
DtT 法（Distance to Target 法）　34
Eco-Efficiency　226
3EID　29, 176
ELCEL（Extended Life Cycle Environmental Load）　63, 67
EMS（Environmental Management System）　4, 13
GDP デフレータ　56
GIS（Geographic Information System）　108, 109, 192
GWP（Global Warming Potential）　31, 157
ISO 14001　5, 13
ISO 14040　16, 18, 96, 152
JEMAI-LCA Pro　29, 124
JIS 規格　18
JLCA-LCA データベース　29
LAS-E　14

LCA（Life Cycle Assessment）　10, 16
　——調査　93
　——日本フォーラム　29
　——の対象　21
　——の歴史　16
LCC（Life Cycle Cost）　42
$LCCO_2$　64
LIME（Life cycle Impact assessment Method based on Endpoint modeling）　31, 36, 100, 156
MFA（Material Flow Analysis）　14, 170
NIMBY（Not In My BackYard）　62
PFI（Private Finance Initiative）　50
RA（Risk Aassessment）　14
RCACAO　187
REDB（Regional Environment DataBase）　108, 122
SEA（Strategic Environmental Assessment）　13
SETAC（Society of Environmental Toxicology And Chemistry）　32
Thornthwait 法　203
WBCSD　226
with-without 分析　121
WSSD（World Summit on Sustainable Development）　11
WTP（Willingness To Pay）　37, 231

編者・執筆者・執筆分担一覧

◇編者

玄地　裕（産業技術総合研究所安全科学研究部門社会とLCA研究グループ　研究グループ長）

稲葉　敦（工学院大学工学部環境エネルギー化学科　教授）

井村秀文（名古屋大学大学院環境学研究科　名誉教授）

◇執筆者（五十音順）

井原智彦（産業技術総合研究所安全科学研究部門社会とLCA研究グループ　研究員）

栗島英明（芝浦工業大学工学部共通学群　准教授）

田畑智博（名古屋大学大学院環境学研究科　研究員）

菱沼竜男（宇都宮大学農学部農業環境工学科　准教授）

布施正暁（産業技術総合研究所安全科学研究部門物質循環・排出解析グループ　研究員）

本下晶晴（産業技術総合研究所安全科学研究部門社会とLCA研究グループ　研究員）

楊　翠芬（産業技術総合研究所安全科学研究部門素材エネルギー研究グループ　テクニカルスタッフ）

李　一石（Korea National Cleaner Production Center (KNCPC), Resources Recycling Group, Project Manager）

部	章	節	執筆分担 初稿	編集
はじめに			玄地 裕	
第Ⅰ部	第1章	1.1～1.3	栗島英明 井村秀文	玄地 裕
		コラム1-1	栗島英明	
		コラム1-2	栗島英明	
		コラム1-3	栗島英明	
	第2章	2.1～2.4	栗島英明	稲葉 敦
		2.5	本下晶晴	
		2.6	栗島英明	
		コラム2-1	栗島英明	
		コラム2-2	布施正暁	栗島英明
	第3章	3.1～3.3	田畑智博	
	第4章	4.1	玄地 裕	
		4.1.1	田畑智博	
		4.1.2	布施正暁	
		4.1.3	菱沼竜男	
		4.1.4	井原智彦	
		4.1.5	楊 翠芬	
		4.1.6	本下晶晴	
		4.1.7	玄地 裕	
		4.1.8	栗島英明	
		4.2	李 一石	
		4.3	玄地 裕	
		4.4	井原智彦	
第Ⅱ部			井原智彦	
	第5章	5.1～5.6	楊 翠芬	
		コラム5-1	栗島英明	
		コラム5-2	栗島英明	
		コラム5-3	楊 翠芬	
		コラム5-4	楊 翠芬	井原智彦
	第6章	6.1～6.5	菱沼竜男	
	第7章	7.1～7.3	井原智彦	
	第8章	8.1～8.4	李 一石	
		コラム8-1	李 一石	
		コラム8-2	李 一石	
第Ⅲ部	第9章	9.1～9.7	井原智彦 楊 翠芬	
		コラム9-1	井原智彦	
	第10章	10.1～10.7	菱沼竜男	栗島英明
	第11章	11.1～11.5	李 一石	
		コラム11-1	李 一石	
	第12章	12.1～12.7	栗島英明	
		コラム12-1	栗島英明	
おわりに			玄地 裕	

地域環境マネジメント入門―LCAによる解析と対策

2010 年 9 月 21 日　初　版

［検印廃止］

編　者	玄地　裕・稲葉　敦・井村秀文
発行所	財団法人　東京大学出版会
	代 表 者　長谷川寿一
	113-8654　東京都文京区本郷 7-3-1　東大構内
	電話 03-3811-8814　FAX 03-3812-6958
	振替 00160-6-59964
印刷所	株式会社平文社
製本所	株式会社島崎製本

© 2010 Yutaka Genchi *et al.*
ISBN 978-4-13-062829-7　Printed in Japan

R〈日本複写権センター委託出版物〉
本書の全部または一部を無断で複写複製(コピー)することは，著作権法上での例外を除き，禁じられています．本書からの複写を希望される場合は，日本複写権センター(03-3401-2382)にご連絡ください．

足立芳寛・松野泰也・醍醐市朗・瀧口博明
環境システム工学 循環型社会のためのライフサイクルアセスメント　A5判・240頁／2800円

足立芳寛・松野泰也・醍醐市朗
マテリアル環境工学 デュアルチェーンマネジメントの技術　A5判・204頁／3200円

佐土原 聡 編
時空間情報プラットフォーム 環境情報の可視化と協働　A5判・312頁／4500円

中田圭一・大和裕幸 編
人工環境学 環境創成のための技術融合　A5判・264頁／3800円

登坂博行
地圏の水環境科学　A5判・378頁／4800円

登坂博行
地圏水循環の数理 流域水環境の解析法　A5判・358頁／5200円

野上道男・岡部篤行・貞広幸雄・隈元 崇・西川 治
地理情報学入門　B5判・176頁／3800円

武内和彦・鷲谷いづみ・恒川篤史 編
里山の環境学　A5判・264頁／2800円

小野佐和子・宇野 求・古谷勝則 編
海辺の環境学 大都市臨海部の自然再生　A5判・288頁／3000円

三俣 学・森元早苗・室田 武 編
コモンズ研究のフロンティア 山野海川の共的世界　A5判・264頁／5800円

井上 真・酒井秀夫・下村彰男・白石則彦・鈴木雅一
人と森の環境学　A5判・192頁／2000円

ここに表示された価格は本体価格です．ご購入の際には消費税が加算されますのでご諒承ください．